航空变频启动发电机的控制器（GCU）设计

Aircraft Variable Frequency Starter Generator Control Unit（GCU）Design

万　波　编著

航空工业出版社

北　京

内 容 提 要

本书讲述了航空电力系统的组成、GCU 设计的理论基础、励磁调节建模及实现，以及波音 787 设计案例等内容。重点讲述了启动模式的 SVPWM 控制，其中包括 PWM 脉冲生成、无传感器位置检测、锁相环和滑膜观测器等。

本书是 GCU 设计比较实用的工具书，可供航空发电机控制器及其相关专业的工程师参考，也可供高等院校相关专业师生阅读。

图书在版编目（ＣＩＰ）数据

航空变频启动发电机的控制器（GCU）设计 / 万波编
著 .－－ 北京：航空工业出版社，2022.10
ISBN 978－7－5165－3159－4

Ⅰ. ①航…　Ⅱ. ①万…　Ⅲ. ①航空发动机 – 变频起动
Ⅳ. ①V23
中国版本图书馆 CIP 数据核字（2022）第 156176 号

航空变频启动发电机的控制器（GCU）设计
Hangkong Bianpin Qidong Fadianji de
Kongzhiqi（GCU）Sheji

航空工业出版社出版发行
（北京市朝阳区京顺路5号曙光大厦C座四层　100028）
发行部电话：010－85672666　010－85672683

北京富泰印刷有限责任公司印刷　　　　　全国各地新华书店经售
2022年10月第1版　　　　　　　　　　2022年10月第1次印刷
开本：787×1092　1/16　　　　　　　　字数：432千字
印张：17　　　　　　　　　　　　　　定价：98.00 元

前　言

关于航空变频启动发电机的控制器设计，很久以前我就想写一本书。我记得那是在 2015 年，当我开始研究波音 787 电源系统的时候。波音 787 是典型的多电飞机，其技术理念很超前，这个机型取消了引气系统，改用电能来进行飞机的环境控制；发动机的启动也不再用 APU^① 供给的引气，而是将发电机作为电动机用，用电能来启动。飞机对电能的需求量大了，因而发电机的容量也大了，单机容量达到了 250kW，整机电源系统装机容量达到了 1.5MW。

波音 787 发电机的特点除了容量大，还有两个关键词——变频和启动。早期的飞机发电机都工作在 400Hz 恒频模式，在发电机的机械输入端有一个恒频装置，将可变的发动机转速转换为固定转速，从而让发电机的输出频率维持在 400Hz 恒定。恒频装置可靠性不高，加之大多数机载设备对频率并不敏感，后来，航空工业界就逐步取消了恒频装置，发电机也就演变成了变频发电机。波音 787 发电机的另一个特点是增加了启动工作模式，在发动机正常运行期间，作为发电机运行，向飞机电网输送电能；而在发动机启动期间，发电机能量反向，作为电动机工作，从电网吸收电能，向发动机输出启动转矩。

变频和启动这两个新增特性对发电机的控制器提出了新的要求。首先，因为发电机频率随发动机转速而变化，在励磁未进行调节之前，输出电压会随着转速的变化而快速变化，这就要求发电机控制器的励磁调节功能有较快的响应时间，能快速跟踪转速的变化，将输出电压拉回到额定值，以免过压或欠压故障的发生。其次，发电机的启动模式要求最大限度地利用电网功率，在启动期间将电流全部转化为转矩，这就要求马达驱动器同时控制转速和 d 轴电流、q 轴电流。

为了研究变频发电和启动的控制原理，我查阅了相关的文献，包括知网，IEEE 和 Elsevier 文献库，以及波音 787 电源系统的维修手册。在这些文献中，科普的内容多，原理的部分少。于是，我给自己定了一个目标：深入研究这两个问题，将来写一本关于变频启动发电机控制器的书，这样既学到了知识，也可以帮助他人。

我深知这项研究工作的不易，新的研究课题充满挑战性，我在企业里还要从事飞机型号的研发，身兼多个项目的工程经理。因此，我得做好时间管理，把碎片时间积攒起来，像燕子一样衔泥筑巢，日积月累，来实现自己的愿望。

所幸的是，我并非平地起高楼，在此之前，已经有前人给我打下了不错的基础。其中包括李光琦在《电力系统暂态分析》一书中建立的民用电网同步发电机的电磁场方程，还有关于永磁同步电机矢量控制有关的硕士和博士毕业论文，这些资料，为我的研究

---

① 本书中英文缩写可参考本书附录 A 缩略语。

提供了诸多有益指导。我所做的，是一些增量的工作，即寻找我的研究课题和已有基础之间的差异。

民用电网和波音787飞机电网的差异主要体现在4个方面。其一，民用电网的频率为恒定的50Hz，波音787飞机主发电机的频率是变化的，位于360~800Hz的区间。前已述及，频率变化所带来的影响是输出电压会因频率变化而变化，励磁调节器要有足够快的响应速度，将POR处电压调到额定值。民用电网不用考虑频率变化对输出电压的影响，输出电压的变化是无功电流变化引起的。其二，民用电网工作频率较低，飞机电源频率高，其标称频率（400Hz）是前者的8倍，因此，民用电网基于可控硅的励磁调节功率单元，相对飞机电网，响应速度太慢，已不再适用。其三，民用电网是单机–无穷大模型，即同步发电机向无穷大电网输送功率，其输送功率的大小仅与原动机的出力有关，跟励磁调节无关，改变同步发电机的励磁磁场只能改变无功输出，不能改变有功输出。而飞机电网是发电机–负荷模型，且发电机的电磁负荷只占原动机（飞机发动机）输出功率很小的一部分，通过调节励磁，不但可以改变发电机输出电压，还可以改变发电机输出的有功功率。其四，由于民用电网是单机–无穷大模型，同步发电机需要实时维持与无穷大电网的同步，在功角特性曲线上，与负载功率需求相交的两个工作点，只有一个是静态稳定的；相反，对于飞机电网，由于负载是无源的，发电机无须维持与另一个虚拟发电机（无穷大电网）之间的转速同步，在其功角特性曲线上，两个工作点都是稳定的。

波音787发电机的发电模式与民用电网的发电机不同，在启动模式，即电动机工作模式下，也有自身的工作特点。启动模式的工作行为类似永磁同步电机，但也存在三点明显差异。其一，永磁同步电机的磁场由稀土永磁体产生，其磁源是恒定不变的。而波音787主发电机的磁场由励磁机产生，该磁场会随着启动过程转速的增加而增大。其二，启动模式下的磁场不但不恒定，而且还存在着磁场阶跃变化，即当发动机转速被带到4000r/min时，励磁机原有的三相励磁会改为两相励磁。其三，由于存在磁场阶跃，波音787主发电机在启动发动机期间，其工作模式也与永磁同步电机不同。通常，永磁同步电机只有恒转矩和恒功率这两种模式。在低转速下为恒转矩模式，马达驱动器（逆变器）的直轴电流i_d参考值设置为0，在马达驱动器输出电压到达最大值时，再进入恒功率输出模式，此时需要弱磁控制，即将直轴电流i_d参考值设置为负值。波音787主发电机在启动模式期间，其工作模式，首先是低转速（小于2300r/min）模式下的恒转矩输出，其次是恒功率输出，当转速达到4000r/min时，励磁机由三相励磁改为两相励磁，主发电机磁场发生阶跃跳变，这时马达驱动器需要设置正的直轴电流i_d参考值，对磁场进行增磁控制。

厘清上述差异并提供解决思路是我研究的主要内容，为了弥合这些差异而做的"拼缝"工作则构成了本书的写作主线。

本书第1章是民用飞机电源系统的科普读物。飞机电源系统可以大致分为两大块，即发电系统和配电系统，其中，发电系统负责电能的产生，将其他形式的能源转化为电能，而配电系统则负责电能的分配，将产生的电能分配到飞机的各个用电设备。电源系统是飞机的核心关键系统，对安全性要求极高，为避免共模故障，其能量来源也有多种。其中，与飞机发动机相连的主发电机是飞机电源系统的主要功率源；地面电源在飞机位于停机坪且发动机关机时启用，为机上服务类负载（照明、厨房、空调等）供电；APU用于弥补地面电源退出运行而发动机还未完全启动期间的电源系统功率差额；应急电源RAT在双发失效时启用，它的工作原理类似风车，利用飞机惯性所产生的迎风阻力带动叶片旋转发电；蓄电池也属于应急电源的范畴，它可以用来启动 APU，也可以在双发失效时为机上重要负载供电。

在电能分配方面，传统飞机采用的是基于断路器的配电方式，为每路负载配备一个断路器，用于保护从断路器到负载之间的这段导线。断路器是机电式开关，内部有双金属片，当发生过载时，双金属片受热弯曲，当弯曲变形到一定程度时，会触碰作动机构跳闸。断路器正常工作时，处于常通状态，不能对负载进行动态切换。如果要在飞行过程中对负载进行开通、关断的切换操作，需要在回路中串联一个继电器或接触器，这无疑增加了飞机的接线复杂度和重量。为优化飞机电网控制结构，现代飞机多采用 SSPC（固态功率控制器）来对负载进行供电。SSPC 综合了断路器的保护功能与继电器的切换功能，将原来用两个设备实现的功能合二为一，在设备级实现了飞机减重。同时，由于 SSPC 集成了通信接口，可以实现负载的远程切换，因此，可以将 SSPC 靠近负载布置，用分布式配电的理念减少配电导线的长度，进一步减轻了飞机重量。这些优势，使 SSPC 在新一代飞机中得到了广泛的应用。

将其他形式能源转化为电能的装置称为一次电源。在一次电源和配电系统之间，有时还会插入一个电源层级，即二次电源。它是电能到电能之间的变换，通常用于实现不同电压等级之间的变换，比如，实现 115VAC 到 28VDC 之间变换的 TRU，实现 230VAC 到 115VAC 之间变换的 ATU，以及实现 235VAC 到 +/−270VDC 之间转换的 ATRU。这些装置没有旋转部件，属于静变电源，也没有反馈控制，其输出电压会跟随输入电压的变化而变化。

电源系统可以细分为一次电源和二次电源，类似地，配电系统也可以细分为一次配电和二次配电，其中，一次配电将电能分配到各个汇流条，二次配电再从这些汇流条取电，将电能分配给终端用户，即分布在飞机各处的电气负载。

如果说一次电源、二次电源和配电装置是飞机电源系统的"四肢"，那发电机控制器（GCU）和汇流条功率控制器（BPCU）则是电源系统的"大脑"。GCU 主要有两个功能，一是通过调节主发电机的励磁，将 POR 处电压维持在可接受的范围；二是在各种（电压、电流、频率）异常情况下对发电机实施保护。GCU 有狭义和广义之分，狭义的 GCU 实现发电机的励磁调节和保护，而广义的 GCU 还包括过压保护单元（OPU），以及服务于启动模式的共用马达驱动器（CMSC）。

BPCU 负责各个汇流条功率源的接入和切换，在异常情况下，当发电机输出容量存在缺额时，BPCU 会发送卸载指令，将与飞行安全无关的负载（厨房、机载娱乐等）卸载，以保障核心关键负载的用电需求。GCU 和 BPCU 的参考资料较少，作为补充，我在第 1 章特地加入了关于 BPCU 在双发运行和单发运行模式下的功率走向的描述，以及为了实现 DC 侧的不间断供电，在功率开关的切换逻辑上，加入了"先通后断"原则的相关描述。

第 1 章还讲述了三体式发电机的原理，并简要介绍了 270V 高压直流发电机的 GCU。270VDC 发电有两种实现方式，一种是在 115VAC 交流发电机后端增加三相全波整流装置，另一种是采用开关磁阻技术。前一种方式本质上和三体式交流发电机相同，GCU 的控制方式也类似，需要特殊处理的是启动模式下的功率逆向流动。而开关磁阻电机的工作原理及GCU 控制方式与三体式发电机有很大的不同，本书只介绍了基本原理，未展开详细讨论。

第 2 章介绍励磁调节和电机驱动相关的背景知识，是后面 3 个章节的理论基础，其中，包括发电机的励磁系统、PI 调节器、Clarke-Park 变换、同步发电机电磁场方程以及 SVPWM 空间矢量控制。

发电机的励磁系统包括励磁调节器和励磁功率单元两个部分，其中，励磁调节器用于设定当前的参考励磁，而励磁功率单元是执行机构，将励磁调节器的输出信号转换为励磁机的输入电压。

民用电网的励磁功率单元用三相桥式可控整流电路来实现，而飞机电网由于工作频率高，可控硅不能满足响应时间的要求，因此，多采用降压整流电路（Buck 电路）来实现。但无论是民用电网，还是飞机电网，对励磁调节系统都有相应的性能指标要求。励磁电压响应比是强励时单位时间内励磁电压上升的幅度，强励倍数是励磁顶值电压与额定励磁电压的比值，上升时间、超调量和稳定时间属于时域范畴的性能指标，而穿越频率、幅值裕度和相位裕度则是频率范畴的性能指标，常用作励磁系统的稳定性判据。

PID 调节器是常用的闭环控制手段，P 代表比例，它根据输出误差成比例地调节控制器的输出，I 代表积分，调节器的输出与误差信号的积分成正比，而 D 与误差信号的微分成正比。增大比例系数可以减小但不能消除输出误差，而积分环节可以消除输出误差，微分环节可以加快系统响应速度。可以用试错法来整定 PID 参数，也可以借助 Matlab 的 SISOTool 工具箱自动生成可接受的 PID 整定值。由于微分环节容易引入高频噪声，需要附加滤波，而 PI 调节通常已能达到满意的调节效果，因此，工程上应用较多的是 PI 调节器而不是 PID 调节器。

Clarke 变换用于实现从三相交流到两相交流之间的变换，而 Park 变换是旋转变换，用于将两相交流对齐到转子坐标轴上。经过 Clarke-Park 变换后，定子侧的三相交流量变成了与转子相对静止的直流量，原来随转子位置变化的电感量也变成了常数。Clarke-Park 变换是同步发电机的电磁场方程推导的基础。

SVPWM 空间矢量控制是现代永磁同步电机比较常用的控制方法，经过 Clarke-Park 变换之后，定子三相电流对齐到转子的 d 轴、q 轴，其中，d 轴电流用于调节励磁，q 轴电流用于调节转矩，d 轴、q 轴的解耦控制使得永磁同步电机获得了和直流电机一样优异的调速性能。由于电流是因变量，电压是自变量，要控制 d 轴、q 轴电流，就要控制 d 轴、q 轴的电压。电流和电压之间的函数关系用一级 PI 调节器来适配。电压与作用时间的乘积又对应磁链的增量，因此，SVPWM 控制又称为磁场导向控制。

第 3 章讨论了励磁调节器的设计，为此，需要推导励磁系统各个环节的传递函数。同步发电机和励磁机因为有负载的电枢反应，其传递函数比较复杂，但可以简化为一阶惯性环节，即从励磁电压的改变到输出电压的改变之间存在时延。同样地，电压测量单元也可以简化为一阶惯性环节，这个惯性的大小取决于 AD 采样等数据采集电路和微处理器数值计算等所耗费的时间。功率放大单元常用 Buck 电路来实现，它是一个二阶阻尼系统。将前面几个环节的传递函数串联，再插入一级 PI 控制器，就构成了整个励磁控制系统的传递函数。接下来，就可以对励磁控制系统进行稳定性分析。励磁机、发电机、电压测量回路和功率放大单元的参数由实际电路决定，只有 PI 控制器的参数是需要设计的。

Matlab 仿真计算结果表明，在插入 PI 控制器之前，系统虽然稳定，但增益为负值，系统带宽为 0，闭环性能很差。为改善励磁系统的性能，需要加入 PI 控制器，其参数可以借助 SISOTool 工具整定。加入 PI 调节器后，稳态增益、增益裕度、相位裕度均满足第 2 章关于系统励磁系统性能指标的要求。

对变频发电机，还要考虑转速变化对稳定性的影响。仿真计算表明，只要引入转速前馈，发电机转速变化所带来的影响会被抵消，系统稳定性能没有降级。对于三体式发电机，PMG 的输出电压本身就携带了转速信息，因此，在励磁系统中引入转速前馈，在工程上是可以实现的。

除了考虑转速变化的影响外，还应计及饱和的影响，在引入 20% 的饱和系数后，系统幅值裕度、相位裕度和稳态增益均无显著变化，系统调节时间有所增加，带宽有所减少，但都不明显。因此，只要 PI 调节器鲁棒性足够，励磁机和发电机的磁路饱和所带来的影响是很有限的。

第 3 章用量化的数据评估了对励磁系统性能指标的符合性。还分享了所有的 Matlab 仿真代码，若实际应用中的励磁机、发电机等参数有变化，可以在现有代码上直接修改，重新进行仿真。

有了这些理论分析，接下来就要考虑如何在 GCU 中实现励磁调节器的功能，并讲述了工程实践中的一些技巧。在电压测量环节，要进行调理滤波，负电平抬升后方能送到微处理器；在误差生成环节，要用 Clarke 变换求取 POR 处当前的平均电压；在 PI 调节环节，要采用积分分离算法，以加速收敛速度；在 PWM 占空比输出环节，要考虑转速前馈。

第 4 章是 GCU 的控制与保护功能综述，主要参考了波音 787 电源系统的维修手册，在需要讲解的地方，我都增加了注释。比如，三体式发电机中 PMG、励磁机还有主发电机为何彼此频率互不相同？旋转整流器故障时，为何可以通过 Buck 电路输出电压值来判别？为何在发动机启动期间，要断开发电机中性点的连接？为何波音 787 要为 ATRU 预留 115VAC 的输入接口？每个 235VAC 汇流条在不同的功率源输入时，都对应两条功率传输路径，这两条路径的优先级设定原则是什么？欠频和欠速有何区别？如何用硬件电路实现接触器的驱动控制、电压、电流和频率检测？用 Crowbar 电路实现过压保护的原理是什么？这些疑问，都逐一进行了解答。

第 3 章和第 4 章讨论的是狭义范围的 GCU 功能，即励磁调节和发电机保护，第 5 章讨论的是广义范围的 GCU 功能，即在发动机启动期间，对主发电机定子电流的控制功能。启动模式要经历 3 个阶段，即低速段、中速段和高速段。在低速段，主发电机工作在恒转矩模式，输出恒定的 407N·m 转矩。励磁机定子采用 235VAC 三相交流励磁，为提高励磁机的输出电压，需要设定输入电压的相序，使之形成的旋转磁场与转子转向相反。与主发电机定子相连的共用马达驱动器（CMSC）实时检测转子位置，通过控制 CMSC 的输出电压矢量进而控制输出电流，使得定子电流矢量始终对齐转子 q 轴，即全部输出电流都用来产生转矩。CMSC 的输出电压随着转子转速的升高而升高，其输出功率也随着转速而线性增加。当转子转速达到 2300r/min 时，CMSC 输出功率达到上限，启动模式进入第二个阶段，即恒功率阶段。由于功率恒定，而转子转速还在继续上升，所以 CMSC 只能减小输出转矩。降低转矩有两个途径：一是减小 q 轴电流；二是通过输出负的 d 轴电流而减小主发电机的励磁磁场。虽然此时主发电机的输出转矩减小了，但仍然大于发动机启动时的阻力转矩，发动机转速（即转子转速）继续上升。转速达到 4000r/min 时，启动模式进入第三个阶段，GCU 切断励磁机的一相电源输入，将三相励磁改为两相励磁，主发电机的励磁磁场阶跃下降，为保证必要的输出转矩，CMSC 需要调整输出电流，将 d 轴电流设置为正，以增加励磁。当转速升至 6780r/min 时，发动机喷油点火，实现自持运行。直至，启动模式结束，主发电机转入发电状态，将发动机输出的机械能转换为电能，为飞机电网供电。

在上述三个启动阶段中，主发电机的励磁都不是恒定的，而是随着转子转速上升而上升。因此，在应用 SVPWM 技术进行磁场定向控制时，d 轴和 q 轴参考电流的设定都要根据当前转速进行修正。这一点是有别于永磁同步电机的地方。

此外，在启动过程中，CMSC 要实时检测转子的位置，因为 Park 变换要以转子位置角 θ 为输入。检测转子位置的传统方法是用光编码器或旋转变压器，由于增加了转动部件，可靠性不高。为此，业界在不断探索无传感器的位置检测方法。在高转速阶段，可以用滑膜控制器方法检测转子位置，而在低转速阶段（小于 700r/min），由于凸极转子的反电动势太微弱，不易识别，通常用注入高频信号的方法来判断。与无位置传感相伴随的一项技术是锁相环 PLL，它的采用可以避免求取反正切函数，后者一般通过查表法实现，在接近 90° 时会产生较大误差。要充分理解这部分内容，需要牢固掌握同步电机的电磁场方程和自动控制理论，其中，包括李雅普诺夫能量函数、高频采样的数字滤波等。

可以用 Matlab/Simulink 模型来模拟上述启动过程，遗憾的是，模型中的参数只能假设，因为难以获取波音 787 发电机的参数。期盼我国民用航空产业早日取得长足进步，将来我们不但有仿真模型，还有对应的实物。

最后，衷心感谢上海航空电器有限公司、闵行区人社局和航空工业出版社对本书出版工作的支持，也期盼热心的读者对本书的疏漏之处提出宝贵的意见。

万　波

2022 年 3 月

目　　录

第1章 概　　述

航空发电机控制器（Generator Control Unit，GCU），是飞机电源系统的重要组成部分。它实时监测发电机出口汇流条调节点（Point of Regulation，POR）处的电压，动态调节发电机的励磁输入，以确保 POR 处的电压维持在可接受的范围。在异常情况下，如电压、频率超出预期范围，或是发电机输出馈线电流过载时，GCU 会发出跳闸指令，断开发电机出口接触器开关，以实现故障隔离，避免故障传播到整个飞机电网，同时也可以使发电机避免长期带故障运行，保护了发电机。

在多电飞机（More Electric Aircraft，MEA），如波音 787 飞机上，发电机除了给电源系统提供功率源外，还可以作电动机用。在主发动机启动期间，它作为电动机从电网吸收电能，将其转换为机械能，以提供启动发动机所需的机械转矩；在发动机启动至怠速，点火自持燃烧后，它再作为发电机，从发动机吸取机械功率，转换为电能输入给飞机电网。这种双用途的发电机又称为启动发电机（Startor Generator）。

启动发电机有启动和发电两个工作模式，GCU 要根据当前所处的工作模式，调节发电机的励磁方式，以实现这两个工作模式下预期的功能。发电模式下，由 GCU 控制发电机，而在启动模式下，则是 GCU 和共用马达启动控制器（Common Motor Start Controller，CMSC）共同控制启动发电机，完成发动机的电启动。

本章先对传统飞机和多电飞机的电源系统，包括电源系统的主要元件，作简要介绍。接下来分析 GCU 在励磁调节、发电机保护、主发动机启动这三个方面的功能需求，在后续的章节里，会详述这些功能如何在 GCU 中实现。

1.1　飞机的电源系统

飞机的电源系统由发电机、电源转换设备和配电设备组成，它们共同构成一个瀑布型的垂直架构，相互协同以完成对电力最终用户，即电气负载的供电，如图 1-1 所示的简化电源系统。

在图 1-1 中，电源系统分为左通道和右通道，每个通道有各自的发电机、电源转换设备、交流汇流条、直流汇流条和配电设备。在正常情况下，左右通道是独立运行的，即左交流汇流条（Left AC）和右交流汇流条（Right AC）之间的连接接触器 ATC 是断开的，左直流汇流条（Left DC）和右直流汇流条（Right DC）之间的连接接触器 DTC 也是断开的。

左通道的发电机功率准备就绪（Power Ready）后，合上左发电机接触器（LGC），为左交流汇流条（Left AC）供电。左交流汇流条再作为左变压整流器（LTRU）的功率输入，将 115VAC 交流电转换为 28VDC，为左直流汇流条（Left DC）供电。

1

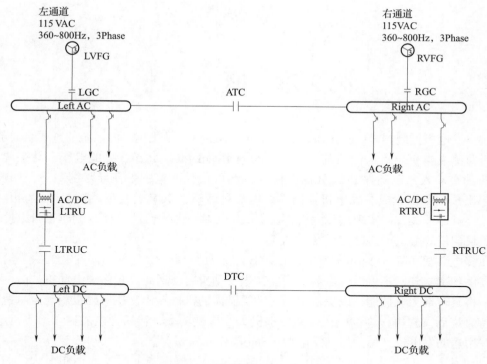

图 1-1　简化的飞机电源系统

电源系统的终端用户，即各个电气负载，根据自身的供电电压等级，分别从左交流汇流条和左直流汇流条取电。汇流条和终端负载之间设置了配电设备，即断路器（CB）。在正常情况下，这些 CB 为负载提供供电通路；在异常情况下，即发生过载或短路时，CB会切断负载，对电源系统实施保护，以免故障扩散到整个电源系统。随着技术的日益进步，这些传统的机电式 CB 已经为固态功率控制器（Solid State Power Controller，SSPC）所取代。SSPC 可以通过通信总线对负载实施远程通断控制，并在线读取负载的状态，实现负载的闭环控制与智能控制。

在电源系统出现故障时，如左发电机故障时，控制左发电机出口接触器 LGC 的发电机控制器 LGCU 会断开 LGC。断开 LGC 后的左交流汇流条会失电，电网需要重新配置，功率需要重新分配。这时汇流条功率控制器（Bus Power Control Unit，BPCU）会闭合交流连接接触器 ATC，由右侧的发电机为左交流汇流条供电。这时，右发电机会同时为左、右交流汇流条供电。在单个发电机的容量不能同时支撑两个汇流条的功率需求时，BPCU 会根据飞机负载的安全性等级预先卸载一部分负载，实现电源和负载的供需平衡。

同样的道理，若左变压整流器 LTRU 故障，则 BPCU 会检测右侧 TRU 的状态，若右侧 TRU 正常，则 BPCU 会闭合直流汇流条连接接触器 DTC，之后断开 LTRUC，这样，左直流汇流条就可以继续从右 TRU 获取功率输入。同样地，在这种情况下，BPCU 会根据 TRU 的容量和两个汇流条上负载的功率需求，决定是否需要预先卸载部分负载，以维持直流电源和负载的供需平衡。

交流汇流条在切换的过程中，会不可避免地出现供电中断。这是由于两个功率源，左发和右发不能并联运行（因为二者频率不同，相位也不同，不具备并联运行条件）。在汇流条切换功率输入源时，必须先切断汇流条电源，再合上待接入功率源的接触器。比如，当左发电机故障时，LGCU 会先断开 LGC，之后再由 BPCU 合上 ATC，所以左交流汇流条 Left AC 在 LGC 断开、ATC 闭合的这段时间内处于断电状态（通常持续几十毫秒）。

虽然交流汇流条在功率源切换期间会断电，直流汇流条的切换却可以实现不间断供电。比如，在 LVFG 退出运行之前，BPCU 会先合上 DTC（因为直流源可以直接并联），之后再断开 LGC，这样，在 LTRU 失去 Left AC 的功率输入，无法为 Left DC 提供 28VDC 输入时，Left DC 汇流条可以通过 DTC 从 Right DC 汇流条获取电力。因此，在主交流源进行切换时，Left DC 汇流条一直是有电的，不会出现供电中断（当然，前提是 RTRU 的容量足以支撑两个汇流条的负载需求）。

从功率源到汇流条的电能分配过程叫作一次配电（Primary Power Distribution），从汇流条到终端电气负载的电能分配过程叫作二次配电（Secondary Power Distribution）。

一次配电主要通过接通和断开主电源的接触器来实现电源到汇流条的功率分配，如 LGC 接通、ATC 断开时，由 LVFG 为 Left AC 汇流条供电；当断开 LGC，接通 RGC 和 ATC 时，则改由 RVFG 为 Left AC 汇流条供电。

二次配电通过断路器（Circuit Breaker，CB）来实现从汇流条到终端电气负载的电能分配。一般根据实际负载的功率需求，如额定电流值，来设定 CB 的保护定额。比如，负载的稳态电流为 3A，则可以选择 5A 的 CB 来保护从汇流条到终端电气负载之间的这段线缆，避免线缆因过载发热进而烧灼引起飞机火灾。普通负载用 1 个 CB 单路供电即能满足需要，对于影响飞行安全的重要负载，通常需要 2 路甚至 3 路余度供电，这时，同一路负载需要配备 2 ~ 3 个 CB。这些用于余度设计的 CB 通常挂接在不同汇流条上，以免汇流条单点故障引起共模失效。

图 1-1 是简化版的飞机电源系统，实际飞机的电源系统要比这复杂得多。图 1-2 是常见的单通道飞机电源系统架构，与简化版的电源系统相比，它增加了以下几个部分的内容：

（1）在功率输入源方面，除了左右 115VAC 交流发电机之外，还有地面电源、辅助电源 APU 以及应急电源 RAT。其中，地面电源在飞机处于地面状态时，通过连接到飞机地面电源插座的地面线缆为飞机供电；辅助电源（Auxiliary Power Unit，APU）在地面电源从飞机插座拔出之后，飞机主电源（左右发电机）启动之前启用，同时也可以在故障情况下，比如，发电机故障时，补充飞机电源功率的缺额；应急电源 RAT 在紧急情况下启动，比如，左右两个发电机和 APU 发电机均故障时，RAT 会被释放，借助飞机惯性产生的迎面气流带动 RAT 发电机发电，为飞机应急着陆提供必要的电能。

（2）与功率输入源相对应，在新增功率源接入飞机电网之前，都设置了分断点（即电源出口的接触器），以方便各个不同功率源之间的切换和故障隔离，如 LEPR 和 AGC。

（3）左右汇流条之间也增加了分断点（LACTR、RACTR），以免相邻的两个功率源之间并联运行（如左发与地面电源的并联、地面电源与辅助电源的并联、辅助电源和右发的并联）。

（4）增加了交流重要汇流条 AC Essential，以满足在应急情况下的交流重要负载的用电需求。同时增加了相应的开关 RGLC 和接触器 LACETR 和 RACETR。

（5）由于交流汇流条增加到 3 个，从交流到直流的转换装置，即 TRU 也相应地由先前的 2 个增加到 3 个，即新增了 ETRU。

（6）增加了地面服务汇流条，包括交流地面服务汇流条 AC Gnd Svc 和直流地面服务汇流条 DC Gnd Svc。当飞机处于地面时，这两个汇流条从地面电源获取功率输入，为地勤人员提供清洁（如吸尘器插座）、照明等用电需求。

（7）增加了 3 个直流重要汇流条：Left DC ESS、DC ESS Transfer 和 Right DC ESS，为机上的重要直流负载供电。同时也增加了这 3 个汇流条之间的分断接触器 LETR、RETR 和 ETC。

（8）增加了 3 个蓄电池及对应的汇流条，分别是主蓄电池、飞控蓄电池和 APU 蓄电池。其中，飞控蓄电池是飞控系统的应急电源，APU 蓄电池除了在应急情况下使用外，还可以在地面状态下用于启动 APU。同时也增加了蓄电池的分断接触器 LBLC、RBLC 和 FBLC。

在系统配置了多个功率源后，同一个汇流条可以有多个功率输入来源，接触器切换逻辑的排列组合更多，一次配电的构型也更复杂。但二次配电的架构可以基本不变，只要

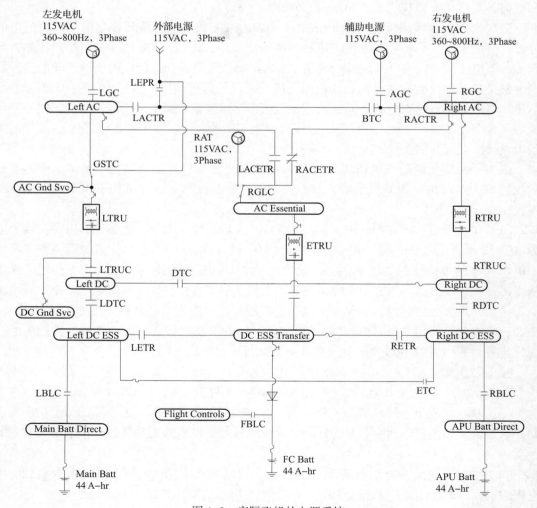

图 1-2 实际飞机的电源系统

负载不变，则对应的 CB 数量就维持不变。一次配电的汇流条网络组成一个准"环"形结构，同一个汇流条可以通过电网的重新配置，从多个功率输入源获取电力。二次配电则呈辐射状结构，在一个汇流条上挂接多个 CB，再从 CB 输出端引出线缆到各个终端负载，即汇流条与负载之间呈一对多的辐射状架构。

负责一次配电接触器转换逻辑的装置叫作汇流条功率控制器（Bus Power Control Unit，BPCU）。发电机、地面电源、辅助电源和应急电源，包括蓄电池这些将其他形式能源转换为电能的装置称之为一次电源（Primary Power Source），而实现不同电压等级或交、直流相互转换的装置则称之为二次电源（Secondary Power Source），比如，TRU 就是一种二次电源，它将交流 115VAC 转换成直流 28VDC。

图 1-2 是比较典型的单通道飞机电源系统架构图，根据实际需要，不同机型对电源系统有不同的定制化需求，比如，交流应急汇流条 AC Essential 除了有三相配置外，有的机型还有单相交流汇流条。通常，单相交流汇流条从 AC Essential 汇流条取电，当后者失电时，可以从 DC ESS Transfer 汇流条经由单相逆变器供电。

图 1-2 中未示出单相交流汇流条，也没有示出蓄电池的充电回路。还有 APU 的启动回路，为便于读者清晰地理解电源系统主架构，在图中也省略了。

现代飞机（如波音 787 和 A350）为了减小线损，把发电机的出口电压抬高到 230VAC，在传输同等功率时，由于电压升高 1 倍，则电流可以减小一半，从而降低了导线上的压降和损耗。更小的电流意味着可以选用更细的导线，有利于减轻飞机的重量[①]。

如图 1-3 所示，波音 787 电源系统的发电机采用了 230VAC 供电体制。这里 230VAC 是名义值，汇流条 POR 处的实际电压为 235VAC，以补偿线路上的压降。在波音 787 电源系统中，共配备了 6 台发电机，其中 4 台（VFSG L1、L2、R1 和 R2）安装在左右两台发动机上，另外 2 台发电机（ASG L 和 R）安装在 APU 上。这 6 台发电机根据需要将功率汇集到 4 条235VAC 汇流条上，再给飞机上的 230VAC 负载，以及 TRU、ATU 和 ATRU 等二次电源供电。

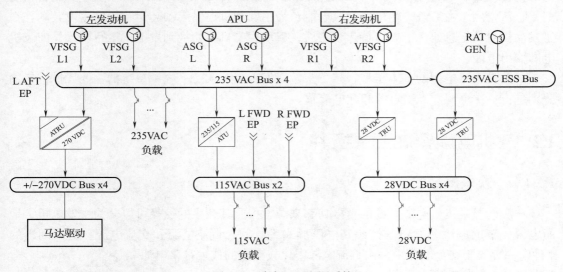

图 1-3　波音 787 电源系统

①　本书"重量"为"质量"（mass）概念，法定单位为千克（kg）、吨（t）等。

TRU、ATU 和 ATRU 都属于前述的二次电源的范畴，其中，TRU 实现 235VAC 到 28VDC 的电源转换，ATU 实现 235VAC 到 115VAC 之间的转换，而 ATRU 则实现从 235VAC 到 +/-270VDC 之间的电源转换。

波音 787 的 115VAC 和 28VDC 供电体制与传统飞机无异，270VDC 和 235VAC 属于新增的电压等级。+/-270VDC 的负载主要是电动机驱动，用于驱动空调压缩机等电机类负载，235VAC 的负载主要是电防冰系统。

波音 787 是典型的多电飞机，所谓多电飞机（More Electric Aircraft，MEA）是指将传统的由液压、气源驱动的系统改为由电能驱动的系统，因为"电"用得比传统飞机"多"了，所以叫多电飞机。

在波音 787 飞机上，"多电"主要体现在以下几个方面。

（1）用电防冰取代传统飞机的引气防冰。这里"引气防冰"指的是从发动机提取热空气来暖化机翼，以防水汽在此凝结进而固化成冰的防冰方式；而电防冰则是通过加热分布在机翼上的电阻丝，将机翼表面的温度维持在结冰点以上的防冰方式。电防冰需要吸取大量的电能，需要数十千瓦到上百千瓦的功率，波音 787 将电防冰负载直接挂接在 235VAC 汇流条上，因为电压等级抬高了，可以减小电流和馈线损耗。

（2）用电环控取代引气环控。传统飞机是从发动机提取热空气，通过热交换器和压力调节阀来调节客舱空气的温度和压力。波音 787 取消了客舱引气系统（仅保留了发动机前沿引气防冰系统），改用电动空气压缩机来调节客舱温度和压力。空气压缩机由飞机上的共用马达启动控制器（CMSC）来控制，输入电压为 +/-270VDC。

（3）用电启动代替引气启动。传统飞机的主发动机启动过程是先启动 APU，APU 正常运行后，可以为主发动机提供引气，再用这部分引气来启动主发动机。波音 787 采用的是电启动的方式，通过齿轮箱连接到发动机轴上的两台发电机是双用途的，既可以作为发电机，也可以作为电动机，所以称之为启动发电机（Starter Generator）。在发动机启动之前，它从电网（由 CMSC 输出）吸收电能，为主发动机提供启动转矩，带动主发转动。在主发动机启动至怠速，可以自持运行之后，启动发电机再切换到发电机运行模式，向飞机电网输出电能。

以上是飞机电网的基本构型，接下来，我们再来了解一下电源系统的主要元件，它们分别是：一次电源、二次电源和配电装置。

1.2 飞机电源系统的主要元件

1.2.1 一次电源

一次电源是飞机电源系统的直接功率来源，按照其产生的途径可以分为主发电机、地面电源、辅助电源和 RAT，按照其电压形式又可分为直流电源和交流电源。前面列出的 4 种电源都属于交流电源，一次直流电源中比较典型的代表是蓄电池。

1.2.1.1 航空发电机及其演变过程

一般而言，如果系统采用的航空发电机频率高，发电机和变压器的铜材、钢材用料就少，可以有效地降低重量和成本。不足的是电气设备和线路感抗增大，容抗减小，损耗增加，输电效率降低。

　　航空界有一句名言"要为减少每一克重量而奋斗"，所以减小体积、减轻重量就要求航空发电机采用高频率，但要降低损耗又必须采用低频率。经测算，在 115V 和 400Hz 的条件下，设备的功率重量比最大，因此，400Hz 的标称工作频率一直沿用至今。

　　大多数现役飞机（A320 系列、波音 747 等）都采用了整体驱动发电机（Integrated Drive Generator，IDG）。IDG 是一个包括液压机械恒速传动装置（Constant Speed Drive，CSD）和一个滑油冷却的无刷交流发电机装置组成的组件。IDG 还包括一个永磁发电机（PMG），用于给主发电机提供励磁电源。

　　IDG 由发动机附件齿轮箱转动，因为发动机速度是变化的，齿轮箱速度也是变化的，从而 IDG 得到的是变化的输入速度。IDG 通过 CSD 内部的机械和液压部件将可变的输入转速转换成恒定转速，驱动其内部交流发电机，输出恒定的 115V/400Hz 的三相交流电（见图 1-4（a））。

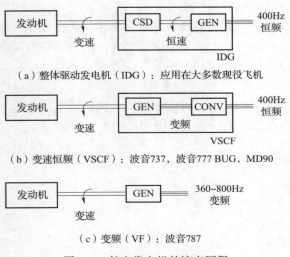

（a）整体驱动发电机（IDG）：应用在大多数现役飞机

（b）变速恒频（VSCF）：波音737，波音777 BUG，MD90

（c）变频（VF）：波音787

图 1-4　航空发电机的演变历程

　　IDG 结构复杂，工作时发热量极大，主要通过滑油循环以及空气/滑油热交换和燃油/滑油热交换的方式进行冷却，如果 IDG 冷却系统失效将严重影响其工作。

　　鉴于 IDG 的上述缺陷，波音 737，波音 777BUG（Backup Generator，备份发电机）和 MD90 飞机都采用了变速恒频（Variable Speed Constant Frequency，VSCF）发电机。与整体驱动发电机 IDG 相比，变速恒频发电机取消了恒速传动装置 CSD，简化了飞机发动机传动结构，取而代之的是一个频率变换器 CONV，它将发电机发出的变频交流电转换成 400Hz 恒频输出（见图 1-4（b））。

　　频率变换器增加了发电系统的失效模式，考虑到大多数交流负载对频率的变化并不敏感，在新一代飞机，如波音 787 上，则直接采用了变频（Variable Frequency，VF）发电机，频率变换器也取消了，进一步简化了发电机的结构。变频发电机输出的频率范围是 360～800Hz（见图 1-4（c））。这种简洁的结构进一步提高了发电机的可靠性。

　　除了结构上的简化外，如前所述，波音 787 的 VF 发电机还兼具启动发动机的功能，也就是我们所说的启动发电机（Startor Generator）。在发动机启动期间，作为启动机（即电动机）工作；在发动机正常启动后，再切换为发电机工作模式。

1.2.1.2 地面电源

在发动机正常运行时，飞机会用发电机发电。但是在地面，当发动机停车时，则由机场提供的 115V/400Hz 地面电源为飞机供电。飞机地面电源，又称为外部电源，通常采用模块化设计，称之为地面电源单元（Ground Power Unit，GPU），每个单元额定功率为90kVA。这些单元可在飞机处于机库或停机坪时帮助启动发动机，执行维护或提供一般机载动力。

根据地面电源的外在形式，可以将其分为固定式地面电源和移动式地面电源。

固定式地面电源通过永久安装的电源设备为停放的飞机提供所需的 115V/400Hz 电源。它通过变频器将 50Hz 工频电源转换成 400Hz 航空用电源，其转换方式可以是集中式的，也可以是分布式的。集中式的电源转换变频器数量少、功率大，它先将民用工业用电转换为 115V/400Hz，再分配到一个个飞机泊位。分布式电源转换的变频器是靠近飞机泊位布置的，数量多，但每个变频器的功率相对较小。

集中式电源转换易于建造，成本低，但也有比较显著的缺点，比如，各个功率引出点之间的负荷平衡不容易控制，从电源变换中心到飞机泊位存在电压降等。机场可以根据实际情况，选择合适的电源转换方式。

固定式地面电源如图 1–5 所示。

在没有固定式地面电源的地方，可以部署移动式地面电源。这些电源通常采用柴油发电机发电，其位置是可以移动的。移动式地面电源如图 1–6 所示。

图 1–5　固定式地面电源（2 台 90kVA　　　　　　图 1–6　移动式地面电源
　　　　分布式固定地面电源）

每台 GPU 的额定功率为 90kVA，飞机对外部电源功率的需求量视具体飞机而定。

（1）单通道飞机：1×90kVA；

（2）宽体飞机：2×90kVA；

（3）A380 飞机：4×90kVA。

在大型机场中有两种常见方法向飞机输送 115V/400Hz 地面电源，一种是通过安装在廊桥底部的电缆卷盘供电，另一种是通过停机坪掩埋坑系统来供电。

　　安装在廊桥底部的电缆卷盘可以通过电气控制来释放 115V/400Hz 电缆，以连接到飞机地面电源插座。操作完成后，卷盘设备可以把电缆重新绕到电缆盘上，如图 1-7 所示。

　　停机坪掩埋坑系统通常内置 115V/400Hz 电缆，抬起坑上的盖子后，可以操作这些电缆。为便于线缆操作，有些系统还提供了弹出式坑盖。除了方便电缆操作，该系统在设计时还需要考虑能够承受在其上行驶飞机的机械负荷。

　　连接到飞机的地面电源插座也是标准的模块化设计，如图 1-8 所示，它共有 6 根插针，其中下面一排粗针是 A、B、C 三相电源，上面一排最左边的粗针是 N 线，右边的两根细针是 Pin E 和 Pin F。在插头侧，E 针脚和 F 针脚是短接的，这两根针用于检测地面电源插头是否有效地插入飞机插座。具体实现方法是，通过 BPCU 在 E 针脚施加一个电压（如 28VDC），如果插头已经插到位，则在 Pin F 针脚能够检测到 28VDC 电压。若确能检测到电压，则表明外部电源插头已经有效地嵌入插座。

图 1-7　安装在廊桥底部的电缆卷盘

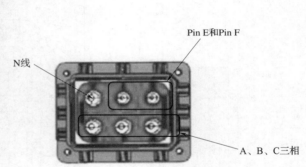

图 1-8　飞机地面电源插座

1.2.1.3　APU 及辅助电源

　　大多数商用飞机都配备了辅助动力装置（Auxiliary Power Unit，APU），它可以向飞机提供电力和压缩空气。在飞机进行维护或准备启动主发动机以执行飞行任务之前，这些能源的提供都是必要的。飞机在飞行时，电力、气源、液压和空气调节所需的能源都来自安装在发动机上的发电机、引气管路和泵。但在地面运行期间，为降低机场噪声和节省燃油，很少会启动发动机。但此时为了维护和测试、飞行前座舱与客舱准备及空调系统都需要用电，APU 可以部分解决此时的用电需求。

　　辅助电源启用的时机是飞机处于地面，地面电源插座被拔出，飞机被推出停机位后。此时，飞机的电源系统由辅助电源供电，直至主发动机启动，主发电机投入正常运行。因此，在一段航程里，辅助电源启用的时间比较短暂。除了用于填补外部电源失电到主发启动这段时间的功率缺额外，辅助电源还可以作为故障情况下的备用电源。比如，当主发电机故障，飞机电源容量不够时，驾驶员可以启用辅助电源来弥补功率的缺额。辅助动力装置安装在飞机尾部，如图 1-9 所示。

　　飞机的辅助动力装置通常是一个小型喷气发动机，位于机身尾部后机舱舱壁后面。该

发动机驱动发电机、气源系统，为飞机重要系统提供
足够的电源和压缩空气。这些发动机通常从飞机的主
油箱中提取燃料，并具有独立的电启动系统。

在飞机的主发动机正常运行并提供所需的动力
后，辅助动力装置 APU 即停止工作，但它可以在飞
行中的任何阶段启动，以在需要时提供应急电源和液
压动力。APU 在飞机尾锥有排气口，经后侧舱门登机
的乘客，会听到从飞机尾部 APU 排气口发出的喷气
噪声。

图 1-9　辅助动力装置安装在飞机尾部

APU 的功能简图如图 1-10 所示，外部空气从空气进口进入离心压缩机后分两路输
出：一路输往右侧给燃烧室供氧，与燃油混合燃烧后从尾气排出口排出；一路输往左侧，
给飞机的引气系统提供高温高压的压缩空气。在飞机处于地面时，APU 发电机与燃烧室的
两级轴向涡轮（Two-Stage Axial Turbine）连接，在涡轮旋转的带动下发电。

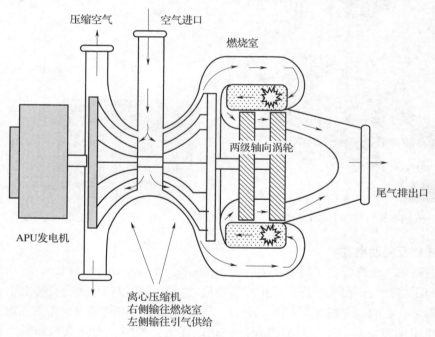

图 1-10　辅助动力装置的功能简图

辅助动力装置的另外一个用途是发动机启动。小飞机的发动机可以使用电动机来带动
发动机的初始旋转（直到涡轮机接管并且发动机"自我维持"或"自持燃烧"为止）。但
是，大型飞机（如宽体飞机）上的发动机太重，难以通过电动机提供发动机初始旋转所需
的力矩（或者所需的电动机又大又重，以致效率不高），因此，可以使用 APU 产生的压缩
空气来启动发动机。

简而言之，APU 可以看作是低配版的发动机，可以发电，在主电源和外部电源停运
时可以作为飞机的辅助电源；也可以产生压缩空气，在主发动机启动前为客舱环控提供必
要的高温高压空气，而这部分空气还可以用来启动发动机。

1.2.1.4　应急电源 RAT

冲压空气涡轮机（Ram Air Turbine，RAT）是一个附带液压泵或发电机的应急能源系统。它在飞机惯性飞行时从迎面气流获取能量来带动发电机和液压泵转动，其工作原理基本上类似于风车。RAT 通常位于飞机的机身处，有时也位于机翼下方。RAT 在正常飞行期间被收起在密闭舱内，仅在紧急情况下才打开舱门，让其在重力作用下弹出舱外并开始工作，如图 1-11 所示。

RAT 是飞机动力系统的重要组成部分，其使用场景极为罕见，即飞机发动机失效并且辅助动力装置（APU）也失效时，才启用 RAT。在这种情况下，RAT 从飞机的机翼或机身（具体取决于安装位置）上释放出来，在迎面气流的冲击下旋转，驱动液压泵和发电机，为飞机重要系统提供液压能和电能。

在 RAT 启用到正常输出电能期间，飞机电源系统由机上蓄电池供电，但一般只能支撑 20min 左右（通常容量为 40Ah）。RAT 启用后，可以延长应急供电的时间。但 RAT 输出功率低，通常为 30 ~ 50kVA，在其运行期间，许多电气设备将被卸载，例如，乘客娱乐系统，咖啡机以及大多数座舱仪表。只有重要的系统（如导航，对飞行至关重要的仪表和通信设备）和飞行控制系统能从该系统获取电力。

通常在液压系统故障或一次电源（发电机、APU）失效的情况下，它会自动激活或通过驾驶员操控面板上的带保护盖的按钮激活。图 1-12 是驾驶舱操控面板上的 RAT 手动启动按钮（RAT MAN ON），为防止驾驶员误操作，按钮上有红色保护盖。

图 1-11　安装在机翼下方的 RAT，
其工作原理类似风车

图 1-12　驾驶舱操控面板上的 RAT
手动启动按钮，带红色保护盖

值得注意的是，RAT 除了用于发电，还可以作为备份液压源。A320 有三套独立液压系统，分别为绿色、黄色和蓝色。其中，蓝色液压系统正常情况下由电动液压泵驱动，RAT 是其备份功率源，能输出 2500psi[①] 的压力。

启用 RAT 的最著名事件是美国航空的 1549 次航班，2009 年 1 月 15 日，执飞该航班的空中客机 A320 从纽约拉瓜迪亚机场起飞后不久，两个发动机都因为一群鸟的撞击而失

---

①　1psi ≈ 6.895kPa。

去了动力。飞机上还有辅助动力装置（APU），可在飞行中支撑大部分系统运行，此外，还有备用蓄电池，可以提供直流电源。考虑到蓄电池储存能量有限，驾驶员同时激活了APU和RAT，控制飞机成功降落在纽约哈德逊河上，被称为"哈德逊奇迹"。

1.2.1.5　蓄电池

蓄电池在紧急情况下，RAT启用之前，可以作为直流应急电源。此外，蓄电池还可以在飞机处于"冷态"时，用于启动APU（对应的蓄电池又被称作APU蓄电池）。

航空用蓄电池通常有铅酸（Lead Acid）电池、镍铬（Ni-Cd）电池和锂离子（Li-ion）电池，铅酸电池是最传统的技术，能量密度较低，但能够承受大电流，成本也比较低。Ni-Cd电池在20世纪80年代以后大量被采用，其使用寿命长。但自放电率高，且铬有毒，这些缺点都限制了其使用范围。

相比这两种电池，锂离子电池性能更好，有更高的能量密度，没有记忆效应，在现代飞机如波音787和A350上都安装了这种电池。

大多数小型私人飞机使用铅酸电池，而大多数商用飞机使用镍镉（Ni-Cd）电池。但是，面向新技术的铅酸电池也在推出，例如，阀控式铅酸（Valve Regulated Lead Acid，VRLA）电池，在现代航空应用中仍然有一席之地，如图1-13所示。

老式的铅酸电池是注液铅酸电池（也称为溢流式电池或湿式电池），它与已完全充电并干燥的电极（极板）组装在一起，在投入使用前，电池中会添加电解液，电池的寿命从添加电解液开始计算。航空用铅酸蓄电池由6个或12个串联的铅酸电池单元组成。6单元电池的开路电压约为12V，而12单元电池的开路电压约为24V。开路电压是电池未连接到负载时的电压。当电池充满电时，正极板上产生的氧气会从电池中逸出，负极板上的水电解产生的氢气也从电池中逸出，导致电池放气和水分流失。因此，被电解液浸没的电池需要定期补充水。

VRLA与注液铅酸电池构造不同，它将所有电解质都封闭在玻璃垫隔板中，不含游离电解质，所以有时也称为密封电池。VRLA电池的电化学反应与注液电池相同，不同之处在于VRLA电池中有氧气复合机理。这类电池有时可以替代Ni-Cd电池，如图1-14所示。

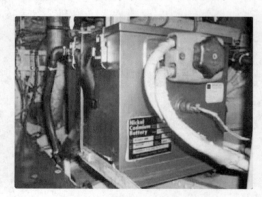

图1-13　阀控式铅酸电池的安装　　　　图1-14　Ni-Cd电池的安装

当VRLA电池充电时，氧气在H_2SO_4参与下与负极板上的铅化学结合，形成硫酸铅和水。这种氧气复合抑制了负极板上氢的产生，因此，充电过程中没有失水。虽然自放电反应可能会损失少量水，但这种损失很小，因此，不用刻意补充水。VRLA电池单元有一个泄压安全阀，如果电池过度充电，该安全阀会打开排气。

Ni-Cd 电池由金属外壳封闭而成，通常是不锈钢、涂塑钢、喷漆钢或钛，其中包含多个电池单元，这些电池单元串联以获得 12V 或 24V 的电压。电池内部有通风系统，可以使过充状态下产生的气体逸出，并在正常运行期间提供冷却功能。

安装在飞机上的 Ni-Cd 电池是典型的排气型电池。排气单元具有排气阀或低压释放阀，当过快充电或快速放电时，该阀会释放所有产生的氧气和氢气。装有 Ni-Cd 电池的飞机通常具有电池管理系统（Battery Management System，BMS），用于监视电池的状态，一般由电池充电器来监视下述工况：

（1）过热状况；

（2）低温条件（低于 -40℃）；

（3）电池单元失衡；

（4）开路；

（5）短路。

如果 BMS 检测到电池故障，它将关闭输出并向 BPCU 发送故障信号。

在 15 ～ 30℃ 的环境温度范围内，Ni-Cd 电池能够以额定容量输出，超出该温度范围会导致容量降低。镍镉电池具有通风系统以控制电池的温度，在高温（超过 70℃）下过度充电会导致热失控，因此，需要不断监测电池温度，以确保运行安全。热失控会导致 Ni-Cd 化学燃烧，在恒压源充电的情况下甚至引起电池爆炸，使用时要尤其注意。

锂离子电池由基本锂离子单元并联（增加电流）、串联（增加电压）或二者组合而成。如图 1-15 所示，锂离子电池的两个电极通过隔膜彼此隔离，常用的隔膜有微孔聚合物膜。在两个电极之间交换的是锂离子，而不是电子。锂离子电池的基本设计与 20 多年前索尼初次商业化时的设计基本相同，但在电极材料、电解质和隔膜材料等方面都有改进。

商业电池通常在放电状态组装，放电后的阴极材料（如 $LiCoO_2$，$LiFePO_4$）和阳极材料（如 C）很稳定，有利于实现商业化。在充电过程中，加在两个电极之间的电压迫使电子在阴极释放，从外部移到阳极。同时锂离子也向同一方向移动，在内部通过电解质从阴极转移到阳极。这样，外部能量以电化学的方式存储在电池中。相反的过程发生在放电过程，此时，电子从阳极通过外部负载移动到阴极做功，与此同时，锂离子也在电解质中从阳极移动到阴极。

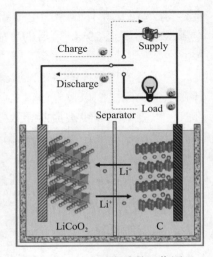

图 1-15　Li-ion 电池的工作原理

表 1-1 比较了三种常用蓄电池在能量密度，充放电次数以及记忆效应方面的优劣。其中，电池记忆效应（Battery Memory Effect，BME）是指如果电池充电、放电不彻底，容易在电池内留下痕迹，降低电池容量的现象，好像电池记住了用户日常的充、放电幅度和模式，时间久了，就很难改变这种模式，不能再做大幅度的充电或放电，从而就降低了电池的容量。只有镍铬电池会有这种现象，铅酸电池和锂离子电池是没有记忆效应的。

表 1-1　常用航空电池的主要特征

特征	单位	VRLA	Ni-Cd	Li-ion
能量密度	Wh/L	70	105	200
充放电次数	N	250	1500	3000
记忆效应	—	无	有	无

尽管在性能指标上锂离子电池具有较大优势，但安全问题是制约锂离子电池推广的一大障碍。锂离子电池在飞机运输和使用过程中暴露的安全问题，导致其应用受阻。2013 年 1 月 7 日，日本航空的一架波音 787 飞机发生了锂电池起火的事故，同年 1 月 16 日，全日航空的一架波音 787 客机起飞后不久，也发生了起火事故。这两起事故导致当时采用锂离子电池的波音 787 飞机全部停飞，而此时飞机的累计飞行时间仅为 52000h。

波音为解决 Li-ion 电池热失控问题而做的改进设计如图 1-16 所示。

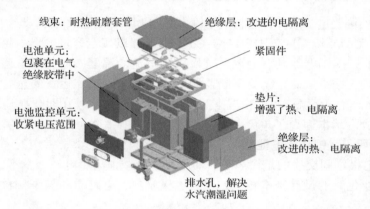

图 1-16　波音为解决 Li-ion 电池热失控问题而做的改进设计

经调查，这两起事故的主要原因是锂离子电池发生了热失控。事故中锂离子电池释放了大量热量，导致多只电池烧毁，并有大量可燃性气体放出。发生事故的电池组由 8 只额定容量 75Ah 的单体锂离子电池组成，电池组工作电压为 32V。当热失控发生时，电池组电压从 32V 降至 29V。事后的事故调查中发现有锂离子电池短路，这可能是引发电池热失控的主要原因。

为了解决热失控的问题，波音全面改进了锂离子电池的设计，如图 1-16 所示。新的设计在电池单元之间以及电池盒之间增加了绝缘层，以增强电隔离；内部线束采用耐热耐磨套管，以降低因导线破损而导致的短路风险；电池单元用电气绝缘胶带包裹，在电池单元之间以及电池单元与电池盒外部增加了隔热绝缘的垫片；在电池盒底部增加了排水孔，以避免水汽凝结而积水。此外，还采用了电池监控单元将输出电压容差控制在比较窄的范围。

这些措施都有效地降低了锂离子电池的起火风险，近几年来，很少听到波音 787 锂离子电池起火的报道。

1.2.2　二次电源

飞机二次电源是将主电源电能变换为另一种形式或规格电能的装置，这种变换可以满足不同用电设备的需要，常见的二次电源有变压整流器（Transformer Rectifier Unit，TRU），自耦变压器（Auto Transformer Unit，ATU）和自耦变压整流器（Auto Transformer Rectifier Unit，ATRU）。

1.2.2.1　变压整流器 TRU

变压整流器用于实现从交流到直流的电能变换，它是静止的变流装置，与传统的电机式变流机相比，它具有很多优点，比如，没有旋转和活动部件，没有换向火花，工作无噪声等。此外，在功率密度、效率和可靠性方面，也有较大的优势，因此，在现代飞机上得到了广泛应用。

变压整流器的输出电压为 28VDC，输入电压随飞机一次电源的电压等级而定，在 C919 飞机上，其输入电压是 115VAC，而在波音 787 上，其输入电压随着发电机电压等级的提高而增加到 235VAC。C919 上布置了 3 台 TRU，每台额定输出电流为 350A；波音 787 上布置了 4 台，每台额定电流 240A。

图 1–17 是 6 脉冲 TRU 的工作原理图，外部三相输入接到 TRU 的 Y/Y 变压器，实现原副边的电气隔离，后者再输入给三相全波整流器，将交流电整成直流给负载供电。

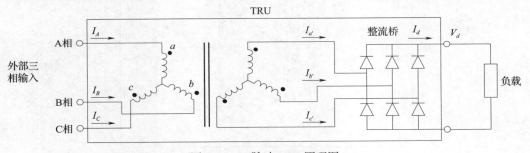

图 1–17　6 脉冲 TRU 原理图

根据理论分析（任志新，2008），输出电压 V_d 每个交流周期将含有彼此相距 $\pi/3$ 的 6 个脉动波头。6 脉冲 TRU 因此而得名。6 脉冲 TRU 的输出电压波形如图 1–18 所示。

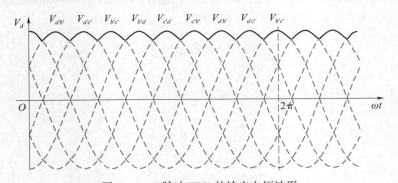

图 1–18　6 脉冲 TRU 的输出电压波形

变压器副边每相绕组在一个交流周期中仅导通 2/3 个周期，其中 1/3 周期为正向导通，另外 1/3 周期为负向导通。对变压器输出相电流进行傅里叶变换，可以发现，其中含有 $6k \pm 1$ 次谐波，k 为正整数，每次谐波有效值与基波有效值的比值是谐波次数的倒数。由此可以计算，6 脉冲输入电流的总 THD 畸变率为 31.08%。

早在 20 世纪 70 年代初期，当大功率可控硅发展成熟之际，人们就已经发现了可控硅整流器在将交流电转换为直流电的同时，产生了大量的谐波电流，这些谐波电流（对 6 脉冲而言，THD 值达 31.08%）注入飞机电网中，会对其他的负载产生负面影响。为此，人们一直在寻求一种解决方法，希望去除整流器产生的谐波电流。其中，有两种可行的解决方案，一种方法是采用 LC 型的无源滤波器；另一种方法是采用多脉冲整流技术，通过叠加的方法消除特定次的谐波。LC 无源滤波器会增加额外的体积重量，所以常用多脉冲叠加的方法来消除谐波，如常用的 12 脉冲整流器就可以有效地消除 5 次、7 次输入电流谐波。

图 1-19 是 12 脉冲 TRU 的原理图，与 6 脉冲 TRU 相比，它在变压器的副边增加了一个△绕组及对应的三相全波整流桥。新增的△绕组与原有的 Y 绕组在相位上相差 30° 角，匝比是 $\sqrt{3}:1$，以确保两个绕组的输出线电压相同。

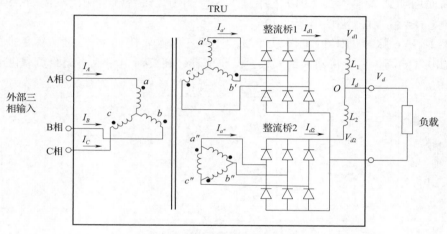

图 1-19　12 脉冲 TRU 原理图

图 1-20 是对应的变压器输出绕组的电压向量图，它表示的是输出绕组线电压之间的相位关系，如 $V_{a''c''}$ 超前 $V_{a'c'}$ 30° 角，而 $V_{a'c'}$ 又超前 $V_{b''c''}$ 30° 角，以此类推，变压器输出端的两个绕组形成了彼此相差 30° 的 12 个相量。

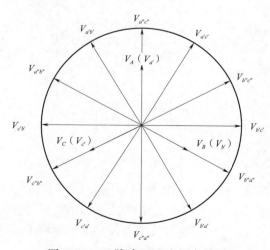

图 1-20　12 脉冲 TRU 电压向量图

　　假设两个整流桥输出不并联，而是独立工作，则它们的输出电压各包含 6 次脉动，如图 1–18 所示，每个脉动彼此互差 π/3 电角度。现在将这两个整流桥并联起来，虽然每个整流桥都有 6 个波头，但这 6 个波头所形成的包络线并不重合，整流桥 1 超前整流桥 2，相位差为 30°。这样，在二者并联时，两个电压包络线相互叠加，就有了 12 个波头，同时脉动的幅度也减小了一半。

　　在图 1–21 中，V_{d1} 和 V_{d2} 的输出脉动各包含 6 个波头，而 V_{d1} 比 V_{d2} 超前 30°，二者相互叠加形成的输出电压就有了 12 个波头，而脉动的幅度也变为原来的一半。12 脉冲 TRU 消除了原有的 6 次谐波，只含有 12 次及以上次谐波，且幅度大为降低，这就是 12 脉冲 TRU 所带来的好处。

　　在两个整流桥并联输出之前，还增加了平波电抗器，如图 1–21 所示的 L_1 和 L_2，其作用是平衡两个整流桥的电流输出，使得两个整流桥均分输出电流。在不加平衡电抗器的情况下，两个整流桥输出波形有 30° 相位差，导致输出电压交替达到最大值。比如，整流桥 2 的 AC 线电压 $V_{a''c''}$ 在 π/12 处达到最大值，持续时间为 π/12，在 π/4 处整流桥 1 的 AC 线电压 $V_{a'c'}$ 达到最大值，持续时间也为 π/12。两个整流桥输出电压交替达到峰值的后果是，每次只有一个整流桥工作。比如，在整流桥 2 的电压 $V_{a''c''}$ 达到峰值时，整流桥 1 的二极管被反向截止，此时，只有整流桥 2 给负载供电。同样地，在 π/4 到 5π/12 的时间区间，仅有整流桥 1 为负载供电。两个整流桥不能同时输出，因而，在设计时，必须加大桥臂二极管的容量，从而增加体积重量和成本。

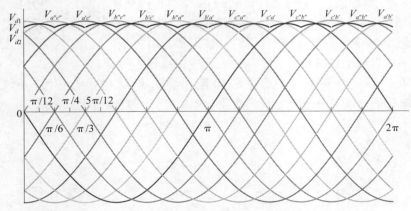

图 1–21　12 脉冲 TRU 输出电压脉动

　　平波电抗器的作用就是吸收两个整流桥的电压差，避免了瞬时电压高的那个整流桥的电压直接施加在另一个整流桥的二极管反向端而导致其反向截止。从而两个整流器尽管在每个瞬间输出电压不同，但可以同时导通，同时为负载供电。因此，每个整流桥的额定容量可以设计成额定负载电流的 1/2，有效地降低了体积重量和成本。

　　为进一步降低谐波含量，还可以采用 18 脉冲，甚至 24 脉冲的 TRU。但随着变压器输出绕组的增加，TRU 的设计复杂度也会相应提高，这会带来额外的体积和重量开销，因此，飞机上通常采用 12 脉冲和 18 脉冲的 TRU。

　　多脉冲整流 TRU 自身没有输出电压调节作用，所以其输出电压受负载和电源电压的影响较大。

1.2.2.2 自耦变压器 ATU

早期飞机如 A320 和波音 737 上，电源的供电体制为 115VAC，即发电机出口汇流条的电压为 115VAC，不需要额外的 AC 到 AC 的电源转换装置。为降低导线重量，自波音 787 起，航空工业界将发电机的输出电压由 115VAC 提高到 235VAC（名义值为 230VAC），在传输相同功率时，电流可以减小一半，从而有效地降低了导线线径，达到了减重的目的，如图 1-22 所示。

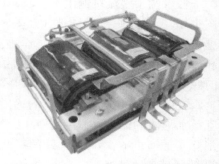

图 1-22　波音 787 上的自耦变压器 ATU

由于传统的 115VAC 负载依然存在，因此，需要电源转换装置，先将 235VAC 降压到 115VAC，再为这些传统负载供电。自耦变压器 ATU（Auto Transformer Unit）可以提供 235VAC 和 115VAC 汇流条之间的双向电能转换。

波音 787 采用了 2 台 150kVA 的自耦变压器，分别位于 P500 和 P600 配电盘箱中，用来给位于 P300 和 P400 配电盘箱中的 115VAC 汇流条供电。在地面电源工作期间，ATU 还可以逆向工作，将 115VAC/400Hz 地面电源转换成 235VAC，为发动机启动（或 APU 启动）提供功率输入。

选用自耦变压器的主要好处是可以减重，如图 1-23 所示，其中图 1-23（a）是传统的双绕组变压器，它由原边 AX 和副边 ax 两个绕组组成。原边的 a' 点和 a 点处电位相等，我们将 a' 和 a 点直接相连，同时省却独立的 ax 绕组，即变成了图 1-23（b）。图 1-23（b）的物理实现如图 1-23（c）所示，直接在原边的 a' 处引出一个抽头，就形成了副边 ax 绕组，这部分绕组与原绕组 AX 是共用的。被省却的副边独立绕组，除了可以降低绕组导线重量外，还可以减小磁芯的尺寸，从而也相应地减轻了重量。

同时，我们还注意到，由于副边 ax 电流 I_2 与原边 AX 电流 I_1 相反，所以在绕组 ax 段，电流会小于 I_1，这部分绕组导线的线径也可以降低，对减重也有贡献。

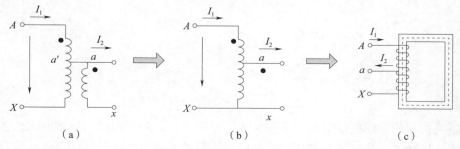

图 1-23　自耦变压器可以节省副边绕组，并降低副边绕组的线径

ATU 的主要缺点是原副边不隔离，有电气上的直接联系，当原边经受雷击等过压脉冲时，会直接传递到副边。因此，在设计飞机电源系统时，要考虑这些因素的影响。

此外，出于飞行安全的考虑，ATU 应留有设计余量，ATU 能够承受由于次级馈线故障引起的短路电流而无任何损坏，直到故障被相应的保护装置清除。ATU 应有相应的故障检测和故障隔离措施，来防止 ATU 故障和相关负载馈线中的故障。

1.2.2.3　自耦变压整流器 ATRU

TRU 主要用在需要隔离的场合，在负载功率较大时，为减小整流器的体积，美国学者 Derek Paice 提出了采用自耦式变压器代替隔离式变压器的方法，这一思路体现在他的关于多脉冲整流的经典著作 *Power Electronic Converter Harmonics*：*Multipulse Methods for Clean Power* 一书中。

自耦变压整流器（Auto Transformer Rectifier Unit，ATRU）将 235VAC 交流电变换成 ±270VDC 直流电，给多电飞机的高压直流负载提供电力（供给液压电动泵、氮气生成系统、环控压缩机以及发动机启动等负载装置使用）。在波音 787 上，共采用了 4 台 ATRU，每台功率为 150kVA。

波音 787 的二次电源就采用了多脉冲变压整流器 TRU 及多脉冲自耦变压整流器 ATRU。

图 1-24 是常见的 12 脉冲自耦变压整流器的结构图，图中自耦变压器取代了传统的隔离变压器，减小了变压器的等效容量。自耦变压器产生的两组三相电压分别给两组整流桥供电，整流桥输出再通过平波电抗器向负载供电。每组整流桥同时导通且独立工作，共同向负载供电，传输一半的负载能量。

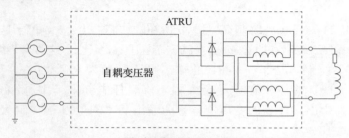

图 1-24　12 脉冲自耦变压整流器的原理框图

与 TRU 类似，自耦变压器要生成两组相位互差 30° 的输出绕组，分别为后级的两路整流桥提供输入，由于自耦变压器原副边不隔离，因此，副边绕组直接从原边绕组引出。

图 1-25 示出了原边接成△形，副边接成 T 形的自耦变压器绕组设计。其中 a、b、c 是原边的 3 个绕组，接成△形，a'、b' 和 c' 是副边的第一个绕组，a''、b'' 和 c'' 是副边的第二个绕组。绕组 $a'\,a''$ 与绕组 bc 是平行的，在物理上，它们绕制在同一个铁芯柱上。$a'\,a''$ 的中点连接到原边的 a 点，$a'\,a''$ 与 a 点形式上像 T 字，T 形接法由此得名。图 1-25 中的黑色圆点表示的是绕组同名端，可以看出 a' 和 a'' 的相位是相反的，二者互差 180°。

图 1-26 是与△-T 形接法对应的向量图，在设计绕组时，要精确计算 aa' 绕组与 ab 绕组的匝数，使得 V_a 与 $V_{a'}$ 之间的夹角为 15°（由三角函数关系可知，ab 绕组与 aa' 绕组的匝比为 1:0.233）。当两个副边绕组匝数相等时，V_a 与 $V_{a''}$ 之间的夹角也为 15°。从而 $V_{a''}$ 与 $V_{a'}$ 之间的夹角为 30°，刚好满足设计预期。

图 1-27 是实际的变压器绕制方法，其中 ab、bc、ca 相绕组各占一个磁芯柱，彼此首尾相连，构成△形接法。副边的两个绕组 $a'\,a$ 和 aa'' 绕制在原边 bc 所在

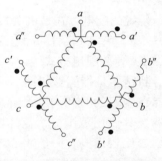

图 1-25　12 脉冲 ATRU 的绕组设计

的铁芯柱上，由于 a 点位于两个绕组的中点，且绕制方向相同，因而，电压向量 $a'a$ 和向量 $a''a$ 方向相反，与图 1–26 所示的电压向量图一致。

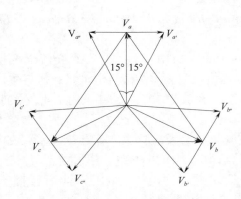

图 1–26　12 脉冲 ATRU 的
电压向量图

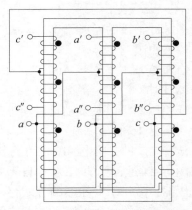

图 1–27　12 脉冲 ATRU 的变压器
绕组的绕制方法

同样地，副边的 $b'b$ 和 bb'' 绕制在原边 ca 所在的铁芯柱上，b 点位于这两个绕组的中点位置；副边的 $c'c$ 和 cc'' 绕制在原边 ab 所在的铁芯柱上，c 点位于这两个绕组的中点位置。

在这种变压器绕制方法下，ATRU 的输出电压脉动为 12 个波头，与 TRU 相同，但同功率条件下，ATRU 的体积和重量会大幅下降。任志新的《多脉冲自耦变压整流器（ATRU）的研究》指出，TRU 的变压器容量为输出功率的 1.03 倍，而 ATRU 的变压器容量仅为输出功率的 18.34%。

1.2.3　配电装置

一次电源和二次电源分别用于电能的产生和转换，而配电装置则用于电能的分配，它将一次、二次电源的电能分配到终端电气负载。航空电源系统是辐射状的架构，配电装置从一个配电汇流条获取电力，向多个负载供电。

在正常情况下，这些配电装置是一个负载切换开关，当开关接通时，负载获得电力输入；当开关断开时，负载断电。在异常情况下，如线路发生过载或短路时，配电装置可以切断负载，避免了导线过热引起火灾。同时也可以实现故障隔离，避免故障传播到整个电网，导致大面积停电事故。

传统的配电方式是机电式的断路器，随着电力电子技术的发展，基于功率 MOS 管的固态配电方式得到了越来越广泛的应用。

1.2.3.1　传统配电方式

断路器是指能够接通、承载和断开正常回路条件下的电流，并能在规定的时间内断开异常回路条件下电流的开关装置。断路器按其使用范围分为高压断路器与低压断路器，高、低压界线划分比较模糊，一般将 3kV 以上的称为高压电器。在航空领域，电压达到 270VDC 的就被称为高压直流电器。图 1–28 是一

图 1–28　航空断路器示例
（15A 额定电流）

个航空用断路器的示例图，顶部按钮上的数字 15 表示的是断路器的额定电流为 15A。

如图 1-29 所示，断路器一般由主触头、电磁脱扣器、热脱扣器、连杆、外壳等构成。当主触头闭合后（通常是通过按下手动按钮闭合主触头），与主触点相连的锁链与搭钩接触，把主触头固定在闭合位置。相应地，与主触头连接的弹簧因为行程被拉长而受到张力。

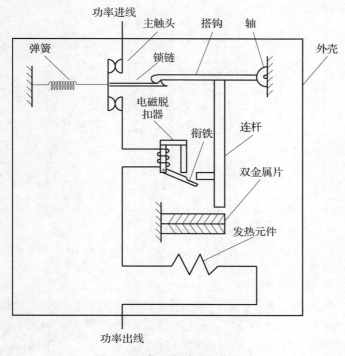

图 1-29　航空断路器工作原理

断路器有两种脱扣机制，即电磁脱扣和热脱扣。当电磁脱扣器动作时，衔铁被吸合，进而推动连杆向上移动，搭钩顺时针绕轴旋转，脱开锁链，主触点在弹簧的张力下分开。热脱扣利用的是双金属片受热的原理，在触点闭合后，功率进线和功率出线有电流流过，串在电流回路的发热元件给上端的双金属片加热（有的断路器在设计时将发热元件和双金属片合二为一，即双金属片串联在主回路中），后者受热弯曲，推动连杆动作，使主触点脱扣。

电磁脱扣作用于大电流短路（一般 10 ~ 12 倍）的情形，此时，电流产生的磁场克服衔铁重量，带动连杆使主触点脱扣，开关瞬时跳闸。

热脱扣在过载的情形下启用。当过载发生时，电流变大，发热元件发热量加剧，如图 1-30 所示，因为双金属片 A 和 B 有着不同的热膨胀系数，如果这个过载电流时间持续足够长，双金属片变形到一定程度后，其对应的水平位移 x 就会触动断路器脱扣机构，推动机构动作，将负载切断。

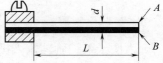

图 1-30　断路器的双金属片
在过载条件下弯曲

断路器跳闸保护的时间取决于过载程度的大小，过载电流越大，断路器跳闸时间越短，反之亦然。这就是通常所说的反时限保护（Reverse Time Protection，RTP）。

断路器的数据手册上一般会标过载保护的反时限曲线，如图 1-31 所示，保护曲线与环境温度密切相关，低温时（-54℃）保护得慢，高温时（-121℃）保护得快。由于断路器是机电装置，保护时间不是一条精确的曲线，而是存在一个公差带，图 1-31 示出了25℃条件下的保护公差带。

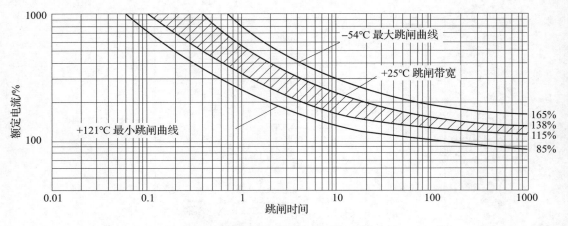

图 1-31　断路器数据手册上的跳闸保护曲线

保护曲线虽然直观，但不利于查找具体的保护数值，作为补充，断路器数据手册上还会以表格的形式列出典型的保护值，包括各个温度下的最小跳闸百分数，最大跳闸百分数，以及 200%、500% 和 1000% 过载条件下的保护时间区间。如图 1-32 所示，在 25℃条件下，500% 过载（5 倍过载）的保护时间为 0.40 ~ 1.60s，与图 1-31 中曲线上的值是对应的。

温度	最小跳闸阈值	最大跳闸阈值	跳闸时间/s		
			200%	500%	1000%
25℃	115%	138%	4~16	0.40~1.60	0.10~0.40
-54℃	115%	165%	7~35	0.60~3.00	0.15~0.70
121℃	85%	145%	2~13	0.25~1.00	0.06~0.25

图 1-32　断路器数据手册上的跳闸典型值

为便于维护管理，飞机上的断路器一般成组布置，即将若干个断路器集中在一起，封装在同一个结构腔体中，这种包含多个断路器的集成配电装置又叫断路器板。图 1-33 是航空用直流断路器板的示例，它一般位于驾驶舱，驾驶员和地勤人员可以很方便地对它进行操作。该断路器板可以容纳 30 个断路器，分 6 排布置，每排 5 个。图 1-33 中共安装了25 个断路器，余下的 5 个作为预留，给将来扩展用，用堵盖封住。每个断路器上端都刻有相应的字符，以标识对应的负载名称。前面已经提到过，断路器按钮上的字符表示的是断路器的额定电流，比如，1 表示额定电流为 1A，3 表示额定电流为 3A，7 1/2 表示额定电流为 7.5A。

断路器顶端的按钮按下去时，负载处于接通状态，拔出来时，负载处于断开状态。当出现短路或过载情况时，断路器会实施保护，脱扣跳闸，顶端的按钮会弹出来，负载被断开。通常情况下，断路器板上的断路器都处于接通状态，即汇流条一上电就给负载供电，只有在出现过载或短路时，断路器才断开。因此，可以通过巡视断路器板上按钮的状态来判断是否发生了跳闸，断路器顶端按钮处于按下状态表明负载回路正常；若按钮处于弹出状态，则表明负载回路出现过异常，断路器发生了保护跳闸。

除了通过人工巡视，即目视检查的方式来判断断路器的状态外，还可以在断路器板内部增加数字电路，实时检测断路器的开通、关断状态，并通过总线发送给外部系统。在这种情况下，通常需要选择带辅助触点的断路器。由于辅助触点和主触点有机械联动，所以可以通过检测辅助触点的状态来判断断路器主触点的状态。由于辅助触点和主触点物理隔离，没有电的直接联系，新增的检测回路不会干扰到主回路的运行，从设计的角度看，也是非常安全的。

图 1-33　航空直流断路器板

断路器需要手动按下接通，因此，具有不能远程控制的缺点。为克服这一缺点，可以将断路器和继电器 / 接触器串联。断路器处于常闭，即一直接通状态，而负载的接通关断状态由继电器 / 接触器的控制端实现，如图 1-34 所示。

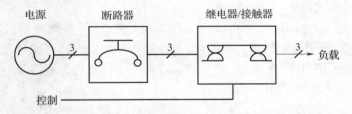

图 1-34　用断路器和接触器串联的方式实现负载的远程控制

继电器的英文名称是 Relay，接触器的英文名称是 Contactor，二者都是机电式装置，不同之处在于电流的大小，主回路电流小的叫继电器，电流大的称为接触器。这个电流的大小没有明确的规定，一般以 15A 为界。

继电器 / 接触器的基本工作原理是用电磁线圈控制机械触点的接通和断开，当电磁线圈通电时，产生的电磁力带动机械触点闭合，主电路接通，负载供电；当电磁线圈断电时，电磁线圈电磁力消失，机械触点在反力弹簧的拉力下分开，主电路断开，负载断电。

继电器 / 接触器的线圈可以通过线缆引出，在远程施加控制，从而实现了负载的远程配电。

实现负载远程配电的另一种方法是采用遥控断路器（Remote Controlled Circuit Breaker，

RCCB），RCCB 综合了断路器和接触器的功能，如图 1-35 所示，它也有外接的控制端，通过对控制端的加电、断电控制来实现负载的接通和断开控制。

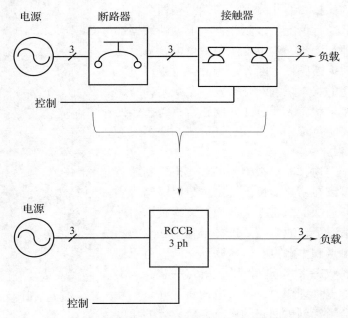

图 1-35　用 RCCB 代替断路器和接触器的串联

　　RCCB 的主回路采用的是机械触点，其控制方式为电磁线圈的通电和断电，是典型的机电式装置。若将 RCCB 的机械触点用功率 MOSFET 代替，通过控制 MOSFET 栅极驱动电压来实现通道的开通关断，RCCB 就变成了固态功率控制器 SSPC。

1.2.3.2　固态配电方式

　　固态功率控制器（Solid-State Power Controller，SSPC）是集继电器的转换功能和断路器的电路保护功能于一体的智能开关设备，与断路器相比，它具有无触点、无电弧、无噪声、响应快、电磁干扰小、寿命长、可靠性高以及便于计算机远程控制等优点，因而在现代飞机上得到了越来越广泛的应用。

　　SSPC 的基本工作原理如图 1-36 所示，其核心元件是一个固态开关，通常由功率 MOSFET 来实现。SSPC 内部有一个控制 / 采样电路，来控制功率 MOSFET 的开通和关断，同时监控 SSPC 的工作状态（通道的开通 / 关断状态、通道电压、负载电流等）。

　　在正常情况下，SSPC 从外部（通常是总线）接收远程的负载接通 / 断开指令（CMD），由驱动电路将其转换成相应的 MOS 管栅极驱动信号，用于接通 / 断开负载。它实时采集通道的电流电压等信息，并将这些状态发送到外部（总线上），供其他系统使用。

　　SSPC 的数字控制部分通常用 ASIC 或 FPGA 实现，通过高度集成的方法来缩小体积，其内部包含 SSPC 引擎、短路检测、电流检测和电压检测。短路检测和电流检测的信息都源于串联在主功率回路中的采样电阻，其中，短路检测用于判断负载电流是否超过 SSPC 的功率承载极限（通常为 12 倍额定电流），当电流超过设定的阈值后，会触发 SSPC 引擎中的 MOS 管关断逻辑，给栅极驱动回路发送 MOS 管关断信号，断开负载。电流检测模块实时获取负载电流信息，经 SSPC 引擎处理后上报给外部系统。SSPC 引擎中的 I2t 算法

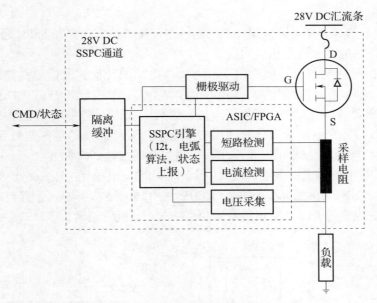

图 1-36　28VDC SSPC 工作原理

和电弧检测算法的信息均源于电流检测功能模块，当电流超过额定值，处于过载状态时，SSPC 引擎会触发 I2t 积分运算，在达到热量阈值后发送 MOS 管关断信号给栅极驱动模块。若电流检测模块的输出电流含有电弧特征信息，SSPC 引擎会触发电弧检测算法，在电弧故障确诊后，向栅极驱动模块发送关断信号。SSPC 引擎还通过电压采集模块反馈的通道输出电压来判断通道的实际开通关断状态，并将通道电流、电压等信息整体打包为 SSPC 通道状态信息，反馈给外部系统。

　　出于安全设计考虑，每个 SSPC 通道与外部均有隔离缓冲，此外，在主功率回路上，还串联有保险丝，若 SSPC 引擎失效，或 MOS 管处于常通故障时，保险丝还可以作为过载和短路故障的后备保护。

　　与断路器板类似，多个断路器可以成组布置，做成断路器板，多个 SSPC 也可以布置在同一块 PCB 上，构成一块 SSPC 板卡。如图 1-37 所示，一块 SSPC 板卡上有 n 个彼此相互隔离的 SSPC 通道，每个 SSPC 通道就相当于断路器板上的一个断路器（CB）。每个通道都与一个主控处理器 uP 相连，接收 uP 发送过来的控制命令，并向 uP 反馈通道的状态信息。uP 将板上的 n 个 SSPC 通道的状态信息汇总，通过供电与通信模块发送到外部总线上。同时，它也从外部总线获取整个板卡

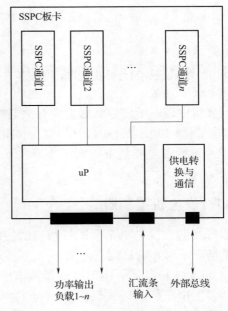

图 1-37　一个 SSPC 板卡上布置多个 SSPC 通道

的 SSPC 通道控制命令，并将其分发到各个 SSPC 通道，用于控制每个 SSPC 通道的接通和关断。

SSPC 板卡上的这 n 个通道复用外部的同一路汇流条输入，根据 SSPC 通道的开通关断指令，将汇流条的电能分配给相应的负载。

板卡上的供电转换与通信模块用于板卡工作电源的转换和通信总线物理层的信号生成。飞机上给 SSPC 板卡提供的工作电压为 28VDC，而板卡上的 uP 和 SSPC 通道上的 ASIC/FPGA 都需要 3.3V/1.8VDC 等数字电压，因此，板卡上需要布置电路将 28VDC 转换成 3.3V/1.8VDC 等数字电压。通信物理层实现板卡与外部总线的电气信号互连，将 uP 输出的 0/1 逻辑信号转换成物理的高低电平，并通过总线发送到接收方。

多个 SSPC 板卡可以成组布置，组成一个远程功率配电单元（Remote Power Distribution Unit，RPDU）。如图 1-38 所示，同一个 RPDU 复用同一路功率输入，其前端由断路器保护，该断路器的规格与 RPDU 所连负载的功率需求相匹配，通常为 50A。

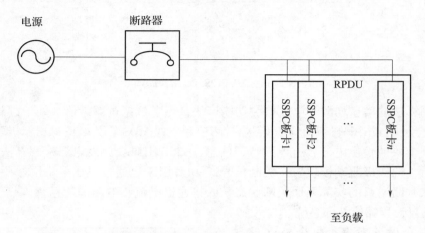

图 1-38　多个 SSPC 板卡组成一个 RPDU，复用同一个功率输入

1.3　飞机电源系统的控制器

飞机电源系统的控制器主要有发电机控制器（Generator Control Unit，GCU）和汇流条功率控制器（Bus Power Control Unit，BPCU），前者主要负责发电机输出电压调节和故障保护，而后者主要负责不同工作模式下的功率转换以及故障条件下的电网重构和负载管理。

1.3.1　发电机控制器

每台航空发电机都会配备相应的控制器 GCU，用于调节发电机输出端的电压，并在异常情况下对发电机实施保护。

如图 1-39 所示，GCU 实时检测电压调节点（Point of Regulation，POR）处的电压，通过调节发电机的励磁来保证 POR 处的电压水平维持在设定范围内。正常情况下，POR 处的电压、频率都有一个限定范围，当 GCU 检测到电压、频率超限，或是输出馈线发生过载故障时，GCU 会对发电机实施保护，断开发电机出口断路器（Generator Circuit Breaker, GCB，有的称为接触器，因为断路器的通断由控制接触器线圈实现），并禁能 GCU 的电压调节功能。

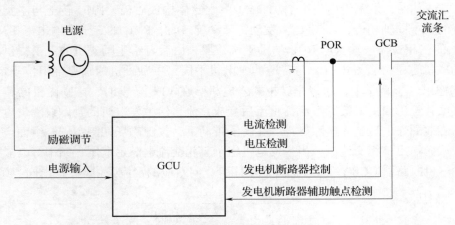

图 1–39　发电机控制器 GCU 的功能框图

1.3.1.1　GCU 的保护功能

根据 DO-160G《机载设备的环境条件与测试程序》的要求，115VAC 的电压和频率要符合规定的范围。DO-160G 的 16.5.1.1 节给出的最大最小电压频率范围见表 1–2。其中 A 表示 115VAC 交流电压，CF 表示恒频电源，即正常工作频率在 390 ~ 400Hz；NF 表示窄变频电源，正常频率范围在 360 ~ 650Hz；WF 表示宽变频电源，正常的频率范围在 360 ~ 800Hz。

当电源品质超出表 1–2 的规定，即发电机的电压、频率过高或过低，GCU 要启动相应的保护功能，断开 GCB，并禁能电压调节功能。

表 1–2　DO-160G 对 115VAC 电压和频率范围的规定

电源类别			A（CF）	A（NF）	A（WF）
最大	电压 /Vrms	最高相	122	122	122
		三相平均	120.5	120.5	120.5
	频率 /Hz	正常	410	650	800
		应急	440	650	800
最小	电压 /Vrms	最高相	100	100	100
		三相平均	101.5	101.5	101.5
	频率 /Hz	正常	390	360	360
		应急	360	360	360

除了电压频率超限保护外，GCU 还有其他类型的保护，这些保护与发电机的构造有关。在介绍这些保护之前，先要对航空发电机的原理有所了解。

航空变频发电机 VFG 由永磁发电机 PMG、主励磁机、二极管整流器和主发电机这 4 部分组成。其中，永磁发电机 PMG 的转子由永磁体构成磁极，PMG 转子与主励磁机和主发电机的转子同轴相连，当 VFG 由发动机带动旋转时，PMG 的定子会输出三相交流电。PMG 输出的三相交流电输入给 GCU 的励磁调节器，由后者给主励磁机的定子提供励磁电流。主励磁机也是一台发电机，与普通的发电机不同，主励磁机的励磁绕组位于定子上，三相交流输出位于转子上，所以是转枢式发电机。在 VFG 转动时，主励磁机的转子输出三相交流电，经后级的二极管整流器整流后变成直流，给主发电机的励磁线圈供电。主发电机的励磁线圈通电后建立气隙磁场，在转子带动下，气隙磁场切割定子绕组而产生感应电动势，从而输出三相交流电。当主发电机定子三相交流电满足电压、频率等电能质量要求时，发电机断路器 GCB 在 GCU 的控制下闭合，向对应的汇流条供电，如图 1-40 所示。

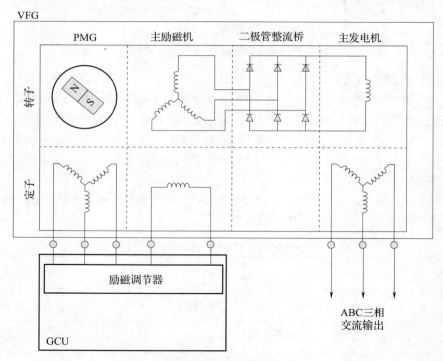

图 1-40　航空变频发电机 VFG 的组成

PMG 的永磁磁极、主励磁机的交流三相绕组、二极管整流器和主发电机的励磁线圈都位于转子上，是发电机的转动部分；而 PMG 的三相输出、主励磁机的励磁线圈和主发电机的三相输出绕组，都位于定子上，是发电机的静止部分。

VFG 设计成 PMG、主励磁机与二极管整流器和主发电机这种"三体式"结构，主要是出于以下考虑：

（1）VFG 要输出电能，需要给励磁线圈供电。PMG 是比较理想的励磁功率源，因为 PMG 本身不需要额外的励磁，其磁场由永磁体直接产生。只要 VFG 转动，就可以输出电能。

（2）PMG 的磁源由永磁铁提供，其磁场不易调节，因此，输出电压近似与 VFG 的转速成正比。而主发电机需要在不同的转速下维持输出端电压恒定，在 VFG 转速高时，要减小励磁电流，在转速低时，要增大励磁电流。因此，PMG 的输出电压必须经过调节后，才能输出给励磁机。解决这一问题的方法是在 PMG 输出与主发电机励磁线圈之间串入励磁调节器，将 PMG 输出的不可控电压转换成所需的可调励磁电压。励磁调节是 GCU 的主要功能之一。

（3）由于 GCU 是静止的，而 VFG 主发电机的励磁线圈是旋转的，因此，GCU 的励磁电压不能直接输出给励磁线圈，中间要再经过一级转换，将静止的 GCU 励磁调节输出电压转换成旋转的，再给旋转的 VFG 主发电机励磁线圈供电。这种转换由主励磁机实现。前已述及，主励磁机是转枢式的，它将定子侧的直流电压转换成电枢转子的三相交流输出，后者经过二极管整流后，作为 VFG 主发电机励磁线圈的直流输入电压。

基于以上的原因，现役飞机的 VFG 发电机都采用了 PMG- 主励磁机 + 二极管整流 - 主发电机这种三体式结构，以实现励磁的无刷调节。

VFG 各组成环节的电流承载部分都要配置相应的保护，除了前面提到的输出电压和频率保护外，还有以下几种保护：

（1）励磁磁场驱动保护：当 GCU 检测到无法为发电机提供励磁电流时，启用该保护。

（2）直流分量保护：正常情况下，交流发电机的输出为对称三相正弦波，没有直流分量。当检测到的直流分量大于阈值（如 50A 时，具体值与发电机功率相关），启用该保护。

（3）相序保护：正常情况下，交流三相的相序为 A-B-C，当相序不为 A-B-C 时，启用该保护。

（4）电流差动保护：正常情况下，发电机内部电流互感器检测到的相电流应与输出馈线上检测到的电流相等。当二者之差超过阈值（如 30Arms）时，启用该保护。

（5）旋转整流器故障保护：发电机的转子上有旋转整流器，它将励磁机转子感应的三相交流电整成直流，给主发电机提供直流励磁。若检测到旋转整流器故障，则启用该保护。

（6）GCU 内部故障：GCU 内部有 BIT（Build-in Test，自检测）电路，当检测到 GCU 内部故障后，则会启用该故障保护。

此外，还有频率保护、发电机过载保护等，这部分的内容将在本书第 4 章详述。

所有上述故障都有相应的延时确认，比如，过压保护的进入条件是检测到的最高相电压大于阈值，且持续时间也要达到阈值（如 50ms）。故障延时确认的目的是抑制干扰，增强保护电路的鲁棒性。

1.3.1.2　过压保护单元

与传统的恒频发电机相比，VFG 更容易输出过电压，因为此时发电机的前端没有恒转速的装置。当发动机转速快速变化时，会引起发电机频率的快速变化，进而也导致 VFG 输出电压的快速变化。

此外，短路故障切除瞬间也会导致输出过压。因此，作为一般的 VFG 都有配套的过压保护单元（Overvoltage Protection Unit，OPU），在 GCU 电压调节功能的基础上，再另外增加一个 OPU，以作为备份保护。

GCU 与 OPU 之间的配合如图 1-41 所示。

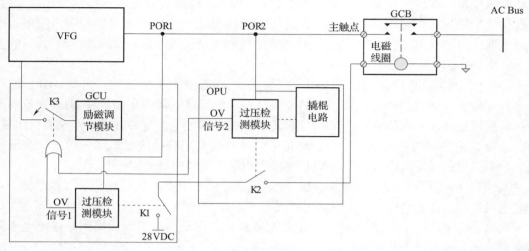

图 1-41　GCU 与 OPU 之间的配合

当发电机频率由 400Hz 变化到 800Hz 时，假设励磁电流不变，由于发电机输出电压与转子转速成正比，因此，当发电机频率加倍，也就是转速加倍时，输出电压也会加倍。

当发电机转速加倍时，由于 PMG、励磁机和主发电机同轴相连，所以此时 PMG 和励磁机的转速也加倍了。PMG 转速加倍导致其输出电压也加倍，若 GCU 来不及调节输出电压，则 GCU 输出的励磁电压会加倍。从而励磁机的励磁电流也加倍，在线性假设情况下，即励磁机的励磁磁场也加倍。由于励磁机输出电压跟励磁磁场成正比，跟转速成正比。在励磁磁场和转速均加倍的情况下，励磁机的输出电压会增加 4 倍。这增加为 4 倍的电压作用到主发电机转子，导致励磁电流增加 4 倍，同样在磁路线性的假设下，主发电机的气隙磁场也会增加为原来的 4 倍。再叠加上转速的倍增因素，VFG 总的输出电压将增加为原来的 8 倍。这么高的电压变化，将超出机上绝大部分用电设备的耐压和绝缘设计要求，导致设备的永久损坏。

当然，在励磁机输出电压大幅增加的情况下，磁路的线性假设不再成立，所以发电机转速加倍，并不会导致输出电压增加 8 倍之多。即便如此，其增幅也是相当可观的。

发电机输出过电压会损坏用电设备，也会损坏发电机自身的绝缘。出于飞行安全的考虑，一般会在 GCU 自带过压保护的基础上，再串联一个独立的过压保护单元（Overvoltage Protection Unit，OPU），以确保在出现发电机输出过压时，GCB 能够断开，同时禁能励磁调节器输出。

图 1-41 示出了 GCU 与 OPU 之间的配合关系，二者都有过压检测功能，励磁调节模块的输出开关 K3 处于常通状态，即在缺省状态下为 VFG 提供励磁输出。在一切正常，即 VFG 输出电压、频率在规定范围，满足电能质量要求时，GCU 和 OPU 的过压检测模块都会发出控制指令，闭合开关 K1 和 K2。在 K1 和 K2 闭合后，发电机断路器的电磁线圈获得 28VDC 功率输入，吸合主触点至闭合状态，AC Bus 上电。

GCU 的电压调节点为 POR1，OPU 的电压调节点为 POR2，二者并不重合，以确保两个模块检测回路的独立性。当 GCU 检测到过压条件时，它会发出 K1 开关的跳闸指令，在 K1 开关断开后，GCB 的电磁线圈失电，GCB 的主触点在反力弹簧的作用下断开，AC Bus 失电，从而避免了高电压对汇流条上所连负载的冲击。与此同时，GCU 会发出励磁调节模块的输出开关 K3 的跳闸指令（通过置位 OV 信号 1），给 VFG 灭磁，避免了过电压对 VFG 绝缘的损伤。

若过压条件出现时，GCU 没有检测到（如 GCU 故障），OPU 会检测到该过压条件，发出开关 K2 的跳闸指令。在 K2 开关跳闸后，GCB 控制线圈失电，GCB 的主触点在反力弹簧的作用下断开。与此同时，OPU 会向 GCU 发送 OV 信号 2 置位信号，由于 OV 信号 1 和 OV 信号 2 之间是或逻辑，所以，只要任意信号置位，都会导致励磁调节输出开关断开，VFG 灭磁。

GCU 和 OPU 的相互配合确保了在任意单点过压保护失效的情况下，AC Bus 能从 VFG 断开，同时对 VFG 进行灭磁。

在 OPU 内部，还有撬棍电路，它的作用是在检测到过压条件并持续一定时间后，直接将 A、B、C 三相短路，以达到快速抑制 POR 处电压升高的目的。

1.3.2　汇流条功率控制器

汇流条功率控制器 BPCU 通过控制电源网络接触器的接通和断开状态来实现电源功率沿着既定通道传输的目的。

图 1-42 是单通道飞机电源系统在双发运行时的功率走向。当两台发电机都正常运行时，左发电机 LVFG 给 Left AC 汇流条及对应的直流汇流条 Left DC 和重要直流汇流条 Left DC ESS 供电，对应的接触器 LGC、LTRUC 和 LDTC 处于闭合状态，GSTC 开关打在左边，从 Left AC 取电。两个地面服务汇流条 AC Gnd Svc 和 DC Gnd Svc 分别从 Left AC 和 LTRU 取电。同样地，右发电机 RVFG 给 Right AC 汇流条及对应的直流汇流条 Right DC 和重要直流汇流条 Right DC ESS 供电，相应的接触器 RGC、RTRUC、RDTC 处于闭合状态。AC Essential 汇流条从 Right AC 取电，RGLC 开关打向右侧，RACETR 接触器闭合，LACETR 接触器断开。在 ETRU 正常运行时，ETRUC 闭合，直流重要汇流条 DC ESS Transfer 从 ETRU 取电。

由于两个交流源 LVFG 和 RVFG 频率不同，所以不能并联运行。在双发运行模式下，左右连接接触器 LACTR 和 RACTR 都处于断开状态，与外部电源和 APU 相关的接触器 LEPR 和 AGC 也处于断开状态。唯一的例外是 BTC，它处于闭合状态。因为与它相邻的四个接触器 LACTR、RACTR、LEPR 和 AGC 均断开，此时闭合不会导致 LVFG 和 RVFG 的并联。同时，当需要在不同功率源之间转换时，BTC 预先闭合，可以减少接触器转换的次数，缩短功率转换时间。

图 1-43 是右发故障时的功率走向。此时，由于左发正常，因此，左侧的接触器状态保持不变，LGC、LTRUC 和 LDTC 均处于闭合状态。右发故障后，RGC 断开，Right AC 改由左发供电，因此，三个连接接触器 LACTR、BTC 和 RACTR 均处于闭合状态。AC Essential 汇流条仍旧从 Right AC 取电。右发电机故障仅影响交流侧相关的接触器状态，对直流侧汇流条相关的接触器 ETRUC、RTRUC 和 RDTC 均无影响，仍旧处于闭合状态。

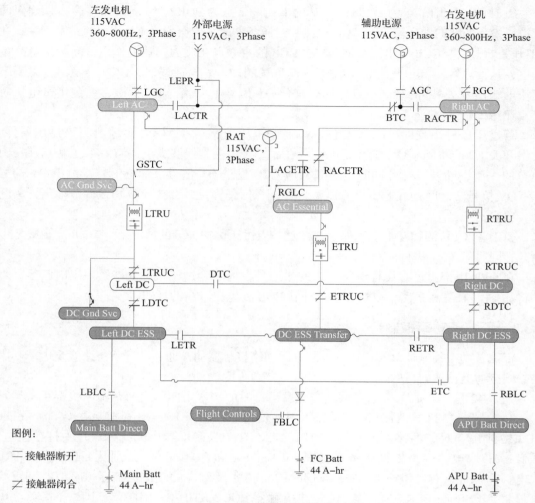

图 1-42　双发正常运行时的功率走向

　　由于右发故障后，整个电源功率容量减半，虽然在电网重构后，所有汇流条均能得到电源输入，但电源容量的减少势必导致电能的供需不平衡。在这种情况下，需要卸载部分不重要的电气负载，如厨房、机载娱乐负载等，以优先满足重要负载的用电需求。

　　交流源因为彼此工作频率不同，因而不能并联运行。直流源只要电压相同，相互之间可以直接并联。但飞机上的左右两侧直流汇流条在正常运行期间也是彼此不并联的，如图 1-42 所示，左右直流连接接触器 DTC，重要汇流条连接接触器 LETR、RETR 以及 ETC 均处于断开状态。这样做的目的是方便故障隔离，当一个汇流条故障，如 Left DC 汇流条短路时，不会影响到 Right DC，导致其断电。

　　在故障情况下，如 TRU 故障时，对应的直流汇流条失去了功率输入，这时，需要闭合相应的连接接触器，从邻近的汇流条获取电力。如图 1-44 所示，在 LTRU 故障后，LTRUC 和 LDTC 均断开，直流汇流条 Left DC 和重要直流汇流条 Left DC ESS 失电。这时，连接接触器 DTC 会闭合，使得 Left DC 可以从 Right DC 取电。同样地，LETR 会闭合，使得 Left DC ESS 可以从 DC ESS Transfer 汇流条取电。

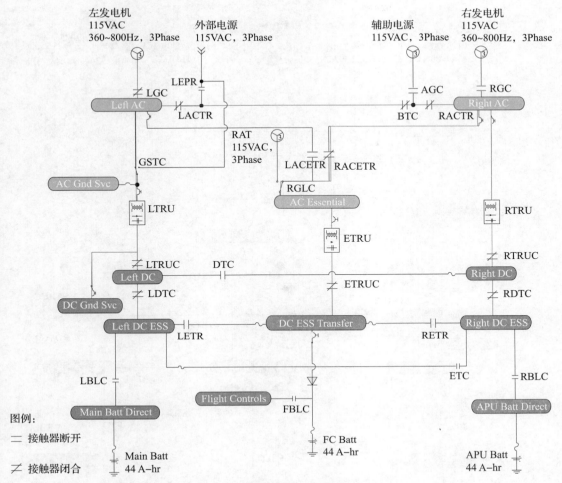

图 1-43 右发故障时的功率走向

这里只列举了双发供电和单发供电两种工作模式，飞机运行过程中所经历的电源系统工作模式要比这两种多得多，如 APU 供电、地面电源供电、双发失效 RAT 启用等。这不同的工作模式也对应有不同的接触器断开、接通的组合。理论上来讲，假如电源系统共有 n 个接触器，则最多会有 2^n 种可能的电源系统组合模式。只是在某种情况下，电源系统自身设置了互锁逻辑，比如，LGC 与 LACTR 的互锁，即 LGC 和 LACTR 的接通、断开逻辑总是互斥的，这样就减少了整个电源系统的开关组合数量。

即便如此，要完整地模拟飞机的各种工作模式，还是要借助 Matlab 等仿真工具，穷举所有可能的工作场景，并判断这些场景是否会带来安全性问题（如在这种模式下，是否会出现交流源的并联）。BPCU 控制逻辑仿真是一项工作量巨大而又意义重大的工作，它对电源系统的安全工作至关重要。

在功率源转换期间，要遵守一个原则，即最大限度保证对负载的供电。比如，在右发电机退出运行，由左发给 Right AC 供电的功率源转换期间，要尽可能保证直流侧负载不断电。为实现这一目的，BPCU 和 GCU 在控制接触器通断状态时，要遵守一定的时序约束。

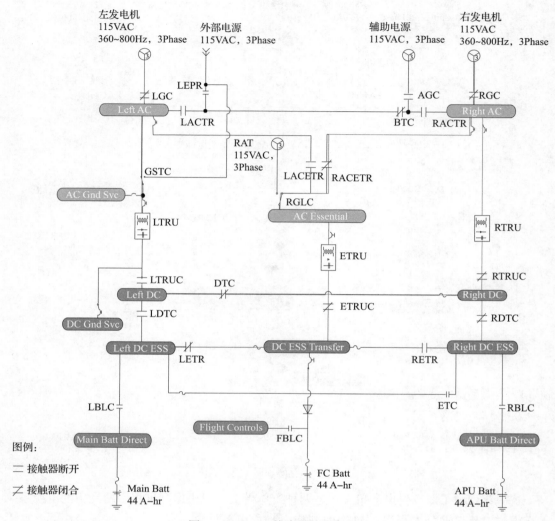

图 1-44　LTRU 故障时的功率走向

如图 1-45 所示，右发退出运行时的接触器转换顺序，在 RGCU 接到 RGC 断开指令后，会先将 RGC 的断开请求发送给 BPCU。BPCU 在收到这一请求后，会先并联 TRU，实现 DC 侧不间断供电。具体做法是闭合 DTC、LETR、RETR 和 ETC 这几个接触器，这样，即使 Right AC 汇流条失电，位于右侧的每个直流汇流条依然可以从邻近的直流汇流条获取电力，挂接在这些汇流条上的负载不会断电。

图 1-45　右发退出运行时接触器转换顺序

在完成 TRU 的并联操作后，BPCU 向 RGCU 回复 Transfer Ready 信号，通知 RGCU 可以断开 RGC。在 RGCU 断开 RGC 后，Right AC 汇流条断电。BPCU 检测到 Right AC 汇流条断电后，再闭合 L/RACTR 和 BTC（若之前已闭合，则省却相应的动作时间），由 Left AC 汇流条给 Right AC 供电。之后 BPCU 再断开 TRU 的并联，至此，右侧功率源由 RVFG 转换到 LVFG 的过程完成。

1.4　GCU 的类型

GCU 的类型与发电机相对应，除了变频发电机的 GCU 外，本书还将讨论以下两种 GCU：

（1）变频启动发电机的 GCU；

（2）高压直流 270VDC 发电机的 GCU。

另外，还需要注意的是，这里所讲的发电机控制器 GCU 是广义的，除了调节励磁和发电机保护这些基本的功能外，共用发达启动控制器 CMSC 也可算作发电机控制器一类。它在发动机启动期间，给发电机定子提供所需的驱动电流，以提供发动机启动所需的启动扭矩。虽然 CMSC 的功率要比 GCU 大，但其控制对象仍旧是发电机，只是在物理上用两个 LRU 来实现对发电机的控制。

此外，前述的发电机过压保护单元 OPU 也属于广义 GCU 的范畴，它的控制对象也是发电机。

1.4.1　变频启动发电机的 GCU

变频启动发电机 VFSG 有两个用途：在发动机正常运行期间，它作为发电机运行，GCU 实时检测 POR 处的电压，通过控制励磁调节器的输出电压来维持 POR 处的电压恒定，这种模式称为发电模式；而在发动机启动期间，它作为电动机运行，从电网（通过 CMSC 的调节）吸收电能，将其转换成力矩输出，用于提供主发动机启动所需的转矩，这种模式称为启动模式。

在发电模式下，GCU 提供直流励磁，而在启动模式下，GCU 需要提供交流励磁，因为发动机在启动前处于静止状态，VFSG 也是静止的，若在励磁机上通直流电，能量无法传递到转子，VFSG 的主发电机部分无法获得励磁电流，不能作为电动机运行（此处为同步电动机）。

图 1–46 所示为 VFSG 在启动模式下的工作原理，这里，VFSG 只画出了励磁机定子、励磁机转子及二极管整流器，还有主发电机定子，没有画出 PMG 转子和定子。这是因为启动前主发动机处于静止状态，PMG 在静止状态下不能输出电能，不能给 GCU 供电。

因此，PMG 不参与发动机的启动过程，此时，励磁机需要从外部获得 235V 交流功率源。在发动机处于静止状态时，发电机也是静止的。此时，GCU 会控制 235VAC 作为三相输入给励磁机，即励磁机工作在三相交流励磁状态下。235VAC 三相交流输入形成一个在空间旋转的励磁磁场，该旋转磁场切割励磁机电枢绕组，在励磁机转子产生三相交流电。三相交流电经过二极管整流后输入给主发电机的励磁线圈，为其提供励磁电流。

主发电机的定子需要外接三相交流输入，为提供最大启动转矩，三相交流输入电流的

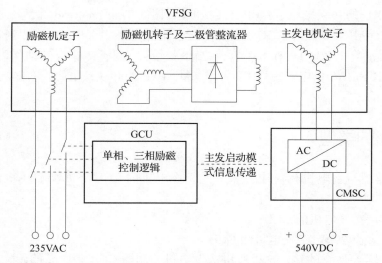

图 1-46　变频启动发电机 VFSG 在启动模式下的工作原理

幅值和相位需要根据 VFSG 的位置、速度信息进行调节。这种调节工作通常由飞机上的共用马达启动控制器（Common Motor Startor Controller，CMSC）来完成，它将外部的 540VDC（+/-270VDC）逆变成三相交流电，为 VFSG 提供功率输入。

图 1-47 示出了 VFSG 在启动模式下所需的定子电流向量图，当三相电流 I_a、I_b 和 I_c 合成电流位于 q 轴，即与 d 轴垂直时，能够提供最大转矩。为此，CMSC 要实时采集转子位置信息，调节 I_a、I_b 和 I_c 的位置和相位，使得三者的合成方向始终位于 q 轴。

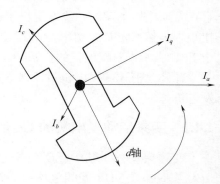

图 1-47　VFSG 在启动模式下的
定子电流向量图

CSMC 除了要生成始终位于 q 轴的合成电流外，还要确保定子三相合成电流的旋转方向与励磁机定子合成磁势的旋转方向相反，这样，在发动机启动过程中，随着发动机转速的提高，励磁机定子三相合成磁势与励磁机转子的相对运动转速也会逐步提高，从而励磁机转子三相输出电压也会逐步升高，主发电机的励磁电流会逐步增大。

在低速状态下，励磁机定子采用三相交流励磁，主发电机的励磁随着转速的提高而逐渐增大。此时，作为电动机运行的发电机，在输出转矩一定的情况下，输出功率与转速成正比。在启动的后半程，当发动机的转速达到一定的阈值后（如 2300r/min），发电机的输出功率已经达到极限，此时，为进一步提高转速，需要减小励磁以降低输出转矩，让发电机工作在恒功率运行状态。这时，可以在定子电流中加入负的 d 轴分量，对主发电机转子进行弱磁。当转速进一步提高，达到 4000r/min 后，GCU 会断开励磁机三相交流输入中的一相，励磁从三相交流励磁切换为两相交流励磁。此时，发电机仍然处于恒功率运行阶段，但此时的定子电流 d 轴分量为正值，即对主发电机转子磁场进行增磁。

当发动机启动到自持燃烧的转速后，GCU 再切断全部三相交流励磁，转而为励磁机提供直流励磁，VFSG 转为发电机运行模式。

1.4.2 高压直流 270VDC 发电机的 GCU

270VDC 发电机在结构上与启动模式下的 VFSG 类似，如图 1–48 所示，VFSG 发出的变频三相交流电，经过 AC-DC 整流输出到 +/–270VDC 汇流条。GCU 根据电压调节点 POR 处的反馈电压，调节 VFSG 的励磁电流，以维持 POR 处电压恒定。

当 AC-DC 变换设计成功率双向流动时，270VDC 发电机还可以作为启动机用，这时，和 VSFG 一样，GCU 要和 AC-DC 模块交换信息，根据发电机转子所处的位置，为 VFSG 提供交流励磁，以输出最大的启动转矩。

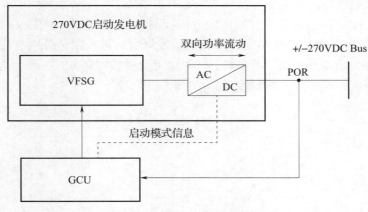

图 1–48　270VDC 发电机的 GCU

1.4.3 开关磁阻发电机的控制器

270VDC 直流发电除了用交流电机外加三相全波整流的方法实现外，还可以采用开关磁阻发电机。

开关磁阻发电机的定子和转子皆为凸极结构，由硅钢片等导磁材料制成（魏然，《开关磁阻发电机发电系统设计研究》）。发电机转子上没有线圈，为了获取转子的具体位置，转子上一般装有位置检测器，当然，也可以采用无位置传感器的方案，此时就不必装设位置传感器。定子上安装有线圈，径向相对的两个齿极线圈相串联构成一对磁极，称为发电机的"一相"。为了满足不同的工程需要，开关磁阻发电机可以设计成一相、两相、三相和多相等不同的相数结构。随着相数的增多，发电机转矩脉动随之减小，发电机运行更加平稳，但发电机的制造成本会随之增加。目前，较常采用的是三相 6/4 极结构和四相 8/6 极两种结构形式。

现以三相 6/4 极结构的开关磁阻发电机为例，说明发电机的运行原理，发电机的剖面结构及其单相电流分配转换控制电路，如图 1–49 所示。图中只给出了 A 相绕组及其电流分配控制电路。

开关磁阻发电机的运行遵守磁阻最小原理。如果转子相轴线与定子电流产生的磁场轴线不重合，则在电磁力的作用下，转子会转向转子相轴线与磁场轴线重合的方向，此时，电机为电动机运行方式。如果开关磁阻电机在原动机带动下，朝着与作用力相反的方向运行，则电机工作在续流发电状态。比如，当开关磁阻发电机转子在如图 1–49 所示位置时，开关 S1 和 S2 闭合，A 相绕组通电，在相电流产生的电磁力的作用下，转子 2–2′ 极将朝逆时针方向转动。如果转子在原动机的作用下沿顺时针方向旋转，则原动机输入的机械力矩与作用在转子上的电磁力矩的方向相反。此时，原动机输入的机械能转换为磁能，存储在 A 相线圈的磁场中。当开关 S1 和 S2 均断开时，A 相电流通过续流二极管 VD1 和 VD2，将存储在 A 相线圈的磁能以电流的形式转换为电能，输送到输出端，完成机械能—磁能—电能的转换过程。同理，按 A–B–C–A 的顺序，周期地给对应相励磁，即可驱动开关磁阻电机进行发电。当原动机的旋转方向改变时，只需将相绕组的励磁顺序改变为 C–B–A–C 即可。由此可见，开关磁阻发电机工作在发电模式时，转子旋转方向与一定的励磁相序相关联，与励磁电压的方向无关。

开关 S1 和 S2 的开通和关断控制由发电机控制器 GCU 控制，对发电机而言，GCU 控制的目的是维持 POR 处的电压恒定。开关磁阻发电机的可控制量分别有绕组两端的相电压、相电流、开通角以及关断角等参数，针对以上变量的控制方式一般分为三种：角度位置控制、电流斩波控制和脉宽调制控制。

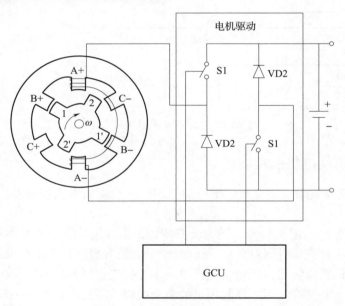

图 1-49　开关磁阻电机的工作原理

第 2 章　励磁调节与电机驱动背景知识

多电飞机发电机的 GCU 概括起来有三大功能，即在发电机工作模式下调节主发电机的励磁，在检测到 POR 处诸如电能质量异常等故障状态时采取相应的保护措施，还有在发动机启动模式下配合启动过程调整励磁方式（在三相和两相励磁之间切换）。

OPU 和 CMSC 属于广义范围的 GCU，分别提供发电机过压保护和发动机启动期间的转矩与功率控制。

为实现 GCU 的这些功能（包括 OPU 和 CMSC），需要具备励磁调节和电机驱动相关的背景知识，其中包括：发电机励磁系统的组成，励磁调节相关的性能要求，整流与逆变电路，PID 调节器及参数整定，同步发电机的电磁场方程，航空同步发电机的励磁调节特性，Clarke 变换与 Park 变换，以及电机 SVPWM 矢量控制。

本章先就这些背景知识进行铺垫，为后面的分析计算打下理论基础。在术语的引用上，我们将变频发电机 VFG 与变频启动发电机 VFSG 同等对待，因为二者的电机部分是相同的，所不同的是控制部分。VFG 的控制器（GCU）只进行励磁调节和发电机保护，这就决定了 VFG 只能发电，而 VFSG 在 GCU 与 CMSC 的协同下，既可以发电，也可以启动发动机。

2.1　发电机励磁系统的组成

VFG 的励磁系统一般由励磁功率单元和励磁调节器两部分组成，如图 2-1 所示。其中，励磁功率单元向发电机转子提供励磁电流，而励磁调节器则根据采集到的反馈信息和给定的调节律来控制励磁功率单元的输出。励磁调节器、励磁功率单元和发电机构成了一个闭环反馈控制系统。

发电机的励磁系统可以分为他励励磁和自励励磁。他励励磁由其他电源提供励磁电流，而自励励磁由发电机自己产生的电功率的一部分来提供励磁。航空交流发电机通常设计成永磁发电机、励磁机和主发电机这种三体式结构，属于他励励磁。

在电力系统发展初期，交流同步发电机容量不大，励磁电流一般由与发电机同轴的直流发电机提供，即采用了直流励磁机作为励磁电源。随着发电机容量的提高，所需的励磁电流也相应增大，机械整流子（直流发电机的碳刷、滑环等）在换流方面遇到了困难，与此同时，大功率半导体整流元件制造工艺又日趋成熟，于是大容量发电机的励磁功率单元多采用交流发电机和半导体整流元件组成的交流励磁机励磁系统。

图 2-2 所示为无刷励磁机的原理接线，其中包括与同步发电机同轴的交流励磁机、副励磁机（永磁发电机）和励磁调节器。发电机 G 的励磁电流由交流励磁机的整流器提供，而交流励磁机的励磁电流由整流器加 Buck 电路供给，其电源由副励磁机提供。副励磁机是永磁发电机，磁场不易调节，在同步发电机转速变化时，输出电压也会随着变化，这

时，励磁调节器可以通过控制 Buck 电路的 PWM 占空比来调节输出电压，进而调节交流励磁机的励磁电流。

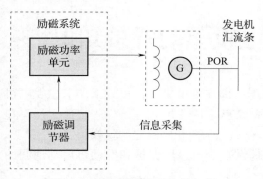

图 2-1　发电机励磁系统的组成

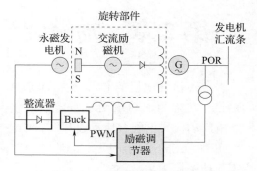

图 2-2　无刷励磁机原理接线

无刷励磁系统的副励磁机是永磁发电机（Permanent Magnetic Generator，PMG），其磁极是旋转的，电枢是静止的，而交流励磁机则正好相反，是转枢式的发电机。交流励磁机电枢、半导体整流元件、发电机的励磁绕组都在同一轴线上旋转，所以它们不需要任何滑环与电刷等接触元件，从而实现了无刷励磁。

VFG 的励磁调节器功能由 GCU 实现，如图 2-3 所示。他励 VFG 发电机的励磁系统包括永磁发电机（Permanent Magnetic Generator，PMG）、主励磁机（Main Exciter，ME）及主发电机（Main Generator，MG），其中，PMG 是一个旋转磁极式的发电机，它输出的三相交流电经过 GCU 内部的桥式整流和 Buck 调压后给主励磁机 ME 定子的励磁绕组提供励磁电流。ME 是旋转电枢式发电机，其转子感应输出三相交流电，经过二极管整流器后给主发电机 MG 的励磁绕组提供励磁电流，后者在定子三相绕组中感应出三相交流电输出，给飞机电源系统供电。

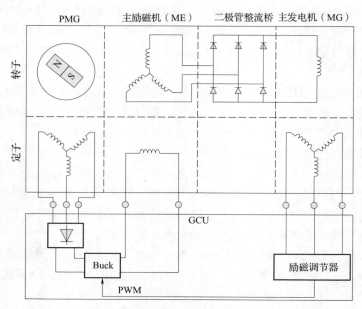

图 2-3　他励 VFG 发电机励磁系统

GCU 内部的励磁调节器实时检测 POR 处的电压，并通过控制 GCU 内部的 Buck 电路 PWM 占空比来调节主励磁机的励磁电流，从而间接调节主发电机的励磁电流，以达到维持调节点 POR 处电压恒定的目的。

其中，PMG 的磁极、ME 的电枢、二极管整流器和 MG 的励磁绕组都是转动部件，与发电机主轴同轴旋转，而 PMG 电枢绕组、ME 的励磁绕组，以及主发电机的电枢绕组都位于定子上，是静止部件。由于励磁系统无须电刷等机械换流部件，因此，属于无刷励磁。

2.2　对励磁系统的基本要求

如前所述，励磁系统由励磁功率单元和励磁调节器两部分组成，为了充分发挥它们各自的作用，完成发电机励磁自动控制系统的预期任务，需要对励磁功率单元和励磁调节器提出相应的功能和性能要求。

2.2.1　对励磁调节器的要求

励磁调节器的主要任务是检测 POR 处的电压，根据预设的控制律产生相应的控制信号，经处理放大后控制励磁功率单元以得到所需的发电机励磁电流，如图 2-1 所示。

对励磁调节器的要求有：

（1）系统正常运行时，励磁调节器应能将发电机调节点 POR 处的电压控制在给定的水平，通常的要求是：将发电机端电压静差控制在 3% 以内（根据 DO160 第 16.5.1.1 节，宽变频交流的电压范围是 101.5 ~ 120.5V，对应的百分数为 88% ~ 104.7%，所以稳态静差不能超过额定值的 4.7%，在留有一定的裕量的基础上，我们取 3%）。

（2）励磁调节器应具有较小的时间常数，能迅速响应输入信息的变化。

（3）励磁调节器的正常运行直接关乎发电机的安全运行，因此，其可靠性要求很高，应能在航空机载环境下长期可靠运行。

（4）励磁调节器应具有足够的调节容量。在飞机电源系统的运行过程中，发电机依靠励磁电流的变化来调节输出电压，因此，励磁功率单元应具有足够的调节容量，以适应各种不同的运行工况。发电机一般会要求有 2 倍或 3 倍过载能力，在这种情况下，励磁机需要加大励磁，以抵消负载电流电枢反应的去磁效应。

2.2.2　励磁系统的性能指标

励磁系统的性能不仅取决于励磁调节器，还取决于发电机，因此，整个系统是非线性的。为便于分析，可以将励磁系统的性能指标分为大信号性能指标和小信号性能指标。对于大信号性能指标，要考虑非线性的影响；对于小信号性能指标，可以认为系统在工作点处是线性的。

2.2.2.1　大信号性能指标

大信号性能指标描述励磁系统在发生大扰动（如短路故障）情况下的性能，主要指标有励磁顶值电压和电压上升速度。

励磁顶值电压 U_{EFq} 是励磁功率单元在强行励磁时可能提供的最高输出电压值，该值与额定励磁电压 U_{EFN} 的比值称为强励倍数。其值的大小，在综合考虑成本及制造等因素后，一般取 1.6 ~ 2 倍。

励磁电压上升速度是衡量励磁功率单元动态行为的一项指标，励磁电压从发电机额定负载励磁电压的初始值，阶跃上升到励磁顶值电压（强行励磁动作）所需的时间，表明了励磁电压上升得快慢。励磁电压的上升速度曲线如图 2-4 所示，通常用励磁电压响应比来度量励磁电压上升速度。

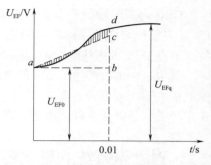

图 2-4　励磁电压上升速度曲线

一般来讲，航空发电机的稳定时间约为 10ms，因此，将励磁电压在最初 0.01s 内上升的平均速率定义为励磁电压响应比。

发电机的励磁绕组是一个电感性负载，为便于分析，我们忽略发电机转子电阻和定子回路对它的影响。这时，转子方程可以简化为

$$\Delta U_{\mathrm{EF}}(t) = K \frac{\mathrm{d}\Delta \Phi_{\mathrm{G}}}{\mathrm{d}t} \tag{2-1}$$

$$\Delta \Phi_{\mathrm{G}} = \frac{1}{K} \int_0^{\Delta t} \Delta U_{\mathrm{EF}}(t)\,\mathrm{d}t \tag{2-2}$$

式中：$\Delta U_{\mathrm{EF}}(t)$——励磁电压增量的时间响应；

　　　$\Delta \Phi_{\mathrm{G}}$——转子磁通增量；

　　　K——与转子相关的时间常数。

在暂态过程中，励磁功率单元对发电机运行产生实际影响的最主要物理量是转子磁通增量 $\Delta \Phi_{\mathrm{G}}$，其值如式（2-2）所示，它正比于励磁电压伏秒曲线下的面积增量。因此，在图 2-4 中，在起始电压 U_{EF0} 处作一水平线，再作一斜线 ac，使它在最初 0.01s 所覆盖的面积等于电压伏秒曲线 ad 在同一时间所覆盖的面积，即让图中两部分的阴影面积相等，则 $\Delta \Phi_{\mathrm{G}}$ 量值也相等。图中 U_{EF0} 为强行励磁初始值，它等于额定工况下的励磁电压 U_{EFN}，于是，励磁电压响应比可以定义为

$$R_{\mathrm{R}} = \frac{\left(\dfrac{U_c - U_b}{U_a}\right)}{0.01} = 100 \cdot \Delta U_{*bc} \quad (1/\mathrm{s}) \tag{2-3}$$

其中：R_{R}——励磁电压响应比；

　　　U_{*bc}——图 2-4 中电压段的标幺值（电压实际值与额定值的比值）；

　　　U_a——额定工况下的励磁电压，则强励倍数为 $\dfrac{U_{\mathrm{EFq}}}{U_a}$。

励磁电压响应比粗略地反映了励磁系统的动态指标。

2.2.2.2　小信号性能指标

小信号性能指标提供了评估闭环励磁控制系统对增量变化的响应能力，小信号性能指标可以借用控制系统理论中的定义，大致分为两类：

①与时间响应相关的指标；

②与频率响应相关的指标。

反馈控制系统对阶跃输入变化的典型时间响应如图 2-5 所示，相关的指标有上升时间、超调量、稳定时间、延时时间等。

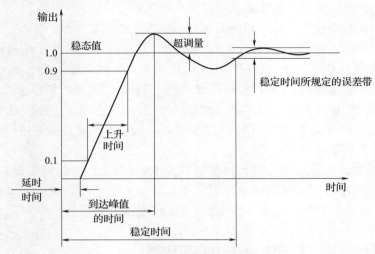

图 2-5　对阶跃输入的典型响应

上升时间指的是在阶跃输入作用下，输出电压从 10% 额定值上升到 90% 额定值所需的时间。

超调量指的是在阶跃输入作用下，输出电压的瞬时最大偏差与稳态值之比，通常用百分比表示。

稳定时间指的是在阶跃输入作用下，输出电压波动衰减到规定的误差带内所需的时间。

延时时间指的是从阶跃输入起始点到输出电压开始上升之间的这段时间。

如图 2-6 所示，励磁控制系统典型的开环频率响应曲线，与之相关的主要性能指标有低频增益 G、穿越频率 ω_c，相位裕量 G_m 和增益裕量 Φ_m。

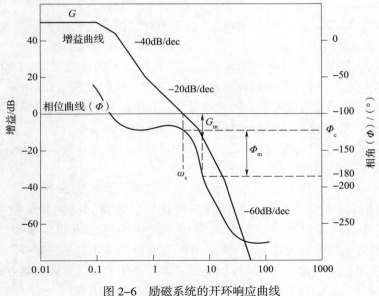

图 2-6　励磁系统的开环响应曲线

低频增益指的是励磁控制系统在低频段的增益，用 dB 表示，通常用稳态增益，即幅频特性曲线上的 $f=0$ 处的增益来度量。

穿越频率指的是幅频特性曲线上，增益为 0 处所对应的频率。

相位裕量指的是穿越频率处，相位值与 $-180°$ 之间的差值。

增益裕量指的是相位曲线上对应 $-180°$ 频率处，增益低于 0dB 以下的值。

较大的低频增益 G 可以提供更好的稳态电压调节，更大的穿越频率 ω_c 会带来更快的响应速度，较大的相位裕量 G_m 和增益裕量 Φ_m 能提供较好的闭环控制稳定性。

在选择合适的性能指标参数时，要考虑指标之间的相互影响，比如，增大调节器的增益可以将图 2-6 中的增益曲线往上移，这样虽然可以提高低频增益和穿越频率，但同时也会降低相位裕量和增益裕量。

在设计实践中，通常建议将增益裕量设置为 10dB 以上，相位裕量设置为 60° 以上。同时建议将超调量控制在 15% 以内。而其他指标，如上升时间、稳定时间等，虽然能反映出励磁控制系统的相对响应速度，但不能给出定量的建议值。

2.3　励磁系统中的整流电路与逆变电路

如图 2-3 所示，VFG 的主发电机励磁调节采用的是三相全波整流加 Buck 降压的方式。在民用电力行业，发电机的励磁调节采用的是可控硅整流，通过调节可控硅的触发角，可以动态调节整流输出电压，从而间接控制主发电机转子的励磁电流。

但这种控制方式只能用于民用电力行业，即工频 50/60Hz 的场合，原因是晶闸管的响应速度比较慢。

图 2-7 比较了两种比较典型的功率半导体的关断时间，图（a）是 Vishay 公司的 800V/12A 晶闸管的数据手册截图，图（b）是 Infineon 公司的 700V/70A 的 MOSFET 管数据手册截图。从图中可以看出，SCR 的关断时间是 100μs，而 MOSFET 的关断时间是 106ns，差了 3 个数量级。

在航空领域，电源系统工频为 400Hz，甚至更高，而晶闸管的关断速度通常比较慢，达到 0.1ms（即前述的 100μs）。

这显然不能满足航空电源应用的要求，因为在最高 800Hz 频率下，PMG 的工频频率达到 2400Hz（PMG 频率为发电机输出频率的 3 倍），对应的周期是 0.416ms。

晶闸管的关断周期和电源周期为同一数量级，其响应速度难以满足航空应用的需求。

但晶闸管的好处是成本比较低，如图 2-7 所示的两个功率半导体，价格相差 10 倍。因此，在民用领域，由于工频周期较低，为 50Hz/60Hz，加之有成本优势，基于晶闸管的可控整流技术得到了广泛的应用。

而在航空领域，由于开关速度的原因，应用较多的是功率 MOS 管。

作为知识储备，本节先介绍三相桥式不可控整流电路和晶闸管可控整流电路，再讲述航空发电机的励磁调节方式，最后介绍三相桥式逆变电路。其中，逆变电路在 +/−270VDC 启动发电机的控制器中会用到，在工程实际中采用的不是常规的电压源或电流源逆变器，而是用空间矢量 SVPWM 控制的逆变器。要了解 SVPWM 控制方式，首先需要掌握的是 Clarke 变换、Park 变换，还有同步发电机的电磁场方程。

www.vishay.com

VS-12TTS08HM3

Vishay Semiconductors

High Voltage, Phase Control Thyristor, 12 A

TO-220AB

1 (K)　(G) 3

FEATURES
- AEC-Q101 qualified
- Meets JESD 201 class 1A whisker test
- Flexible solution for reliable AC power rectification
- Easy control peak current at charger power up to reduce passive / electromechanical components
- Material categorization: for definitions of compliance please see www.vishay.com/doc?99912

RoHS COMPLIANT
HALOGEN FREE

APPLICATIONS
- On-board and off-board EV / HEV battery chargers
- Renewable energy inverters

DESCRIPTION
The VS-12TTS08HM3 high voltage series of silicon controlled rectifiers are specifically designed for medium power switching and phase control applications.

PRIMARY CHARACTERISTICS

$I_{T(AV)}$	8 A
V_{DRM}/V_{RRM}	800 V
V_{TM}	1.2 V
I_{GT}	15 mA
T_J	-40 to +125 °C
Package	TO-220AB
Circuit configuration	Single SCR

SWITCHING

PARAMETER	SYMBOL	TEST CONDITIONS	VALUES	UNITS
Typical turn-on time	t_{gt}	T_J = 25 °C	0.8	
Typical reverse recovery time	t_{rr}	T_J = 125 °C	3	μs
Typical turn-off time	t_q		100	

（a）典型晶闸管的关断时间

650V CoolMOS™ C7 Power Transistor

IPW65R019C7

Table 1　Key Performance Parameters

Parameter	Value	Unit
V_{DS} @ $T_{j,max}$	700	V
$R_{DS(on),max}$	19	mΩ
$Q_{g,typ}$	215	nC
$I_{D,pulse}$	496	A
E_{oss}@400V	27	μJ
Body diode di/dt	70	A/μs

Table 2　Maximum ratings

Parameter	Symbol	Values Min.	Values Typ.	Values Max.	Unit	Note / Test Condition
Continuous drain current [1]	I_D	-	-	75	A	T_C=25°C
		-	-	62		T_C=100°C
Turn-on delay time	$t_{d(on)}$	-	30	-	ns	V_{DD}=400V, V_{GS}=13V, I_D=58.3A, R_G=1.8Ω
Rise time	t_r	-	27	-	ns	V_{DD}=400V, V_{GS}=13V, I_D=58.3A, R_G=1.8Ω
Turn-off delay time	$t_{d(off)}$	-	106	-	ns	V_{DD}=400V, V_{GS}=13V, I_D=58.3A, R_G=1.8Ω
Fall time	t_f	-	5	-	ns	V_{DD}=400V, V_{GS}=13 V, I_D=58.3A, R_G=1.8Ω

（b）MOSFET关断时间

图 2-7　功率半导体的开通关断时间

2.3.1 三相桥式不可控整流电路

三相桥式不可控整流电路又称为三相二极管整流电路，如图 2-8 所示，它由三相变压器的二次侧（或交流励磁机电枢绕组）供电，整流元件为二极管 V1 ~ V6，其直流负载 R_f 是发电机转子线圈或励磁机励磁绕组。

根据二极管的基本特性，该电路在任何时刻只能是阳极电位最高和阴极电位最低的两个二极管因承受正向电压而导通，其余 4 个二极管因为受到反压而不能导通。在图 2-8 中，e_a，e_b，e_c 分别代表电源的相电压，在 $\omega t_0 \sim \omega t_1$ 之间，线电压 e_{ab} 最大，因为 e_a 最高，e_b 最低，所以接于 e_a 相的 V1 和接于 e_b 相的 V6 两个二极管导通。如果忽略二极管导通压降，则 H 点电位受 e_a 钳位，V3、V5 的电位由于小于 e_a，承受反压而不能导通。同理，L 点被 e_b 钳位到最低，V2、V4 也因为受到反压而不能导通。

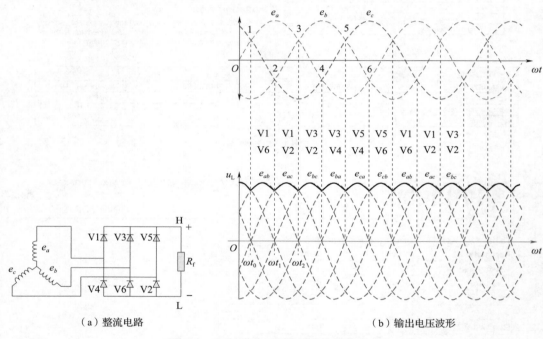

（a）整流电路　　　　　　　　　　　　（b）输出电压波形

图 2-8　三相桥式不可控整流电路及波形

在 $\omega t_1 \sim \omega t_2$ 期间，线电压 e_{ac} 最大，接于 e_a 相的 V1 和接于 e_c 相的 V2 两个二极管导通，其余 4 个二极管不导通。如图 2-8（b）所示，每个时间段的二极管导通情况。从所列的二极管轮流导通的次序可见，每一个周期中，二极管导通 1/3 周期（120°），每个时间段总有 2 个二极管导通，它们以三相电压波形的交点（图 2-8 中的 1 ~ 6 点）为起点轮换，其中，一个二极管导通，另一个阻断，轮换周期为 1/6 周期（60°）。

二极管元件承受的最大正、反向电压为线电压，如图 2-8 所示，在 $\omega t_0 \sim \omega t_1$ 期间，不导通的二极管 V3 承受的反向电压为 e_{ab}，若在 V1、V6 两管导通瞬间，V1 先导通，则 V6 承受正向电压 e_{ab}。

负载电压 u_{d0} 就是线电压波形的包络线，以 $\dfrac{2\pi}{6}$ 为其脉动周期，输出空载电压平均

值为

$$U_{d0} = \frac{6}{2\pi} \int_{\frac{\pi}{6}}^{\frac{\pi}{2}} (e_a - e_b) \mathrm{d}\omega t = 2.34 E_a = 1.35 E_{ab} \qquad （2-4）$$

式中：E_a——输入相电压有效值；

　　　E_{ab}——变压器二次侧电压有效值；

　　　U_{d0}——输出空载电压平均值。

对于航空应用而言，若三相桥式不可控整流的输入相电压为 115VAC，则对应的 DC 输出电压为 270V（269.1V）。

2.3.2　三相桥式半控整流电路

2.3.2.1　工作原理

如图 2-9 所示，整流二极管 V2、V4 和 V6 是共阳极连接，晶闸管 VS1、VS3 和 VS5 是共阴极连接，V1 为续流二极管，在电路中仅在桥臂的一侧有可控的晶闸管，故称为半控整流桥。

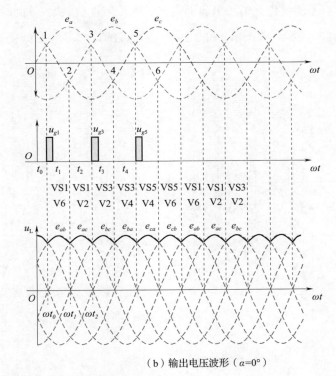

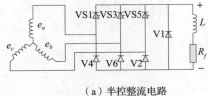

（a）半控整流电路　　　　　　　　　　　（b）输出电压波形（α=0°）

图 2-9　三相桥式半控整流电路及波形

三个晶闸管的导通顺序与三相电源的顺序相同，分别为 VS1、VS3 和 VS5。因为是三相电源，所以触发时间相位也依次相差 120°。因为可以通过调整晶闸管 VS1、VS3 和 VS5 的控制角来控制整流电路的输出电压，三相桥式半控整流电路因此而得名。

在三相可控整流电路中，控制角 α 的起点定义为各相的自然换向点，如图 2-9 中三相电压波形交点的 1、3、5 处。由图中可见，在 α=0° 时，A、B、C 三相触发脉冲在所对应的自然换向点 1、3、5 时刻触发，这时半控桥各元件导通顺序和时间与上述不可控整流桥完全相同。比如，在 t_0 时刻 A 相 VS1 的控制极加触发脉冲 u_{g1}，使 VS1 导通与 V6 形成通路，经过 60°，在电压交点 2 后，C 相电位低于 B 相电位，所以 V2 导通，V6 因反向电压而关断，V6 换流至 V2，输出电压按 e_{ac} 变化，再经过 60° 在电压交点 3 时刻，B 相 VS3 的控制极出现触发脉冲 u_{g3} 使 VS3 导通，此时 $e_b>e_a$，VS1 因承受反向电压强迫关断，即 VS1 导通了 120° 换流给 VS3，输出电压按照 e_{bc} 变化，以后在电压交点 4、5、6 处换流，并重复上述过程。

在 $\alpha=0°$ 时，电路的工作情况与不可控整流没有区别。

当 $\alpha=30°$ 和 $\alpha=60°$ 时，输出电压波形如图 2-10（a）和（b）所示，这时，电路不一定是承受最高电压的晶闸管元件导通，而是受触发的晶闸管和最低电压相的二极管导通。如图 2-10（a）中 $\alpha=30°$ 的 $\omega t_0 \sim \omega t_1$ 时段和 $\alpha=60°$ 的 $\omega t_0 \sim \omega t_2$ 时段，在自然换向点 1 处，由于 A 相未出现触发脉冲，VS1 虽处于最高正向电压仍不能导通，VS5 则仍处于正向电压而继续导通。在 $\alpha=30°$ 时，在 VS1 控制极出现触发脉冲 u_{g1} 使 VS1 导通，VS5 承受反向电压而被迫关断。在 $\alpha=60°$ 时，VS1 控制极出现触发脉冲 u_{g1} 使 VS1 导通，VS5 因正向电压已降为 0 不能维持其最小电流而自然关断（阻性负载时）。此时的电压波形如图 2-10（b）所示。

当 $\alpha=30°$ 和 $\alpha=60°$ 时，各元件的持续导通时间仍为 60°，输出电压的脉动周期为 $\frac{2\pi}{3}$。

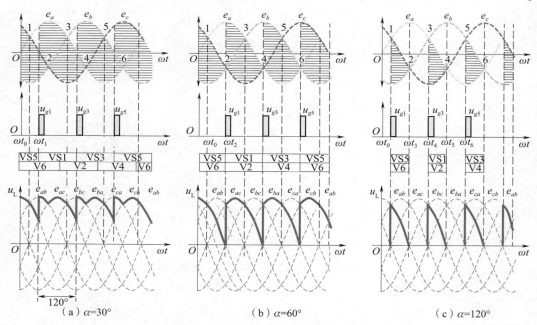

图 2-10 三相桥式半控整流电路在不同 α 角下的波形

当 $\alpha=120°$ 时，如图 2-10（c）所示，由于各相触发脉冲后移 120°，即 u_{g5} 于交点 1 处触发 VS5，u_{g1} 于交点 3 处触发 VS1，u_{g3} 于交点 5 处触发 VS3。在 t_0 时刻，VS5 和 V6 导通，直到负侧自然换向点 2 处，VS5 因正向压降为 0 而自然关断。这时，由于 VS1 尚未被触发也不能导通，导致输出电压波形不连续，各元件导通时间小于 120°。

当 $\alpha=180°$ 时，各相触发脉冲都在负侧自然换向点出现，晶闸管因正向电压为 0 而不能导通，输出平均电压为 0。

由上述讨论可知，当触发脉冲控制角 α 在 0° ~ 180° 范围内移相时，输出电压从最大值连续降低到 0。

在民用电网发电机输出电压调节的应用场景，GCU 可以通过控制三相整流桥的触发脉冲控制角来调节励磁机的励磁输入电压，进而达到调节主发电机励磁电流的目的。

2.3.2.2 输出电压与控制角的关系

当 $\alpha < \dfrac{2\pi}{6}$ 时，输出电压波形是连续的，周期为 $\dfrac{2\pi}{3}$，此时

$$
\begin{aligned}
U_d &= \frac{1}{\frac{2\pi}{3}}\left[\int_{\frac{\pi}{6}+\alpha}^{\frac{\pi}{2}}(e_a-e_b)\,\mathrm{d}\omega t + \int_{\frac{\pi}{2}}^{\frac{5\pi}{6}+\alpha}(e_a-e_c)\,\mathrm{d}\omega t\right] \\
&= 2.34 E_a\left(\frac{1+\cos\alpha}{2}\right) \\
&= 1.35\, e_{ab}\left(\frac{1+\cos\alpha}{2}\right)
\end{aligned}
\tag{2-5}
$$

当 $\dfrac{2\pi}{6}\leqslant\alpha\leqslant\pi$ 时，输出电压波形不连续，周期为 $\dfrac{2\pi}{3}$，此时

$$
\begin{aligned}
U_d &= \frac{1}{\frac{2\pi}{3}}\left[\int_{\alpha}^{\frac{7\pi}{6}}(e_a-e_c)\,\mathrm{d}\omega t\right] \\
&= 2.34 E_a\left(\frac{1+\cos\alpha}{2}\right) \\
&= 1.35\, e_{ab}\left(\frac{1+\cos\alpha}{2}\right)
\end{aligned}
\tag{2-6}
$$

因此，无论输出电压波形是否连续，三相桥式半控整流电路输出电压与控制角 α 的关系可以表示为

$$
\begin{aligned}
U_d &= 2.34 E_a\left(\frac{1+\cos\alpha}{2}\right) \\
&= 1.35\, e_{ab}\left(\frac{1+\cos\alpha}{2}\right)
\end{aligned}
\tag{2-7}
$$

2.3.2.3 失控现象与续流二极管

前述讨论是假定负载为纯阻性的情况，因此，当 $2\pi/6\leqslant\alpha\leqslant\pi$ 时，输出电压波形不连续，即当晶闸管因正向电压为 0 而自然关断时，导通电流也为 0。但当负载为电感性且电感量很大时，电源电压为 0 时输出电流瞬时值并不为 0，因为电感会产生反电动势，如图 2-11 所示，力图阻止电流的减小。在电感量足够大时，该感应电动势会经由二极管和当时已导通的晶闸管释放电感的能量，导致晶闸管不能关断。在图 2-10 的 t_4 ~ t_5 时段，VS1 经负载和 V2 导通，在 t_5 时刻 VS1 本应关断，但由于反电动势足够大，如图 2-11 所示，其能量经 V2、VS1 而释放，VS1 不能关断，直到下一个晶闸管触发导通为止，这种现象称为失控。此时，将无法得到预期的输出电压波形，使整流输出电压值降低。

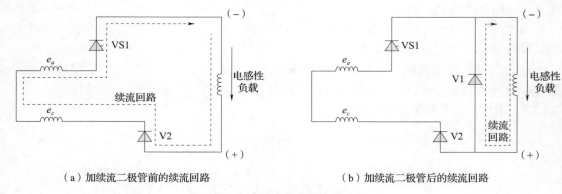

（a）加续流二极管前的续流回路　　　　　　　（b）加续流二极管后的续流回路

图 2-11　电感性负载失控分析

为防止失控现象的发生，可以在电感性负载两端并联一个反向续流二极管 V1，在晶闸管因电压过零而关断时，电感两端的反电动势经续流二极管形成电流回路，由于续流二极管两端电压很低，接近于 0，可以保证晶闸管可靠关断。

2.3.3　三相桥式全控整流电路

2.3.3.1　工作原理

如图 2-12 所示，三相桥式全控整流电路的 6 个整流元件全部采用晶闸管，VS1、VS3、VS5 为共阴极连接，VS2、VS4、VS6 为共阳极连接。为保证电路正常工作，对触发脉冲提出了较高的要求，因为除了共阴极组的晶闸管需要由触发脉冲控制换流外，共阳极组的晶闸管也必须靠触发脉冲换流。上下两组晶闸管必须各有一只晶闸管同时导通，电路才能工作，这 6 只晶闸管的导通顺序为 1、2、3、4、5、6，它们的触发脉冲相位依次相差 60°。为了保证开始工作时，能有两个晶闸管同时导通，需要用宽度大于 60° 的触发脉冲，当然，也可以用双触发脉冲，比如，在给 VS1 脉冲时也补给 VS6 一个脉冲。

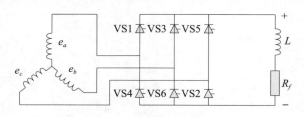

图 2-12　三相桥式全控整流电路

设 e_a、e_b、e_c 为全控整流电路的相电压，对应图 2-12 整流电路输出电压波形为图 2-13 所示。

当 $\alpha=0°$ 时，各晶闸管的触发脉冲在它们对应自然换向点时刻发出，如图 2-13 所示，输出电压波形与不可控整流桥一样，各元件每周期导通时间为 120°。

当 $\alpha=60°$ 时，输出电压波形如图 2-13（b）所示，各相正、负侧晶闸管的触发脉冲滞后于自然换向点 60° 出现，如在 2 点之前 VS5、VS6 导通，在 2 点时刻 u_{g1} 触发 VS1、VS6，这时 VS1、VS6 导通，VS5 关断。交流相电压中画阴影的部分表示导通面积，其输出电压波形见图 2-13（b）（图中白色脉冲是双脉冲中补发的脉冲）。

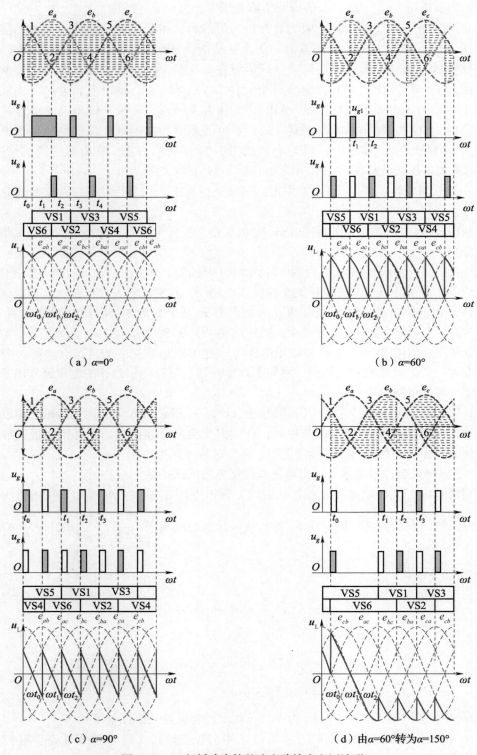

图 2-13　三相桥式全控整流电路输出电压波形

从以上分析可知，当控制角 $\alpha < 60°$ 时，共阴极组输出的阴极电位在每一瞬间都高于共阳极组的阳极电位，输出电压 u_d 的瞬时值都大于零，波形是连续的。

当 $\alpha > 60°$ 时，当线电压瞬时值为 0 并转为负值时，由于电感的作用，导通的晶闸管继续导通，整流输出为负的电压波形，从而使整流电压的平均值降低。图 2–13（c）示出了电感负载 $\alpha = 90°$ 的输出电压波形。现假设在 t_1 之前电路已在工作，即晶闸管 VS5 和 VS6 导通，在 t_1 时刻触发 VS1、VS6，导电元件为 VS1 和 VS6，输出电压为 e_{ab}。当线电压 e_{ab} 由零变为负时，由于大电感存在，晶闸管 VS1 和 VS6 继续导通，输出电压仍为 e_{ab}，但此时为负值，直到 t_2 时刻触发晶闸管 VS2，才迫使晶闸管 VS6 承受反向电压而关断，导电元件为 VS1 和 VS2，输出电压转为 e_{ac}。从图 2–13 中可以看出，在电流连续的情况下，$\alpha = 90°$ 时输出电压的波形面积正负两部分相等，电压的平均值为 0。

在 $\alpha < 90°$ 时，输出平均电压 U_d 为正，三相全控桥工作在整流状态，将交流转化为直流。

在 $90° < \alpha \leqslant 180°$ 时，输出平均电压 U_d 为负值，三相全控桥工作在逆变状态，将直流转换成交流。

图 2–13（d）表示控制角 α 由 60° 转到 150° 时的输出电压波形，现在讲述一下这种情形下的工作原理。设原来三相桥式全控整流电路工作在整流状态，负载电流在电感中存有一定的磁场能量。在 t_1 时刻控制角 α 突然转移到 150°，VS1 接收到触发脉冲而导通，这时 e_{ab} 为负值，但因电感 L 电流减小而感应的电动势 e_L 较大，$e_L \sim e_{ba}$ 仍为正值，故 VS1 与 VS6 仍在正向阳极电压下工作并输出电压 e_{ab}。这时电感线圈上的自感电动势 e_L 与负载电流的方向一致，直流侧发出功率，将原来在整流状态下存储于磁场的能量释放出来送回到交流侧，将能量回馈给电源。

在 t_2 时刻，对 C 相的 VS2 输入触发脉冲，这时 e_{ac} 虽然进入负半周，但电感电动势 e_L 仍足够大，可以维持 VS1 与 VS2 的导通，继续向交流侧反馈能量，这样依次逆变导通一直进行到电感线圈内存储的能量释放完毕，逆变过程才结束。

2.3.3.2 三相桥式全控整流电路输出电压与控制角之间的关系

三相桥式全控整流电路在电感性负载时，输出电压 u_d 的波形在一个周期内分为均匀的 6 段，因此，在计算其平均电压 U_d 时，只需计算交流电压 $\sqrt{2}E_{ab}\cos\omega t$ 在 $\left(-\dfrac{\pi}{6}+\alpha\right)$ 至 $\left(\dfrac{\pi}{6}+\alpha\right)$ 的平均值即可

$$
\begin{aligned}
U_d &= \frac{1}{\dfrac{2\pi}{6}}\int_{-\frac{\pi}{6}+\alpha}^{\frac{\pi}{6}+\alpha} \sqrt{2}E_{\mathrm{L}}\cos\omega t\,\mathrm{d}\omega t \\[2mm]
&= \frac{3}{\pi}\sqrt{2}E_{ab}\times 2\sin\frac{\pi}{6}\cos\alpha \\[2mm]
&= 1.35E_{ab}\cos\alpha
\end{aligned}
\tag{2--8}
$$

在 $\alpha < 90°$ 时，输出平均电压 U_d 为正，三相全控整流桥工作在整流状态。

在 $\alpha > 90°$ 时，输出平均电压 U_d 为负，三相全控整流桥工作在逆变状态。在三相桥式全控整流电路中，常将 $\beta = （180° - \alpha）$ 称为逆变角，逆变角 β 总是小于 90°，可以用

式（2–9）表示逆变工作状态时的反向直流平均电压

$$U_\beta = -1.35E_{ab}\cos(180° - \beta)$$
$$= 1.35E_{ab}\cos\beta \qquad (2-9)$$

对于电阻性负载，在 $\beta \leqslant \dfrac{\pi}{3}$ 时电流连续，其输出电压平均值仍可用式（2–8）表示。

在 $\beta \geqslant \dfrac{\pi}{3}$ 时电流波形出现断路，这时的输出直流电压平均值为

$$U_d = \frac{1}{\dfrac{\pi}{3}}\int_{\frac{\pi}{3}+\alpha}^{\pi}\sqrt{2}E_{\mathrm{L}}\sin\omega t\,\mathrm{d}\omega t$$

$$= \frac{3\sqrt{2}}{\pi}E_{ab}\left[1+\cos\left(\frac{\pi}{3}+\alpha\right)\right] \qquad (2-10)$$

$$= 1.35E_{ab}\left[1+\cos\left(\frac{\pi}{3}+\alpha\right)\right]$$

由式（2–10）可见，当 $\alpha = 120°$ 时，$U_d = 0$，因此，电阻性负载的最大移相范围是 0° ~ 120°。

2.3.4　航空发电机的励磁电压调节

2.3.4.1　民用电网的励磁电压调节

在民用电网中，发电机的励磁调节通过控制晶闸管的导通角来实现，如图 2–14 所示，励磁调节器采集 POR 处的电压，跟设定的参考电压进行比较，用二者的偏差信号来生成晶闸管的导通角，进而控制励磁机励磁线圈的平均输入电压，从而达到控制励磁机励磁电流的目的。

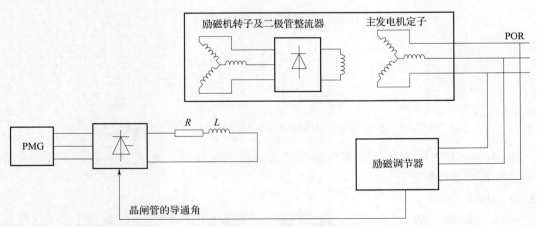

图 2–14　通过控制晶闸管的导通角来调节励磁电压

2.3.4.2　航空发电机的励磁电压控制

如前所述，航空发电机频率高，用晶闸管来控制励磁电流不能满足响应时间的要求，因此，其励磁功率环节需要重新设计。航空发电机与民用发电机的另一个区别是，航空发

电机转速随着发动机而变化，PMG 的空载输出电压与转速成正比，在励磁调节时，除了考虑负载侧的电压变化外，还要考虑输入侧转速变化的影响。

如图 2-15 所示，航空发电机通过控制 Buck 电路 PWM 的占空比 D 来调节励磁电压，PMG 的输出电压经过三相不可控整流后，输入给 Buck 电路，后者经过 PWM 占空比的调节，给励磁机的励磁绕组输出所期望的直流电压，从而控制励磁机的励磁电流。

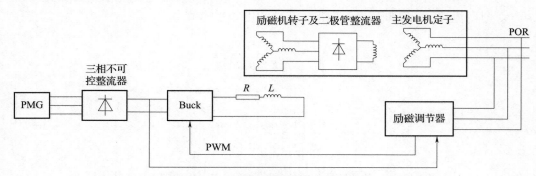

图 2-15　通过控制 Buck 电路 PWM 的占空比 D 来调节励磁电压

占空比的设置要考虑两个因素，一个是当前 POR 处的电压，另一个是三相不可控整流器的输出电压，励磁调节器会根据这两个输入决定 Buck 电路 PWM 的占空比。

图 2-16 所示为如何通过控制 Buck 电路的占空比来调节励磁电压。POR 处当前的电压 V_{POR} 与参考电压 V_{Ref} 之间的差值，输入给 PI 调节器，可以得出当前期望的励磁电压 V_{Mag}，V_{Mag} 与三相不可控整流输出电压 V_R 之比即为 Buck 电路的占空比 D。

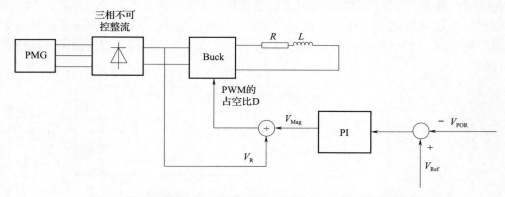

图 2-16　通过控制 Buck 电路 PWM 的占空比 D 来调节励磁电压

前面的叙述中都提到了 Buck 电路，这是一种降压型 DC-DC 变换电路，下面的章节会对这类拓扑进行简要介绍。

2.3.4.3　Buck 电路

Buck 电路是一种降压斩波器，降压斩波变换器输出电压平均值 U_o 总是小于输入电压 U_{in}。如图 2-17 所示，基本 Buck 电路包括 MOSFET、整流二极管、输出滤波电感和电容这 4 个功率元件。

MOSFET 由占空比可调的 PWM 驱动，通过控制 PWM 的占空比 D，可以控制 Buck 电路的输出电压，如图 2-17 所示。

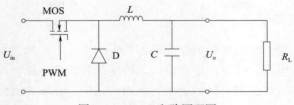

图 2-17　Buck 电路原理图

如图 2-18 所示，在 MOS 管导通期间，电流从电源正极，经由电感 L 流向负载 R_L，之后再回流到电源负极。在此期间，电感 L 上储存能量。

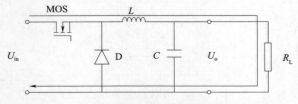

图 2-18　Buck 电路在 MOS 管导通时的功率走向

在 MOS 管关断期间，电感上的电流不能突变，继续为负载 R_L 提供能量，电流从电感 L 流向负载 R_L，再通过整流二极管 D 回流到电感 L。

MOS 管导通时，电感电流增加，电感储能；MOS 管关断时，电感电流减小，电感释能（见图 2-19）。在一个周期内电感电流平均增量为 0，这种在稳态时一个周期内电感电流平均增量（磁链平均增量）为 0 的现象称为电感伏秒平衡。

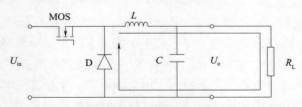

图 2-19　Buck 电路在 MOS 管关断时的功率走向

由伏秒平衡可以得出如下关系式

$$(V_{in} - V_o) \cdot T_{ON} = V_o \cdot T_{OFF} \tag{2-11}$$

式中：V_{in}——输入电压；

　　V_o——输出电压；

　　T_{ON}——MOS 管导通时间；

　　T_{OFF}——MOS 管关断时间。

将式（2-11）整理后得

$$\frac{V_o}{V_{in}} = \frac{T_{ON}}{T_{ON} + T_{OFF}} = D \tag{2-12}$$

式中，D——MOS 管 PWM 驱动的占空比。

由于占空比总是小于 1，所以输出电压 V_o 总是小于输入电压 V_{in}，Buck 电路是降压型的 DC 到 DC 的变换器。

2.3.5 三相桥式逆变电路

逆变电路将输入的直流电变换成交流输出，根据输入电源的类型，可以分为电压型逆变电路和电流型逆变电路。前者的电源输入为恒定的直流电压源，而后者的输入为恒定的直流电流源。通常难以找到理想的恒流源，取而代之的是在输入回路中串接大电感，由于电感电流不能突变，所以能起到恒流的效果。

2.3.5.1 三相电压型逆变电路

在三相逆变电路中，广泛应用的是三相桥式电压型逆变电路，其原理如图 2–20 所示。

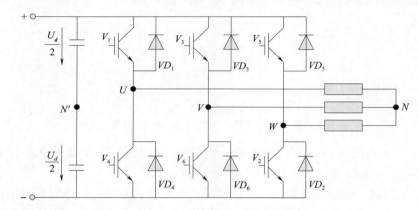

图 2–20　三相桥式电压型逆变电路原理

在图 2–20 中，通常用一个电容器就可以了，只是为了假想一个中性点 N'，所以画了两个电容串联。电压型三相桥式逆变电路的基本工作方式也为 180° 导电方式，即每个桥臂的导电时间为半个周期，同一相（同一半桥）的上下两个臂交替导通，各相开始导电的角度依次相差 120°。这样，在任一瞬间，将有 3 个桥臂同时导通。可能是上一个桥臂和下面两个桥臂同时导通，也可能是上面两个桥臂和下面一个桥臂同时导通。因为每次换流都在同一相的上下两个桥臂之间进行，所以也称为纵向换流。

下面来分析电压型三相桥式逆变电路的工作波形，对于 U 相输出来说，当桥臂 1 导通时

$$u_{UN'} = \frac{U_d}{2} \tag{2–13}$$

当桥臂 4 导通时

$$u_{UN'} = -\frac{U_d}{2} \tag{2–14}$$

因此，$u_{UN'}$ 的波形是幅值为 $\frac{U_d}{2}$ 的矩形波。V、W 两相的情况和 U 相类似，$u_{VN'}$、$u_{WN'}$ 的波形形状和 $u_{UN'}$ 相同，但相位依次相差 120°，如图 2–21（a）~ 图 2–21（c）所示。

负载线电压 u_{UV}、u_{VW}、u_{WU} 可由式（2–15）求出

$$\begin{cases} u_{UV} = u_{UN'} - u_{VN'} \\ u_{VW} = u_{VN'} - u_{WN'} \\ u_{WU} = u_{WN'} - u_{UN'} \end{cases} \tag{2–15}$$

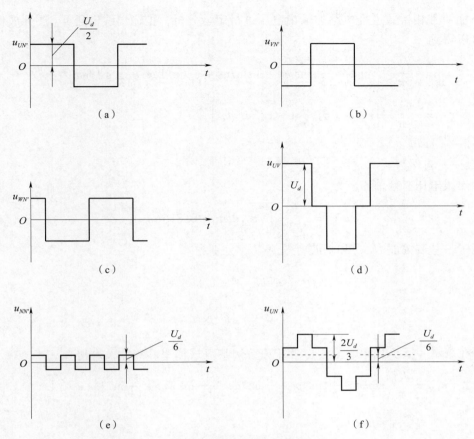

图 2-21　三相桥式电压型逆变电路工作波形

图 2-21（d）画出了 u_{UV} 的波形。设负载中点 N 与直流电源假想中点 N' 之间的电压为 $u_{NN'}$，则负载各相的相电压分别为

$$\begin{cases} u_{UN} = u_{UN'} - u_{NN'} \\ u_{VN} = u_{VN'} - u_{NN'} \\ u_{WN} = u_{WN'} - u_{NN'} \end{cases} \tag{2-16}$$

把上面各式相加并整理可以求得

$$u_{NN'} = \frac{1}{3}(u_{UN'} + u_{VN'} + u_{WN'}) - \frac{1}{3}(u_{UN} + u_{VN} + u_{WN}) \tag{2-17}$$

若负载为三相对称负载，则有 $u_{UN}+u_{VN}+u_{WN}=0$，则有

$$u_{NN'} = \frac{1}{3}(u_{UN'} + u_{VN'} + u_{WN'}) \tag{2-18}$$

$u_{NN'}$ 的波形如图 2-21（e）所示，它也是矩形波，其频率为 $u_{UN'}$ 的 3 倍，幅值是它的 1/3，即为 $\frac{U_d}{6}$。

图 2-21（f）绘出了根据式（2-16）和式（2-18）得出的 u_{UN} 的波形，u_{VN} 和 u_{WN} 的波形形状与 u_{UN} 相同，但相位依次相差 120°。

下面对三相桥式逆变电路的输出电压进行定量分析，把输出线电压 u_{UV} 展开成傅里叶级数可以得到

$$u_{UV} = \frac{2\sqrt{3}U_d}{\pi}\left(\sin\omega t - \frac{1}{5}\sin5\omega t - \frac{1}{7}\sin7\omega t + \frac{1}{11}\sin11\omega t + \frac{1}{13}\sin13\omega t - \cdots\right)$$

$$= \frac{2\sqrt{3}U_d}{\pi}\left[\sin\omega t + \sum_n \frac{1}{n}(-1)^k\sin n\omega t\right]$$

（2–19）

式中，n——$n = 6k \pm 1$；

　　k——自然数。

输出线电压有效值 U_{UV} 为

$$U_{UV} = \sqrt{\frac{1}{2\pi}\int_0^{2\pi} u_{UV}^2 \mathrm{d}\omega t} = 0.816U_d$$

（2–20）

其中，基波幅值 U_{UV1m} 和基波有效值 U_{UV1} 分别为

$$U_{UV1m} = \frac{2\sqrt{3}U_d}{\pi} = 1.1U_d$$

（2–21）

$$U_{UV1} = \frac{U_{UV1m}}{\sqrt{2}} = 0.78U_d$$

（2–22）

现在来看一下负载相电压 u_{UN}，我们把 u_{UN} 展开成傅里叶级数，可得

$$u_{UN} = \frac{2U_d}{\pi}\left(\sin\omega t + \frac{1}{5}\sin5\omega t + \frac{1}{7}\sin7\omega t + \frac{1}{11}\sin11\omega t + \frac{1}{13}\sin13\omega t + \cdots\right)$$

$$= \frac{2U_d}{\pi}\left(\sin\omega t + \sum_n \frac{1}{n}\sin n\omega t\right)$$

（2–23）

式中，n——$n = 6k \pm 1$；

　　k——自然数。

负载相电压有效值 U_{UN} 为

$$U_{UN} = \sqrt{\frac{1}{2\pi}\int_0^{2\pi} U_{UN}^2 \mathrm{d}\omega t} = 0.471U_d$$

（2–24）

其中，基波幅值 U_{UN1m} 和基波有效值 U_{UN1} 分别为

$$U_{UN1m} = \frac{2U_d}{\pi} = 0.637U_d$$

（2–25）

$$U_{UN1} = \frac{U_{UN1m}}{\sqrt{2}} = 0.45U_d$$

（2–26）

在上述 120° 导电方式逆变器中，为了防止同一相上下两桥臂的开关器件同时导通而引起直流侧电源的短路，要采取"先断后通"的方法。即先给要关断的器件发送关断信号，待其关断后留一定的时间裕量，然后再给要导通的器件发送开通信号，即在两者之间留有一个短暂的死区时间。死区时间的长短要视器件的开关速度而定，器件的开关速度越快，所留的死区时间越短。

2.3.5.2　三相电流型逆变电路

如前所述，直流电源为电流源的逆变电路称为电流型逆变电路。理想的直流电流源并

不多见，一般是在逆变电路直流侧串联一个大电感，因为大电感中电流脉动很小，因此可以当作直流电流源。

如图 2-22 所示，电流型三相桥式逆变电路就是电流型逆变电路的例子，图中的开关管使用反向阻断型器件（如晶闸管）。图中交流侧电容是为了吸收换流时负载电感中存储的能量而设置，是电流型逆变电路的必要组成部分。

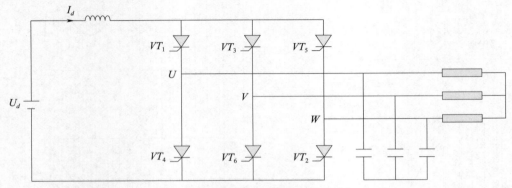

图 2-22　三相桥式电流型逆变电路图

电流型逆变电路的主要特点有：

（1）直流侧串联有大电感，相当于电流源，直流侧电流基本无脉动，直流回路呈现高阻抗。

（2）电路中开关器件的作用仅用于改变直流电流的流通路径，因此，交流侧输出电流为矩形波，与负载阻抗角无关。而交流侧输出电压波形和相位则因负载阻抗情况的不同而不同。

（3）当交流侧为阻感性负载时，需要提供无功功率，直流侧电感可以起到缓冲无功能量的作用。因为当负载反馈无功能量时，电流并不反向，因此不用像电压型逆变电路那样为每个开关管反并一个二极管。

2.3.5.3　SPWM 逆变器

电压型和电流型逆变电路结构比较简单，缺点是输出电压中含有较大的低次谐波成分。采用正弦脉宽调制（Sinusoidal Pulse Width Modulation，SPWM）技术可以很好地解决输出电压谐波的问题。

PWM 控制技术是利用半导体开关器件的导通与关断把直流电压变成电压脉冲系列，并通过控制脉冲电压宽度和脉冲系列的周期以达到变压变频目的的一种控制技术。它用面积等效原理来生成正弦波，如图 2-23 所示。

SPWM 逆变技术是利用等面积原理，用一系列等幅不等宽的脉冲来等效正弦波的技术，其波形生成原理如图 2-24 所示。

如图 2-23 所示，将正弦半波分成 n 等份，将其看作由 n 个彼此相连的矩形脉冲组成的波形。为简单清晰起见，图 2-23 中将正弦波划分为 7 等份，每等份脉冲的幅值按照正弦规律变化，其脉冲面积与相对应的正弦波部分面积相同，这连续的 7 个脉冲就可以等效为正弦波。

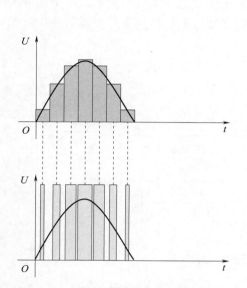

图 2-23　用面积等效原理来生成正弦波

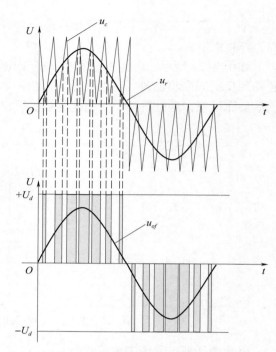

图 2-24　单极性 SPWM 波形生成原理

如果把上述脉冲序列改成相同数量的等幅而不等宽的矩形脉冲（如图 2-23 的下半部分所示），脉冲的中心位置不变，且使该矩形脉冲面积与上半部分对应的矩形脉冲相同，就可以得到图 2-24 所示的脉冲序列。该序列中的脉冲宽度按照正弦规律变化，根据面积等效原理，脉冲系列与正弦半波是等效的，正弦半波是脉冲系列的平均值。

输出 SPWM 波形的矩形波必须生成序列的控制信号来控制桥式电路中开关晶体管的通与断，比较普遍的做法是用调制法来生成控制信号。常用的单极性调制方式，如图 2-25 所示。

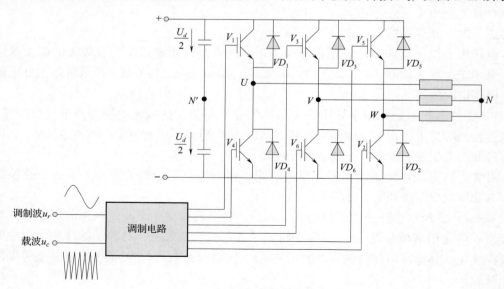

图 2-25　SPWM 逆变器的调制电路

在调制法中，把所希望输出的波形称为调制波 u_r，把接受调制的信号称为载波 u_c，通常采用等腰三角形作为载波，正弦波作为调制信号。在两波交点时对电路中的开关器件进行通断控制，即可得到宽度正比于调制信号幅值的脉冲。其输出的等效正弦电压幅值用 u_{of} 表示。

对于三相 SPWM 逆变器而言，直流电压利用率定义为输出正弦波电压（峰值）与输入的直流电压之比，当以中性点 N' 为参考时，相电压的峰值为输入直流电压的 1/2，即为 $0.5U_d$，转换成线电压时为

$$\sqrt{3}\frac{U_d}{2} = 0.866U_d \tag{2-27}$$

因此，三相 SPWM 逆变器的电压利用率为 0.866。

从理论上来讲，三角波（载波）频率越高，输出波形越接近正弦波。但开关管的通断变化虽然很快，但仍需要一定的时间。因此，高的开关频率对应于大的开关损耗，逆变器的转换效率会降低，也会使开关管承受更高的热量。

一般逆变器的载波频率为数十千赫（20kHz 左右），开关频率与功率有关，小功率的开关频率要高一些，大功率的逆变器频率要低一些。在采用 SiC 等新技术后，开关频率可以达到数百千赫（近 400kHz）。

2.4　PID 调节器

在工程实际中，应用最为广泛的调节器为比例（Proportion）、积分（Integral）和微分（Differential Coefficient）调节器，简称 PID 调节器。

PID 控制器因其结构简单、稳定性好、工作可靠等优点而成为工业控制的主要技术之一。当被控制对象的结构和参数不能完全掌握，或难以得到被控对象的数学模型，不能用控制理论的其他技术手段来确定控制器的结构和参数时，PID 控制器是比较好的选择。

也就是说，当我们不完全了解系统和控制对象，或者不能通过有效的测量手段来获得系统参数时，可以尝试用 PID 调节器来解决这个问题。PID 控制器又有 PI 和 PD 控制器这两个变种。

工程实践中比较常用的是 PI 调节，在采用微处理器的情况下，可以用软件实现原来模拟电路的功能。航空产品对重量要求高，用软件来实现硬件的功能可以节省体积、重量的开销。

2.4.1　PID 调节方法

PID 控制器的原理如图 2-26 所示。广义被控对象的输出值 $y(t)$ 与参考值 $r(t)$ 进行比较后产生误差信号 $e(t)$，后者经过 PID 控制器调节后生成被控对象的输入信号 $u(t)$，从而实现闭环控制。

发电机 PID 励磁调节器的控制对象为主发电机组（包括励磁功率单元及励磁机），被控对象的输出 $y(t)$ 为电压，输出的参考值 $r(t)$ 为恒定的 235VAC（或者 115VAC，视发电机的额定电压而定），生成的误差信号则为 POR 处电压与 235VAC 的差，而 PID 调节器的输出则是励磁功率单元中 Buck 电路的 PWM 调制的占空比（在民用电网中是励磁功率单元的晶闸管的触发角），如图 2-27 所示。

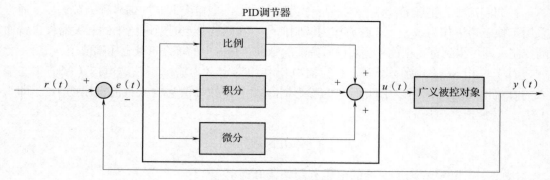

图 2-26　PID 控制器原理

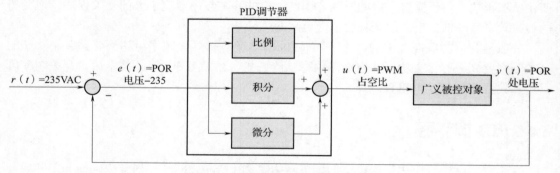

图 2-27　励磁功率单元的 PID 控制器

在比例（P）调节中，调节器的输出信号 u 与偏差信号 e 成正比，即

$$u(t) = K_P e(t)$$

（2-28）

式中，K_P——比例增益（可根据情况设置为正或负）。

在积分（I）调节中，调节器的输出与偏差信号的积分成正比，即

$$u(t) = K_I \int e(t)\,dt$$

（2-29）

式中，K_I——积分速度，可以根据实际情况取正或取负。

微分（D）控制器的输出与被调量偏差的微分成正比，即

$$u(t) = K_D \frac{de(t)}{dt}$$

（2-30）

式中，K_D 称为微分时间，可以根据情况取正或取负值。

PID 控制器设计的核心是合理整定控制参数 K_P、K_I 和 K_D。如果能够有理论的方法确定 PID 参数当然最好，但是在实际应用中，更多是通过试错法（Try and Error）来确定 PID 参数。

增大比例系数 K_P 一般将加快系统的响应，在有静差的情况下有利于减小静差，但是过大的比例系数会使系统有比较大的超调，并产生振荡，使稳定性变坏。

增大积分时间 K_I 有利于减小超调，减小振荡，使系统的稳定性增加，但是系统静差消除时间变长。

增大微分时间 K_D 有利于加快系统的响应速度，使系统超调量减小，稳定性增加，但

系统对扰动的抑制能力减弱。

在试错时，可参考这三个参数对系统控制过程的影响趋势，对参数调整实行先比例、后积分，再微分的整定步骤。

首先整定比例部分，将比例参数由小变大，并观察相应的系统响应，直至得到反应快、超调小的响应曲线。如果系统没有静差或静差已经小到允许范围内，并且对响应曲线已经满意，则只需要比例调节器即可。

如果在比例调节的基础上系统的静差不能满足设计要求，则必须加入积分环节。在整定时先将积分速度设定到一个比较小的值，然后将已经调节好的比例系数略为缩小（一般缩小为原值的 0.8），然后增大积分速度，使得系统在保持良好动态性能的情况下，静差得到消除。在此过程中，可根据系统响应曲线的好坏反复改变比例系数和积分速度，以期得到满意的控制过程和整定参数。

如果在上述调整过程中系统的动态过程仍然不能得到满意的效果，则可以加入微分环节。首先把微分时间 K_D 设置为 0，在上述调节的基础上逐渐增加微分时间，同时相应地改变比例系数和积分时间，逐步尝试，直至得到满意的调节效果。

在工程实践中，微分环节用的比较少，比较常用的还是 PI 调节器。PI 调节器除了用模拟电路搭建外，还可以通过数字的方法，用软件来实现，以减少系统体积和重量。用软件实现 PI 调节还有另一个优点，即可以采用 PI 调节分离的方法来加速动态响应，同时减少静差，这是模拟 PI 调节难以达到的。

此外，PI 参数的整定还可以借助 Matlab 工具，在模型建好后，利用 Matlab 的 SISOTool 工具可以自动计算出 PI 参数，省却了试错过程，节省了开发时间。

2.4.2　数字 PI 调节

PI 调节器是一种线性控制器，它将给定值与实际值构成的控制偏差，按照比例（P）和积分（I）的线性组合来构成控制量，对被控对象进行控制。

其中，比例环节成比例地反映控制系统的偏差信号，偏差一旦产生，控制器立即产生控制作用，以减少偏差。通常，随着比例系数 K_P 的增加，闭环系统的超调量会增大，系统响应速度会加快。但当 K_P 增加到一定程度，系统会变得不稳定。

积分环节主要用于消除静差，提高系统的响应精度。积分作用的强弱取决于积分常数 K_I，K_I 越大积分作用越强。PI 调节的表达如式（2–31）所示。

$$u(t) = K_P e(t) + K_I \int e(t)\,\mathrm{d}t \qquad (2\text{–}31)$$

由于微处理器的控制是一种采样控制，它只能根据采样时刻的偏差值计算控制量，因此必须对式（2–31）进行离散化处理，用一系列采样时刻点 k 来代表连续的时间 t，离散的 PI 控制算法表达式为

$$u(k) = K_P e(k) + K_I T_S \sum_{j=0}^{k} e(j) \qquad (2\text{–}32)$$

式中：$k=0$，1，2，…——采样序列；

　$u(k)$——第 k 次采样时刻 PI 调节器的输出值；

　$e(k)$——第 k 次采样时刻输入的偏差值；

T_S——采样周期；

K_p——比例系数，K_I 为积分系数。

数字 PI 调节器可以分为位置式 PI 控制算法和增量式 PI 控制算法。式（2-32）表示的是位置式 PI 控制算法，其算法的特点是，比例部分只与当前的偏差有关，而积分部分则是系统过去所有偏差的累积。这种算法的优点是计算精度比较高，缺点是每次都要对 $e(k)$ 进行累加，计算量大，对存储空间要求也比较高。

增量式 PI 调节器的算法如

$$\Delta u(k) = u(k) - u(k-1) = K_p[e(k) - e(k-1)] + K_I T_S e(k) \tag{2-33}$$

PI 调节器的输出可由式（2-34）求得

$$u(k) = u(k-1) + \Delta u(k) \tag{2-34}$$

增量式 PI 计算是将当前时刻的控制输出增量加上前一时刻的输出量作为该次的控制输出，计算误差或精度对控制量的影响较小且增量算式只与最近几次的采样值有关，所需内存也较少，因此，在实际应用中多采用增量式算法。

在模拟 PI 调节器中，只要偏差存在，P 和 I 就同时起作用，这有可能带来过大的退饱和超调。在数字 PI 调节器中，可以采用积分分离的算法，把 P 和 I 分开，当偏差较大时，只让比例部分起作用，以快速减少偏差；当偏差降低到一定程度后，再将积分作用投入，既可以最终消除稳态误差，又能避免较大的退饱和超调。

在引入离散数据采样后，需要用到 z 变换来判断系统稳定性。离散系统稳定性的概念与连续系统相同，如果一个线性定常离散系统的脉冲响应序列趋于零，则系统是稳定的，否则系统不稳定。

由 s 域（拉普拉斯变换）到 z 域（z 变换）的映射关系及连续系统的稳定判据可以得出如下结论：

（1）s 左半平面映射为 z 平面单位圆内的区域，对应稳定区域；

（2）s 右半平面映射为 z 平面单位圆外的区域，对应不稳定区域；

（3）s 平面上的虚轴，映射为 z 平面的单位圆周，对应临界稳定情况。

线性定常离散系统稳定的充要条件是：系统闭环脉冲传递函数的全部极点均分布在 z 平面上以 0 点为圆心的单位圆内，或者系统所有特征根的模均小于 1。

2.5 Clarke 变换与 Park 变换

交流同步电机的定子磁场由定子的三相绕组磁势产生，根据电动机旋转磁场理论可知，向对称的三相绕组中通以对称的三相正弦电流时，会产生合成磁势，它是一个在空间以同步转速 ω 旋转的空间矢量。如果用磁势或电流空间矢量来描述等效的三相磁场、两相磁场和旋转直流磁场，并对它们进行坐标变换，则称之为矢量坐标变换。

Clarke 变换是三相平面坐标系 $OABC$ 向两相平面直角坐标系 $O\alpha\beta$ 的矢量坐标变换。而 Park 变换是旋转变换，它将 $O\alpha\beta$ 坐标经过旋转后对齐到 Odq 坐标。经过 Clarke-Park 变换后，原来与转子有相对运动的变量，如定子电压、电流等，都转换成与转子相对静止的变量，原来的交流量，变成了直流量。此外，定子侧的一些参数，如每相的电感量，都由原来的随着转子位置变化而变化的量，变成了常量，因而简化了数值分析过程。

Clarke–Park 变换的应用会贯穿电磁场分析以及 SVPWM 控制的始终，这一节对相关的理论基础作一个介绍。

Clarke 变换分为等幅值变换和等功率变换两种，本书第 2.6 节在介绍同步发电机电磁场方程时，应用的是等幅值的 Clarke–Park 变换。在 SVPWM 调速控制时，也采用的是等幅值 Clarke 变换。

2.5.1　Clarke 等幅值变换

在复平面上矢量 V 总能用互差 $120°$ 的 a、b、c 三轴系中的分量 x_a、x_b、x_c 等效表示（ a 轴与复平面的实轴重合），如

$$x = k(x_a + \rho x_b + \rho^2 x_c) \tag{2-35}$$

$$x_0 = k_0(x_a + x_b + x_c) \tag{2-36}$$

$$V = x + x_0 \tag{2-37}$$

式中

$$\rho = e^{j\frac{2}{3}\pi} = -\frac{1}{2} + j\frac{\sqrt{3}}{2},$$

$$\rho^2 = e^{j\frac{4}{3}\pi} = -\frac{1}{2} - j\frac{\sqrt{3}}{2},$$

x_0 的方向与复平面的实轴方向一致，于是，可以去掉矢量符号，得到以下关系

$$x_0 = k_0(x_a + x_b + x_c) \tag{2-38}$$

将式（2-35）展开为实部和虚部，可以得到

$$\mathrm{Re}\{x\} = k\left(x_a - \frac{1}{2}x_b - \frac{1}{2}x_c\right) \tag{2-39}$$

$$\mathrm{Im}\{x\} = k\frac{\sqrt{3}}{2}(x_b - x_c) \tag{2-40}$$

由式（2-38）可得

$$x_b + x_c = \frac{x_0}{k_0} - x_a \tag{2-41}$$

将式（2-41）代入式（2-40）可得

$$\mathrm{Re}\{x\} = \frac{3}{2}kx_a - \frac{1}{2}\frac{kx_0}{k_0} \tag{2-42}$$

等幅值变换时，规定

$$\mathrm{Re}\{x\} = x_a + x_0 \tag{2-43}$$

将式（2-43）代入式（2-42）可得

$$\frac{3}{2}kx_a - \frac{1}{2}k\frac{x_0}{k_0} = x_a + x_0 \tag{2-44}$$

对比式（2-44）两端的 x_a 和 x_0 的系数可解得

$$k = \frac{2}{3}; \quad k_0 = \frac{1}{3} \tag{2-45}$$

将实轴用 α 轴代替，虚轴用 β 轴代替，将 k、k_0 代入式（2-43）、式（2-39）和式（2-40）可得 Clarke 变换的等幅值变换形式

$$\begin{cases} x_\alpha = \frac{2}{3}x_a - \frac{1}{3}x_b - \frac{1}{3}x_c \\ x_\beta = \frac{\sqrt{3}}{3}(x_b - x_c) \\ x_0 = \frac{1}{3}x_a + \frac{1}{3}x_b + \frac{1}{3}x_c \end{cases} \tag{2-46}$$

写成矩阵形式为

$$\begin{bmatrix} x_\alpha \\ x_\beta \\ x_0 \end{bmatrix} = \frac{2}{3} \begin{bmatrix} 1 & -\frac{1}{2} & -\frac{1}{2} \\ 0 & \frac{\sqrt{3}}{2} & -\frac{\sqrt{3}}{2} \\ \frac{1}{2} & \frac{1}{2} & \frac{1}{2} \end{bmatrix} \begin{bmatrix} x_a \\ x_b \\ x_c \end{bmatrix} \tag{2-47}$$

因此，等幅值的 Clarke 变换矩阵为

$$C_{\text{Clarke}} = \frac{2}{3} \begin{bmatrix} 1 & -\frac{1}{2} & -\frac{1}{2} \\ 0 & \frac{\sqrt{3}}{2} & -\frac{\sqrt{3}}{2} \\ \frac{1}{2} & \frac{1}{2} & \frac{1}{2} \end{bmatrix} \tag{2-48}$$

2.5.2　Clarke 等功率变换

本节将一步步推导等功率变换的 Clarke 矩阵。

等功率矢量坐标变换应遵循如下原则：

①变换前后电流所产生的旋转磁场等效；

②变换前后两系统的电动机功率不变。

我们希望在将原坐标下的电压 U 和电流 I 变成新坐标下的电压 U' 和电流 I' 时，能有相同的变换矩阵 C，即有

$$\begin{cases} U = CU' \\ I = CI' \end{cases} \tag{2-49}$$

为了能实现逆变换，变换矩阵 C 还必须存在逆矩阵 C^{-1}，因此，变换矩阵 C 必须是方阵，而且其行列式的值必须不为 0。又由于

$$U = ZI \tag{2-50}$$

其中，Z——阻抗矩阵。

于是有

$$U' = C^{-1}U = C^{-1}ZI = C^{-1}ZCI' = Z'I' \tag{2-51}$$

式中，Z'——变换后的阻抗矩阵。

其值为

$$Z' = C^{-1}ZC \tag{2-52}$$

为了能满足变换前后功率不变的原则，在一个坐标下的电功率

$$I^\mathrm{T}U = u_1 i_1 + u_2 i_2 + \cdots + u_n i_n \tag{2-53}$$

它应等于在另一个坐标下的电功率

$$I'^\mathrm{T}U' = u'_1 i'_1 + u'_2 i'_2 + \cdots + u'_n i'_n \tag{2-54}$$

即有

$$I^\mathrm{T}U = I'^\mathrm{T}U' \tag{2-55}$$

而

$$I^\mathrm{T}U = (CI')^\mathrm{T}CU' = I'^\mathrm{T}C^\mathrm{T}CU' \tag{2-56}$$

比较式（2-55）和式（2-56）可知，为使两式相等，必须有

$$C^\mathrm{T}C = I \tag{2-57}$$

或者有

$$C^\mathrm{T} = C^{-1} \tag{2-58}$$

因此，变换矩阵 C 应该是一个正交矩阵。

在以上式子中，C^{-1} 为 C 的逆阵，I^T 为 I 的转置矩阵；I'^T 为 I' 的转置矩阵；C^T 为 C 的转置矩阵；I 为单位矩阵；Z 和 Z' 分别为两个坐标下的阻抗矩阵；U、U'、I 和 I' 分别为电压、电流的列矩阵（矢量）。

同时，在上述运算中，依据了矩阵的基本运算法则

$$\begin{cases} C^{-1}C = I \\ (CI')^\mathrm{T} = I'^\mathrm{T}C^\mathrm{T} \\ (kC)^\mathrm{T} = kC^\mathrm{T} \end{cases} \tag{2-59}$$

考虑到

$$U = CU' \tag{2-60}$$

可以得到

$$U = C^{-1}U \tag{2-61}$$

三相电机定子绕组 a、b、c 的磁势矢量和两相电机定子绕组 $\alpha\beta$ 的磁势矢量空间位置关系。其中，选定 a 轴与 α 轴重合。根据前述的等功率矢量坐标变换原则，两者的磁场应该完全等效，即合成磁势矢量分别在两个坐标轴上的投影应该相等，如图 2-28 所示。

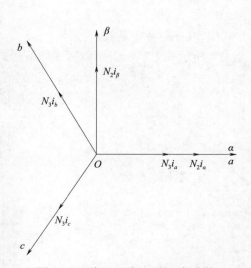

图 2-28　从 abc 到 $\alpha\beta$ 的坐标变换

于是，我们得到如下所示的等式关系

$$\begin{cases} N_2 i_\alpha = N_3 i_a + N_3 i_b \cos 120° + N_3 i_c \cos(-120°) \\ N_2 i_\beta = 0 + N_3 i_b \sin 120° + N_3 i_c \sin(-120°) \end{cases} \tag{2-62}$$

亦即

$$\begin{cases} i_\alpha = \dfrac{N_3}{N_2}\left[i_a - \dfrac{1}{2} i_b - \dfrac{1}{2} i_c \right] \\ i_\beta = \dfrac{N_3}{N_2}\left[0 + \dfrac{\sqrt{3}}{2} i_b - \dfrac{\sqrt{3}}{2} i_c \right] \end{cases} \tag{2-63}$$

式中，N_2、N_3 分别表示两相电机和三相电机每相定子绕组的有效匝数，式（2-63）可以用矩阵表示，即

$$\begin{bmatrix} i_\alpha \\ i_\beta \end{bmatrix} = \frac{N_3}{N_2} \begin{bmatrix} 1 & -\dfrac{1}{2} & -\dfrac{1}{2} \\ 0 & \dfrac{\sqrt{3}}{2} & -\dfrac{\sqrt{3}}{2} \end{bmatrix} \begin{bmatrix} i_a \\ i_b \\ i_c \end{bmatrix} \tag{2-64}$$

由于转换矩阵 $\begin{bmatrix} 1 & -\dfrac{1}{2} & -\dfrac{1}{2} \\ 0 & \dfrac{\sqrt{3}}{2} & -\dfrac{\sqrt{3}}{2} \end{bmatrix}$ 不是方阵，因此不能求逆矩阵，所以需要引进一个

独立于 i_α 和 i_β 的新变量 i_0，我们称为零轴电流。零轴是同时垂直于 α 轴和 β 轴的轴，它们共同形成 α-β-0 轴坐标系。

我们定义

$$N_2 i_0 = k(N_3 i_a + N_3 i_b + N_3 i_c) \tag{2-65}$$

于是有

$$i_0 = \frac{N_3}{N_2} k(i_a + i_b + i_c) \tag{2-66}$$

式中，k——待定系数。

所示式（2-64）可以写成如下形式

$$\begin{bmatrix} i_\alpha \\ i_\beta \\ i_0 \end{bmatrix} = \frac{N_3}{N_2} \begin{bmatrix} 1 & -\dfrac{1}{2} & -\dfrac{1}{2} \\ 0 & \dfrac{\sqrt{3}}{2} & -\dfrac{\sqrt{3}}{2} \\ k & k & k \end{bmatrix} \begin{bmatrix} i_a \\ i_b \\ i_c \end{bmatrix} \tag{2-67}$$

定义矩阵 $\boldsymbol{C}$ 为

$$\boldsymbol{C} = \frac{N_3}{N_2} \begin{bmatrix} 1 & -\dfrac{1}{2} & -\dfrac{1}{2} \\ 0 & \dfrac{\sqrt{3}}{2} & -\dfrac{\sqrt{3}}{2} \\ k & k & k \end{bmatrix} \tag{2-68}$$

则 $\boldsymbol{C}$ 的转置矩阵为

$$\boldsymbol{C}^{\mathrm{T}} = \frac{N_3}{N_2} \begin{bmatrix} 1 & 0 & k \\ -\dfrac{1}{2} & \dfrac{\sqrt{3}}{2} & k \\ -\dfrac{1}{2} & -\dfrac{\sqrt{3}}{2} & k \end{bmatrix} \qquad (2\text{-}69)$$

求得 $\boldsymbol{C}$ 的逆矩阵 $\boldsymbol{C}^{-1}$ 为

$$\boldsymbol{C}^{-1} = \frac{2N_2}{3N_3} \begin{bmatrix} 1 & 0 & \dfrac{1}{2k} \\ -\dfrac{1}{2} & \dfrac{\sqrt{3}}{2} & \dfrac{1}{2k} \\ -\dfrac{1}{2} & -\dfrac{\sqrt{3}}{2} & \dfrac{1}{2k} \end{bmatrix} \qquad (2\text{-}70)$$

为了满足功率不变的原则，$\boldsymbol{C}^{\mathrm{T}}$ 应等于 $\boldsymbol{C}^{-1}$。令式（2-69）等于式（2-70），我们有

$$\begin{cases} \dfrac{2}{3} \dfrac{N_2}{N_3} = \dfrac{N_3}{N_2} \\ \dfrac{1}{2k} = k \end{cases} \qquad (2\text{-}71)$$

可求得

$$\begin{cases} \dfrac{N_3}{N_2} = \sqrt{\dfrac{2}{3}} \\ k = \sqrt{\dfrac{1}{2}} \end{cases} \qquad (2\text{-}72)$$

将式（2-72）代入式（2-65）和式（2-67），可得

$$\boldsymbol{C} = \sqrt{\frac{2}{3}} \begin{bmatrix} 1 & -\dfrac{1}{2} & -\dfrac{1}{2} \\ 0 & \dfrac{\sqrt{3}}{2} & -\dfrac{\sqrt{3}}{2} \\ \dfrac{1}{\sqrt{2}} & \dfrac{1}{\sqrt{2}} & \dfrac{1}{\sqrt{2}} \end{bmatrix} \qquad (2\text{-}73)$$

$$\boldsymbol{C}^{-1} = \sqrt{\frac{2}{3}} \begin{bmatrix} 1 & 0 & \dfrac{1}{\sqrt{2}} \\ -\dfrac{1}{2} & \dfrac{\sqrt{3}}{2} & \dfrac{1}{\sqrt{2}} \\ -\dfrac{1}{2} & -\dfrac{\sqrt{3}}{2} & \dfrac{1}{\sqrt{2}} \end{bmatrix} \qquad (2\text{-}74)$$

因此，等功率的 Clarke 变换公式为

$$\begin{bmatrix} i_\alpha \\ i_\beta \\ i_0 \end{bmatrix} = \sqrt{\frac{2}{3}} \begin{bmatrix} 1 & -\dfrac{1}{2} & -\dfrac{1}{2} \\ 0 & \dfrac{\sqrt{3}}{2} & -\dfrac{\sqrt{3}}{2} \\ \dfrac{1}{\sqrt{2}} & \dfrac{1}{\sqrt{2}} & \dfrac{1}{\sqrt{2}} \end{bmatrix} \begin{bmatrix} i_a \\ i_b \\ i_c \end{bmatrix} \tag{2-75}$$

等功率的 Clarke 逆变换公式为

$$\begin{bmatrix} i_a \\ i_b \\ i_c \end{bmatrix} = \sqrt{\frac{2}{3}} \begin{bmatrix} 1 & 0 & \dfrac{1}{\sqrt{2}} \\ -\dfrac{1}{2} & \dfrac{\sqrt{3}}{2} & \dfrac{1}{\sqrt{2}} \\ -\dfrac{1}{2} & -\dfrac{\sqrt{3}}{2} & \dfrac{1}{\sqrt{2}} \end{bmatrix} \begin{bmatrix} i_\alpha \\ i_\beta \\ i_0 \end{bmatrix} \tag{2-76}$$

2.5.3 Park 变换

Park 变换将 Clarke 变换后的 $\alpha\beta$ 坐标，旋转变换变为 dq 坐标。

从 $\alpha\beta$ 到 dq 的旋转变换定义为

$$\boldsymbol{C}_{\text{Park}} = \boldsymbol{C}_{\alpha\beta \to dq} = \begin{bmatrix} \cos\theta & \sin\theta & 0 \\ -\sin\theta & \cos\theta & 0 \\ 0 & 0 & 1 \end{bmatrix} \tag{2-77}$$

由于 Clarke 变换分为等幅值变换和等功率变换，Park 变换只是坐标旋转，等幅值和等功率变换矩阵相同。

2.5.3.1 Park 逆变换

对式（2-77）求逆，就可以得到 Park 逆变换的公式

$$\boldsymbol{C}_{\text{Park}}^{-1} = \boldsymbol{C}_{dq \to \alpha\beta} = \begin{bmatrix} \cos\theta & -\sin\theta & 0 \\ \sin\theta & \cos\theta & 0 \\ 0 & 0 & 1 \end{bmatrix} \tag{2-78}$$

2.5.3.2 Clarke–Park 变换的实质

Clarke–Park 变换的目的是将三相定子 abc 坐标变换成转子的 dq 坐标，由于三相定子合成磁势是以同步转速旋转的，因此，与 dq 坐标保持相对静止。为了实现 abc 坐标到 dq 坐标的变换，先将三相定子 abc 坐标变换成两相 $\alpha\beta$ 的坐标，因为三相定子绕组产生的合成磁势完全可以用两相定子的合成磁势等效，这种变换就是 Clarke 变换（见图 2-9（a））。

Clarke 变换假定变换后的坐标 α 轴与 a 轴重合，而 a 轴又可以看作三相合成旋转磁势的 0 相位角，该角度与转子直轴并不重合，而是相差一个 θ 角，因此，在实施 Clarke 变换之后，还要实施一个旋转变换，将 $\alpha\beta$ 坐标逆时针旋转 θ 角，才变换为 dq 坐标（见图 2-29（b））。

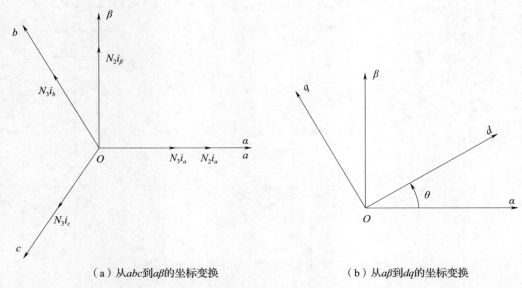

（a）从 abc 到 αβ 的坐标变换   （b）从 αβ 到 dq 的坐标变换

图 2-29 Clarke–Park 变换的实质

2.6 同步发电机的电磁场方程

李光琦的《电力系统暂态分析》一书给出了同步发电机电磁场方程，这些方程所建立的发电机数学模型是进行励磁调节和电机控制的理论基础，本节的内容引用了该书的相关章节。但对其中的细节部分进行了调整，比如，原书中提到的 Park 变换，实际上是 Clarke–Park 变换的组合。

2.6.1 发电机回路的电压方程和磁链方程

为建立发电机 6 个回路（三个定子绕组、一个励磁绕组，以及直轴和交轴阻尼绕组）的方程，首先要选定磁链、电流和电压的正方向。图 2-30 给出了电机各绕组位置的示意图，图中标出了各相绕组的轴线 a、b、c 和转子绕组的轴线 d、q。其中，转子的 d 轴（直轴）滞后于 q 轴（交轴）90°。这里选定定子各相绕组轴线的正方向作为各相绕组磁链的正方向。励磁绕组和直轴阻尼绕组磁链的正方向与 d 轴正方向相同；交轴阻尼绕组磁链的正方向与 q 轴正方向相同。图 2-30 中也标出了各绕组电流的正方向。定子各相绕组电流产生的磁通方向与该相绕组轴线的正方向相反时电流为正值；转子各绕组电流产生的磁通方向与 d 轴或 q 轴正方向相同时电流为正值。图 2-30 中还示出了各回路的电路，其中标明了电压的正方向。在定子回路中向负载侧观察，电压降的正方向与定子电流的正方向一致；在励磁回路中向励磁绕组侧观察，电压降的正方向与励磁电流的正方向一致。阻尼绕组短接回路，电压为 0。

根据图 2-30，设三相绕组的电阻相等，即

$$r_a = r_b = r_c = r \tag{2-79}$$

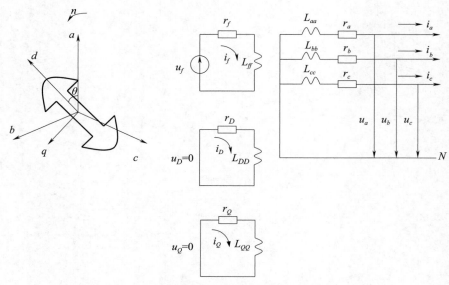

图 2-30　同步发电机各绕组正方向及电路图

可列出 6 个回路的电压方程

$$
\begin{bmatrix} u_a \\ u_b \\ u_c \\ u_f \\ 0 \\ 0 \end{bmatrix} = \begin{bmatrix} r & & & & & \\ & r & & & 0 & \\ & & r & & & \\ & & & r_f & & \\ & 0 & & & r_D & \\ & & & & & r_Q \end{bmatrix} \begin{bmatrix} -i_a \\ -i_b \\ -i_c \\ i_f \\ i_D \\ i_Q \end{bmatrix} + \begin{bmatrix} \dot{\varphi}_a \\ \dot{\varphi}_b \\ \dot{\varphi}_c \\ \dot{\varphi}_f \\ \dot{\varphi}_D \\ \dot{\varphi}_Q \end{bmatrix}
$$　　　（2-80）

式中：φ —— 各绕组磁链；

　　　$\dot{\varphi}$ —— 磁链对时间的导数 $\dfrac{\mathrm{d}\varphi}{\mathrm{d}t}$。

同步发电机中各绕组的磁链由本绕组的自感磁链和其他绕组与本绕组之间的互感磁链组合而成。它的磁链方程为

$$
\begin{bmatrix} \varphi_a \\ \varphi_b \\ \varphi_c \\ \varphi_f \\ \varphi_D \\ \varphi_Q \end{bmatrix} = \begin{bmatrix} L_{aa} & M_{ab} & M_{ac} & M_{af} & M_{aD} & M_{aQ} \\ M_{ba} & L_{bb} & M_{bc} & M_{bf} & M_{bD} & M_{bQ} \\ M_{ca} & M_{cb} & L_{cc} & M_{cf} & M_{cD} & M_{cQ} \\ M_{fa} & M_{fb} & M_{fc} & L_{ff} & M_{fD} & M_{fQ} \\ M_{Da} & M_{Db} & M_{Dc} & M_{Df} & L_{DD} & M_{DQ} \\ M_{Qa} & M_{Qb} & M_{Qc} & M_{Qf} & M_{QD} & L_{QQ} \end{bmatrix} \begin{bmatrix} -i_a \\ -i_b \\ -i_c \\ i_f \\ i_D \\ i_Q \end{bmatrix}
$$　　　（2-81）

式中，电感矩阵对角元素 L 为各绕组的自感系数；非对角元素 M 为两绕组间的互感系数。

两绕组间的互感系数是可逆的，即 $M_{ab}=M_{ba}$、$M_{af}=M_{fa}$ 等。

在定子绕组的空间内有转子在转动，凸极机的转子转动到不同位置时，对于某一定子绕组来说，空间的磁阻是不一样的。因此，定子绕组的自感随着转子转动而周期性变化。

A 相绕组的自感系数可以分解为如下形式

$$L_{aa} = l_0 + l_2\cos2\theta + l_4\cos4\theta + \cdots \tag{2-82}$$

略去其中 4 次及以上分量，有

$$L_{aa} = l_0 + l_2\cos2\theta \tag{2-83}$$

类似地，可以得到其他两相的自感系数

$$\begin{cases} L_{aa} = l_0 + l_2\cos2\theta \\ L_{bb} = l_0 + l_2\cos2(\theta - 120°) \\ L_{cc} = l_0 + l_2\cos2(\theta + 120°) \end{cases} \tag{2-84}$$

对于隐极机，l_2 为 0。

和自感系数的情况类似，凸极机的定子绕组互感也是随转子转动而周期变化的，可以用式（2-85）表示

$$\begin{cases} M_{ab} = M_{ba} = -\left[m_0 + m_2\cos2(\theta + 30°) \right] \\ M_{bc} = M_{cb} = -\left[m_0 + m_2\cos2(\theta - 90°) \right] \\ M_{ca} = M_{ac} = -\left[m_0 + m_2\cos2(\theta + 150°) \right] \end{cases} \tag{2-85}$$

同样地，对于隐极机，m_2 为 0。

转子上各绕组是随着转子一起旋转的，无论是凸极机还是隐极机，转子绕组的磁路总是不变的，即转子各绕组的自感系数为常数

$$\begin{cases} L_{ff} = L_f \\ L_{DD} = L_D \\ L_{QQ} = L_Q \end{cases} \tag{2-86}$$

基于同样的原因，转子各绕组之间的互感系数也为常数，而且 Q 绕组与 f、D 绕组互相垂直，它们的互感系数为 0，即

$$\begin{cases} M_{fD} = M_{Df} = m_r \\ M_{fQ} = M_{Qf} = 0 \\ M_{DQ} = M_{QD} = 0 \end{cases} \tag{2-87}$$

无论是凸极机，还是隐极机，转子绕组与定子绕组的互感系数都与定子的相对位置有关。

定子各相绕组与励磁绕组之间的互感系数与 θ 角的函数关系可以表示为

$$\begin{cases} M_{af} = m_{af}\cos\theta \\ M_{bf} = m_{af}\cos(\theta - 120°) \\ M_{cf} = m_{af}\cos(\theta + 120°) \end{cases} \tag{2-88}$$

定子绕组和直轴阻尼绕组间的互感系数可以表示为

$$\begin{cases} M_{aD} = m_{aD}\cos\theta \\ M_{bD} = m_{aD}\cos\left(\theta - 120°\right) \\ M_{cD} = m_{aD}\cos\left(\theta + 120°\right) \end{cases} \tag{2-89}$$

定子绕组和交轴阻尼绕组间的互感系数可以表示为

$$\begin{cases} M_{aQ} = m_{aQ}\sin\theta \\ M_{bQ} = m_{aQ}\sin(\theta - 120°) \\ M_{cQ} = m_{aQ}\sin(\theta + 120°) \end{cases} \tag{2-90}$$

由前面的分析可知，对于凸极机，大多数电感系数是周期变化的，对于隐极机，则只有少部分电感是周期性变化的。但无论是凸极机还是隐极机，在将式（2-81）取导数后代入式（2-80），发电机的电压方程都是一组变系数的微分方程。

为了方便起见，一般用坐标变换的方法来转换变量，Clarke-Park 变换是其中常用的变换。Clarke-Park 变换将 a、b、c 的量经过下列变换转换成另外 3 个分量。例如，对于电流，将 i_a、i_b 和 i_c 转换成另外三个电流 i_d、i_q、i_o，分别称为定子电流的 d 轴、q 轴、o 轴分量

$$\begin{bmatrix} i_d \\ i_q \\ i_o \end{bmatrix} = \frac{2}{3}\begin{bmatrix} \cos\theta & \cos\left(\theta - 120°\right) & \cos\left(\theta + 120°\right) \\ -\sin\theta & -\sin(\theta - 120°) & -\sin(\theta + 120°) \\ \frac{1}{2} & \frac{1}{2} & \frac{1}{2} \end{bmatrix}\begin{bmatrix} i_a \\ i_b \\ i_c \end{bmatrix} \tag{2-91}$$

对于电压和磁链，也有类似的变换关系

$$\begin{bmatrix} u_d \\ u_q \\ u_o \end{bmatrix} = \frac{2}{3}\begin{bmatrix} \cos\theta & \cos\left(\theta - 120°\right) & \cos\left(\theta + 120°\right) \\ -\sin\theta & -\sin(\theta - 120°) & -\sin(\theta + 120°) \\ \frac{1}{2} & \frac{1}{2} & \frac{1}{2} \end{bmatrix}\begin{bmatrix} u_a \\ u_b \\ u_c \end{bmatrix} \tag{2-92}$$

$$\begin{bmatrix} \varphi_d \\ \varphi_q \\ \varphi_o \end{bmatrix} = \frac{2}{3}\begin{bmatrix} \cos\theta & \cos\left(\theta - 120°\right) & \cos\left(\theta + 120°\right) \\ -\sin\theta & -\sin(\theta - 120°) & -\sin(\theta + 120°) \\ \frac{1}{2} & \frac{1}{2} & \frac{1}{2} \end{bmatrix}\begin{bmatrix} \varphi_a \\ \varphi_b \\ \varphi_c \end{bmatrix} \tag{2-93}$$

它们的简写形式为

$$\begin{cases} i_{dqo} = \boldsymbol{P} \cdot i_{abc} \\ u_{dqo} = \boldsymbol{P} \cdot u_{abc} \\ \varphi_{dqo} = \boldsymbol{P} \cdot \varphi_{abc} \end{cases} \tag{2-94}$$

式中，$\boldsymbol{P}$ 为式（2-93）中的系数矩阵。不难得出，其逆变换为

$$\begin{bmatrix} i_a \\ i_b \\ i_c \end{bmatrix} = \begin{bmatrix} \cos\theta & -\sin\theta & 1 \\ \cos\left(\theta - 120°\right) & -\sin(\theta - 120°) & 1 \\ \cos\left(\theta + 120°\right) & -\sin(\theta + 120°) & 1 \end{bmatrix}\begin{bmatrix} i_d \\ i_q \\ i_o \end{bmatrix} \tag{2-95}$$

对于电压和磁链，也有类似的逆变换关系。这些逆变换可以简写为

$$\begin{cases} i_{abc} = \boldsymbol{P}^{-1} \cdot i_{dqo} \\ u_{abc} = \boldsymbol{P}^{-1} \cdot u_{dqo} \\ \varphi_{abc} = \boldsymbol{P}^{-1} \cdot \varphi_{dqo} \end{cases} \tag{2-96}$$

为了书写方便，可以将式（2-81）简写为

$$\begin{bmatrix} \varphi_{abc} \\ \varphi_{fDQ} \end{bmatrix} = \begin{bmatrix} L_{SS} & L_{SR} \\ L_{RS} & L_{RR} \end{bmatrix} \begin{bmatrix} -i_{abc} \\ i_{fDQ} \end{bmatrix} \tag{2-97}$$

式中：L——各类电感系数；

下标 SS——定子侧的各数据量；

下标 RR——转子侧的各数据量，SR 和 RS 则表示定子和转子之间的各数据量。将此方程式进行 Clarke–Park 变换，即将 φ_{abc}、i_{abc} 转换为 φ_{dqo}、i_{dqo}，可得

$$\begin{aligned} \begin{bmatrix} \varphi_{dqo} \\ \varphi_{fDQ} \end{bmatrix} &= \begin{bmatrix} P & 0 \\ 0 & U \end{bmatrix} \begin{bmatrix} \varphi_{abc} \\ \varphi_{fDQ} \end{bmatrix} \\ &= \begin{bmatrix} P L_{SS} P^{-1} & P L_{SR} \\ L_{RS} P^{-1} & L_{RR} \end{bmatrix} \begin{bmatrix} -i_{dqo} \\ i_{fDQ} \end{bmatrix} \end{aligned} \tag{2-98}$$

上式中 $\boldsymbol{U}$ 为单位矩阵，上式中系数矩阵的分块子阵分别为

$$\boldsymbol{P}L_{SS}\boldsymbol{P}^{-1} = \begin{bmatrix} L_d & & \\ & L_q & \\ & & L_0 \end{bmatrix} \tag{2-99}$$

式中

$$\begin{cases} L_d = l_0 + m_0 + \dfrac{3}{2}l_2 \\ L_q = l_0 + m_0 - \dfrac{3}{2}l_2 \\ L_0 = l_0 - 2m_0 \end{cases} \tag{2-100}$$

$$\boldsymbol{P}L_{SR} = \begin{bmatrix} m_{af} & m_{aD} & 0 \\ 0 & 0 & m_{aQ} \\ 0 & 0 & 0 \end{bmatrix} \tag{2-101}$$

$$L_{RS}\boldsymbol{P}^{-1} = \begin{bmatrix} \dfrac{3}{2}m_{af} & 0 & 0 \\ \dfrac{3}{2}m_{aD} & 0 & 0 \\ 0 & \dfrac{3}{2}m_{aQ} & 0 \end{bmatrix} \tag{2-102}$$

这样，经过 Clarke–Park 变换后的磁链方程为

$$
\begin{bmatrix} \varphi_d \\ \varphi_q \\ \varphi_o \\ \varphi_f \\ \varphi_D \\ \varphi_Q \end{bmatrix} = \begin{bmatrix} L_d & 0 & 0 & m_{af} & m_{aD} & 0 \\ 0 & L_q & 0 & 0 & 0 & m_{aQ} \\ 0 & 0 & L_o & 0 & 0 & 0 \\ \frac{3}{2}m_{af} & 0 & 0 & L_f & m_r & 0 \\ \frac{3}{2}m_{aD} & 0 & 0 & m_r & L_D & 0 \\ 0 & \frac{3}{2}m_{aQ} & 0 & 0 & 0 & L_Q \end{bmatrix} \begin{bmatrix} -i_d \\ -i_q \\ -i_o \\ i_f \\ i_D \\ i_Q \end{bmatrix} \qquad (2\text{-}103)
$$

由式（2-103）可见，在新的磁链方程中，电感矩阵的各电感系数均变为常数，解决了前述的电感系数周期变化带来的困难。为此我们得到了新的定子磁链方程

$$
\begin{cases} \varphi_d = -L_d i_d + m_{af} i_f + m_{aD} i_D \\ \varphi_q = -L_q i_q + m_{aQ} i_Q \\ \varphi_o = -L_o i_o \end{cases} \qquad (2\text{-}104)
$$

转子磁链方程为

$$
\begin{cases} \varphi_f = -\dfrac{3}{2} m_{af} i_d + L_f i_f + m_r i_D \\ \varphi_D = -\dfrac{3}{2} m_{aD} i_d + m_r i_f + L_D i_D \\ \varphi_Q = -\dfrac{3}{2} m_{aQ} i_q + L_Q i_Q \end{cases} \qquad (2\text{-}105)
$$

式（2-103）中系数矩阵是不互易的，在采用标幺值后，可以得到互易的磁链方程

$$
\begin{bmatrix} \varphi_d \\ \varphi_q \\ \varphi_o \\ \varphi_f \\ \varphi_D \\ \varphi_Q \end{bmatrix} = \begin{bmatrix} x_d & 0 & 0 & x_{ad} & x_{ad} & 0 \\ 0 & x_q & 0 & 0 & 0 & x_{aq} \\ 0 & 0 & x_o & 0 & 0 & 0 \\ x_{ad} & 0 & 0 & x_f & x_{ad} & 0 \\ x_{ad} & 0 & 0 & x_{ad} & x_D & 0 \\ 0 & x_{aq} & 0 & 0 & 0 & x_Q \end{bmatrix} \begin{bmatrix} -i_d \\ -i_q \\ -i_o \\ i_f \\ i_D \\ i_Q \end{bmatrix} \qquad (2\text{-}106)
$$

在式（2-106）中，所有的变量都取标幺值。其中，x_d 是励磁绕组开路，定子合成磁势产生单纯直轴磁场时，任一相定子绕组的自感系数对应的电抗；x_q 是定子旋转磁场与 q 轴重合，气隙中只有单纯的交轴磁场时，与定子各相磁链的电感相对应的电抗；x_o 是励磁绕组开路，定子三相绕组通过零轴电流时，任一相定子绕组自感系数对应的电抗。x_f、x_D、x_Q 分别是励磁绕组、直轴和交轴阻尼绕组的自电抗；x_{ad}、x_{aq} 分别为直轴和交轴电枢反应电抗。

在改用标幺值后，电压方程可以改写为

$$
\begin{bmatrix} u_{abc} \\ u_{fDQ} \end{bmatrix} = \begin{bmatrix} r_S & 0 \\ 0 & r_R \end{bmatrix} \begin{bmatrix} -i_{abc} \\ i_{fDQ} \end{bmatrix} + \begin{bmatrix} \dot{\varphi}_{abc} \\ \dot{\varphi}_{fDQ} \end{bmatrix} \qquad (2\text{-}107)
$$

式中

$$r_S = r\boldsymbol{U}, \quad r_R = \begin{bmatrix} r_f & 0 & 0 \\ 0 & r_D & 0 \\ 0 & 0 & r_Q \end{bmatrix}$$

对式（2-107）两边同时施加 Clarke-Park 变换后，可以得到

$$\begin{bmatrix} u_d \\ u_q \\ u_o \\ u_f \\ 0 \\ 0 \end{bmatrix} = \begin{bmatrix} r & 0 & 0 & & & \\ 0 & r & 0 & & 0 & \\ 0 & 0 & r & & & \\ & & & r_f & 0 & 0 \\ & 0 & & 0 & r_D & 0 \\ & & & 0 & 0 & r_Q \end{bmatrix} \begin{bmatrix} -i_d \\ -i_q \\ -i_o \\ i_f \\ i_D \\ i_Q \end{bmatrix} + \begin{bmatrix} \dot{\varphi}_d \\ \dot{\varphi}_q \\ \dot{\varphi}_o \\ \dot{\varphi}_f \\ \dot{\varphi}_D \\ \dot{\varphi}_Q \end{bmatrix} - \begin{bmatrix} (1+s)\varphi_q \\ -(1+s)\varphi_d \\ 0 \\ 0 \\ 0 \\ 0 \end{bmatrix} \quad （2-108）$$

式中，s 为转差率，（$1+s$）项是以标幺值表示的转速系数，当转子以同步转速旋转，即转子转速与定子三相旋转磁势没有相对运动时，$s=0$，与（$1+s$）项变为 1，即标幺值为 1，其对应的额定值是转子转动的电角速度 ω。

如果将式（2-106）代入式（2-108），则可以得出以 dqo 坐标系表示的同步发电机电压、电流关系式。若 s 为常数，它是一组常系数线性微分方程，求解比较容易。在分析发电机暂态过程时，s 本身也是变量，需要补充一个转子机械方程与式（2-108）联立才能求解。这时，式（2-108）为非线性方程，需要做工程上的简化才能求解。

比较式（2-109）和式（2-81）可以发现，新的电压方程与原始方程形式有所不同，除了有静止电路中的 ri 与 $\dot{\varphi}$ 项外，还有一个附加项（$1+s$）φ，即 $\omega\varphi$ 项，这一项是将空间静止不动的 a、b、c 坐标系转换为与转子一起旋转的 d、q 轴坐标系统所引起的。$\dot{\varphi}$ 是由于磁链大小变化而引起的，称为变压器电势。在发电机稳态对称运行时，i_d、i_q、i_f 均为常数，i_D、i_Q 为 0，故磁链 φ_d、φ_q 为常数，因此，变压器电势 $\dot{\varphi}_d = 0$、$\dot{\varphi}_q = 0$。$\omega\varphi$ 与转子旋转角速度 ω 成正比，称为旋转电势，又称为发电机电势。在发电机稳态运行时，$\omega=1$，旋转电势与 φ_d、φ_q 成正比，为常数。

式（2-106）和式（2-108）共 12 个方程，它们是有阻尼绕组的同步发电机经过 Clarke-Park 变换后得到的基本电磁场方程，又称为 Clarke-Park 方程，其中总共有（假定 s 为 0 或为常数）16 个运行参数（变量），在定子侧有 u_d、u_q、u_o；φ_d、φ_q、φ_o；i_d、i_q、i_o。在转子侧有 u_f；φ_f、φ_d、φ_q；i_f、i_D、i_Q。若研究的是三相对称问题，则有

$$u_o = 0; \quad \varphi_o = 0; \quad i_o = 0 \quad （2-109）$$

这时还剩下 13 个变量，10 个方程，需要给定另外 3 个运行参数，比如，u_d、u_q、u_f，然后用这 10 个方程求取其他 10 个运行参数。

对于不计阻尼绕组的情形，方程和变量均减少 4 个，其方程形式如下

$$\begin{cases} u_d = -ri_d + \dot{\varphi}_d - (1+s)\varphi_q \\ u_q = -ri_q + \dot{\varphi}_q + (1+s)\varphi_d \\ u_f = r_f i_f + \dot{\varphi}_f \\ \varphi_d = -x_d i_d + x_{ad} i_f \\ \varphi_q = -x_q i_q \\ \varphi_f = -x_{ad} i_d + x_f i_f \end{cases} \tag{2-110}$$

2.6.2 同步发电机稳态运行方程、相量图和等值电路

在稳态运行时，转差率 $s=0$，即 $\omega=1$。定子三相电流、电压、磁链都是对称的。例如，三相电流可以表示为

$$\begin{cases} i_a = I_m \cos(\omega t + \alpha) \\ i_b = I_m \cos(\omega t + \alpha - 120°) \\ i_c = I_m \cos(\omega t + \alpha + 120°) \end{cases} \tag{2-111}$$

经过 Clarke-Park 变换后，与 i_a、i_b、i_c 对应的 i_d、i_q 为常数。同理，u_d、u_q 和 φ_d、φ_q 都是常数，所有的零轴分量均为 0。

另外，在稳态时 i_f 也为常数（其值为 u_f/r_f），阻尼绕组 D 和 Q 中电流 i_D、i_Q 为 0，因此，发电机定子的电压方程可以简化为代数方程

$$\begin{cases} u_d = -ri_d + x_q i_q \\ u_q = -ri_q - x_d i_d + x_{ad} i_f = -ri_q - x_d i_d + E_q \end{cases} \tag{2-112}$$

式中，$E_q = x_{ad} i_f$ 为空载电动势。

若将 i_d、i_q 和 u_d、u_q 当作相量，令 q 为虚轴，d 轴为实轴，则 i_d、u_d 和 u_q、i_q 为虚轴相量，即有

$$\begin{cases} \dot{U}_d = u_d \\ \dot{U}_q = j u_q \\ \dot{I}_d = i_d \\ \dot{I}_q = j i_q \end{cases} \tag{2-113}$$

空载电动势的相量应超前励磁主磁通相量 90°，即在 q 轴方向

$$\dot{E}_q = j E_q \tag{2-114}$$

式（2-112）改成相量形式后变成

$$\begin{cases} \dot{U}_d = -r\dot{I}_d + j x_q \dot{I}_q \\ \dot{U}_q = -r\dot{I}_q - j x_d \dot{I}_d + \dot{E}_q \end{cases} \tag{2-115}$$

两式合并后有

$$\dot{U} = -r\dot{I} - j x_d \dot{I}_d - j x_q \dot{I}_q + \dot{E}_q \tag{2-116}$$

其中，$\dot{U}$——发电机端电压相量；

$\qquad\dot{I}$——电流相量。

对于隐极发电机，直轴和交轴磁阻相等，即 $x_d = x_q$，发电机电压方程为

$$\dot{U} = -r\dot{I} - \mathrm{j}\dot{I}x_d + \dot{E}_q \qquad (2\text{-}117)$$

图 2-31 示出了同步发电机在正常稳态运行时的相量，其中图（2-31）（a）表示凸极机的相量，图（2-31）（b）表示隐极机的相量。

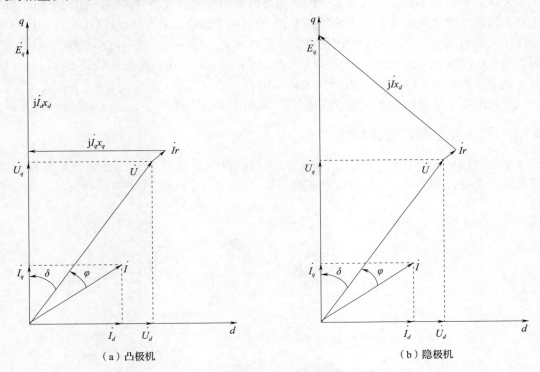

图 2-31　同步发电机正常运行的相量图

2.7　航空变频发电机励磁调节的特点

航空变频发电机的励磁调节与普通民用电网中的同步发电机有较大的差别，主要体现在以下两点。

①输出有功功率对频率的影响：航空变频发电机 VFG 挂接在发动机变速齿轮箱上，VFG 输出的电磁功率相对于发动机的输出功率而言比较小，可以忽略不计。比如，对于波音 787 而言，每台发动机需要产生的总推力约为 30MW，而每台发动机所挂接的 2 台发电机的总输出功率只有 500kW，占比约为 1.67%。因此，可以认为，飞机电气负载的波动对发动机的转速无影响，发动机的转速会直接决定 VFG 的输出频率，频率范围随着发动机转速变化而变化（在 360Hz 到 800Hz 之间变化）。而普通民用电网的同步发电机连接在无穷大电网上，电网的频率是恒定不变的（为 50Hz 或 60Hz），频率的微小波动反映的是负载有功的变化，同步发电机需要通过调节气门/水门开度来改变有功出力，与负载实现功

率的平衡，维持输出频率的恒定。飞机上的变频发电机一方面不需要维持频率的恒定；在另一方面，当负载增大，电磁功率加大而导致发动机转速有微弱减小时，对频率的影响几乎可以忽略。

②频率变化对输出电压的影响：航空变频发电机 VFG 的频率是随发动机转速而变化的，频率的变化会直接影响到发电机的输出电压，进而影响到 POR 处的电压，因此，VFG 要根据频率的变化实时调节励磁，以维持 POR 处电压的恒定。而普通民用电网的频率可以认为是恒定不变的，系统电压的波动是由无功负荷的波动引起的，励磁调节的目的也是通过调节发电机的无功输出来维持 POR 处的电压恒定。对于飞机 VFG 而言，其 POR 处电压波动有两个原因，一个原因是负载电流的波动，另一个原因是发动机转速变化，进而引起 VFG 励磁磁通的变化，最终导致 VFG 输出电压的变化。励磁调节器要在这两种情况下调节励磁输出，以维持 POR 处的电压恒定。

下面的章节从这两个方面展开讲述 VFG 励磁调节的特点。

2.7.1 同步发电机的功角特性

如果忽略式（2-115）中的定子电阻，则我们得到了如图 2-32 所示的发电机稳态等值电路，其中，图 2-32（a）表示隐极机的等值电路，图 2-32（b）表示凸极机的等值电路。

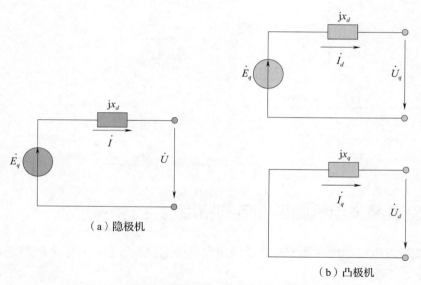

（a）隐极机

（b）凸极机

图 2-32　忽略定子绕组电阻后的发电机稳态等值电路

在图 2-32 中，$\dot{E}_q$ 表示的是发电机空载电动势，其值由励磁电流决定，$\dot{U}$ 表示的是发电机端电压，当流过负载电流时，会在发电机直轴电抗 x_d 和交轴电抗 x_q 上产生压降。

在图 2-32（b）中，如果忽略定子电阻 r，则可以得到图 2-33 所示的相量图，并从几何关系上得出如下等式

$$E_q\cos\delta = U + I\sin\varphi \cdot x_d \qquad\qquad （2-118）$$

这里，E_q、U 和 I 均去掉了相量符号，仅表示其绝对数值。

又由于

$$I\sin\varphi = I_Q \qquad (2\text{-}119)$$

式中，I_Q 为负载的无功电流。

于是，可以得到

$$E_q\cos\delta = U + I_Q x_d \qquad (2\text{-}120)$$

又考虑到 δ 数值一般比较小，所以 $\cos\delta \approx 1$，于是我们得到

$$E_q = U + I_Q x_d \qquad (2\text{-}121)$$

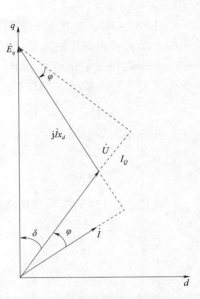

图 2-33　忽略定子绕组电阻后的隐极机电压相量图

从式（2-121）可以看出，在发电机转速不变的情况下，若维持励磁电流不变，则 E_q 不变，发电机端电压 U 的变化主要由负载的无功电流 I_Q 引起。

对于民用电网，同步发电机转速不变的假定是成立的，但对于变频发电机，其频率在 360 ~ 800Hz 波动，而三相同步发电机的空载电势与磁通之间关系为

$$E_q = 4.44 f \cdot C_e \Phi_1 \qquad (2\text{-}122)$$

式中，E_q——同步发电机的空载电动势；

　　　f——电动势频率，Hz；

　　　C_e——与发电机相关的常数；

　　　Φ_1——基波磁通量，Wb，它由励磁电流决定。

可见，随着发电机频率的变化，空载电动势 E_q 也会跟着变化。因此，对于变频发电机 VFG 而言，引起 POR 处电压波动的源头有两个，一个是负载电流的变化（主要是负载无功电流 I_Q 的变化），还有一个是频率变化而引起的发电机空载电动势 E_q 的变化，进而导致 POR 处电压的波动。

在上述两种情况下，都需要通过调节发电机励磁电流来达到维持 POR 处电压恒定的目的。

如图 2-34 所示，从隐极发电机输出到 POR 处的等值电路，其中，图 2-34（a）表示的是民用电网的等值电路，图 2-34（b）表示的是飞机电网的等值电路。

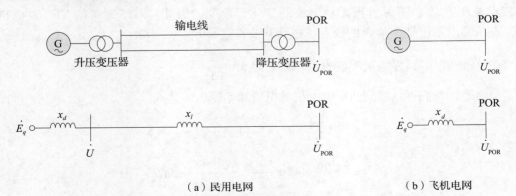

（a）民用电网　　　　　　　　　　　　　　（b）飞机电网

图 2-34　从隐极发电机输出到 POR 的等值电路

在图 2-34（a）所示的民用电网中，发电机机端电压经过升压变压器、输电线路和降压变压器到达负荷中心（或者是无穷大电网），即电压调节点 POR。

对于隐极发电机，空载电势 E_q 与机端电压 U 之间的阻抗可以用直轴电抗 x_d 等效，升压变压器、输电线路、降压变压器可以用电抗 x_l 等效。若令

$$x_\Sigma = x_d + x_l \tag{2-123}$$

在忽略定子电阻 r 后，式（2-117）可以写成

$$\begin{cases} E_q = U_q + I_d x_{d\Sigma} \\ 0 = U_d - I_q x_{d\Sigma} \end{cases} \tag{2-124}$$

将式（2-124）代入有功功率表达式

$$\begin{aligned} P_E &= RE(\dot{U} \cdot \hat{I}) \\ &= RE\left[(U_d + jU_q)(I_d - jI_q) \right] \\ &= U_d I_d + U_q I_q \end{aligned} \tag{2-125}$$

可以得到以 E_q 为电动势的功率表达式为

$$\begin{aligned} P_E &= \left(\frac{E_q - U_q}{x_{d\Sigma}} \right) U_d + \frac{U_d}{x_{d\Sigma}} U_q \\ &= \frac{E_q U_d}{x_{d\Sigma}} = \frac{E_q U_{POR}}{x_{d\Sigma}} \sin\delta \end{aligned} \tag{2-126}$$

在有功功率表达式（2-126）中，民用电网连接到无限大容量母线，其母线电压 U_{POR} 为常数，若励磁电流不变，则发电机发出的电磁功率仅是功角 δ 的函数。发电机发出的功率极限为 $\dfrac{E_q U_{POR}}{x_{d\Sigma}}$。

对于飞机电网，发电机的有功输出表达式与式（2-125）类似，这时，用直轴电抗 x_d 代替 $x_{d\Sigma}$

$$P_E = \frac{E_q U_{POR}}{x_d} \sin\delta \tag{2-127}$$

前已述及，在飞机电网中（见图 2-32，忽略定子电阻），如果发电机励磁电流不变，调节点电压 U_{POR} 会随着负载无功电流的变化而改变，因此，对于飞机的 VFG 发电机而言，有功输出不仅是功角 δ 的函数，还是调节点电压 U_{POR} 的函数。

在这种情况下，发电机能发出的功率极限为 $\dfrac{E_q U_{POR}}{x_d}$。

类似地，我们可以得到凸极发电机的电磁功率输出表达式

$$\begin{aligned} P_E &= \left(\frac{E_q - U_q}{x_{d\Sigma}} \right) U_d + \frac{U_d}{x_{q\Sigma}} U_q \\ &= \frac{E_q U_{POR}}{x_{d\Sigma}} \sin\delta + \frac{U_{POR}^2}{2} \times \frac{x_{d\Sigma} - x_{q\Sigma}}{x_{d\Sigma} x_{q\Sigma}} \sin2\delta \end{aligned} \tag{2-128}$$

由于凸极发电机直轴和交轴磁阻不等，即直轴和交轴同步电抗不相等，功率中出现了

一个按照 2 倍功角正弦变化的分量，即磁阻功率。它使功角特性曲线畸变，功率极限略有增加，并且功率极限出现在功角小于 90° 处。

现在我们来考虑一下民用电网中发电机稳态运行工作点的稳定性问题，为简化讨论，还是以前面的隐极机功角特性为例，在不考虑发电机励磁调节器的情况下，即认为 E_q 保持恒定的情况下，发电机的功角特性曲线，如图 2-35 所示，为一条正弦曲线。

若不计原动机（水轮机或汽轮机）调速器的作用，则原动机的机械功率 P_T 不变。假定在某一正常情况下，发电机向负载输送的功率为 P_0，由于忽略了电阻损耗及机组的摩擦、风阻等损耗，P_0 即等于原动机输出的机械功率 P_T。

由图 2-35 可见，当输送功率为 P_0 时，有两种可能的运行点，即图中的 a 点和 b 点（即有两个 δ 值，其 $P_E=P_0=P_T$）。考虑到系统经常不断地受到各种小的扰动，从下面的分析可以看到，只有 a 点是能保持静态稳定的实际运行点，而 b 点是不可能维持稳定运行的，是静态不稳定的。

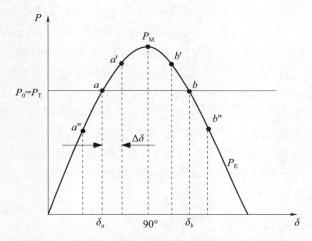

图 2-35　隐机发电机与无穷大电网相连时的功角特性

先分析 a 点的运行情况，如果系统中出现某种瞬时的微小扰动，使功角 δ 增加了一个微小的增量 $\Delta\delta$，则发电机输出的电磁功率达到与图中 a' 相对应的值。由于此时原动机的机械功率 P_T 保持不变，仍为 P_0，导致发电机的输出电磁功率大于原动机的机械功率，即转子过剩转矩为负值。因此，发电机转子将减速，δ 将减小，朝着 $\Delta\delta$ 趋于 0 的方向演进。由于在运动过程中存在阻尼作用，经过一系列微小振荡后运行点又回到 a 点。同样，如果小扰动使 δ 减小了 $\Delta\delta$，则发电机输出的电磁功率为点 a'' 对应的值，此时，输出电磁功率小于输入电磁功率，转子过剩转矩为正，转子加速，δ 增加，也会朝着 $\Delta\delta$ 趋于 0 的方向演进。在经过一系列小幅振荡后又回到运行点 a。由此可见，在运行点 a，系统受到小扰动后能够自行恢复到原先的平衡状态，是静态稳定的。

b 点的情况则完全相反，如果小扰动使 b 点有一个增量 $\Delta\delta$，则发电机输出电磁功率将减小到与 b' 点对应的值，该值小于原动机输出的机械功率，过剩转矩为正，会导致转子加速，功角 δ 将进一步增大。而功角增大后，与之对应的电磁功率又将进一步减小。如此下去功角将不断增大，运行点不再回到 b 点，因此，该点是静态不稳定的。

对于民用电网，由于是单机 - 无穷大模型，发电机与无穷大电网的频率相同，相当于一小一大两台发电机均以同步速旋转，发电机超前无穷大电网 δ 电角度。当扰动出现，导致 δ 的瞬间增大或减小，δ 的微小变化最终导致发电机输出功率的变化，进而导致发电机转速的变化，若加速，则发电机的转速高于电网的同步速，发电机与电网的转速差最终会反映到 δ 角上，若此时发电机工作在稳定运行点（见图 2-35 的 a 点），转速变化的方向总是试图弥补先前 δ 角的损失，将其重新拉回到原来稳定运行的 δ 角。

对于飞机电源系统而言，由于发电机直接连负载，而负载是无源的，不存在民用电网中无穷大电网的所谓"同步速"，负载的频率由发电机频率唯一决定，二者始终同步，也不存在发电机转速变化而影响功率角 δ 大小的情况。

那航空发电机的稳定运行点如何确定呢？我们同样假设发电机工作在 a 点，若此时有一个扰动，使 δ 增加，即工作点移动到 a' 点，则发电机输出电磁功率增大。由于原动机输入功率不变（发动机油门开度不变），则发动机的转速会少许下降（电磁功率只占发动机输出功率很小的一部分），下降到发动机其他负荷功率的减少刚好弥补发电机输出电磁功率的增加为止。由于负荷是无源的，其频率（转速）始终跟踪发电机频率，因此，负荷的频率也会少许下降。在这个过程中，没有民用电网中用转速变化来弥补 δ 差额的情况。因此，最终发电机会稳定在新的工作点 a'。类似地，当扰动减小 δ，使工作点移动到 a'' 点后，发电机输出的电磁功率减小，发动机转速会少许增加，即发电机频率会少许增加，最终发电机稳定工作在 a'' 点。

我们再来看 b 点情形，若由于瞬间扰动使工作点移动到 b'' 点，则此时发电机的输出功率会下降，发动机的转速会少许增加，直至转速增加导致的功率增加与发电机输出功率的下降相等为止，最终发电机会稳定运行在 b'' 点。同样的分析也适用于 b' 点。

因此，对于航空应用，因为不存在与无穷大电网的同步问题，无论是 a 点还是 b 点，发电机的运行都是稳定的。

2.7.2　同步发电机的有功调节

2.7.2.1　民用电网的有功调节

对于民用电力系统，同步发电机在无穷大电网上，如果来自原动机的输入功率不变（即输入转矩不变），则增大励磁电流会提高发电机空载电势 E_q，那么由式（2-127）可知，发电机输出的电磁功率要增大，对应的电磁转矩（此时为制动转矩）要增大，而原动机输入功率保持不变，所以发电机必须减速，δ 随之减小，最终导致电磁功率

$$P_{\mathrm{E}} = \frac{E_q U_{\mathrm{POR}}}{x_d}\sin\delta = 常数 \qquad (2\text{-}129)$$

这样，向电网输出的功率也保持常数

$$P_{\mathrm{out}} = U_{\mathrm{POR}} I\cos\varphi = 常数 \qquad (2\text{-}130)$$

又由于无穷大电网的 U_{POR} 为常数，所以我们有

$$\begin{cases} E_q\sin\delta = 常数 \\ I\cos\varphi = 常数 \end{cases} \qquad (2\text{-}131)$$

因此，当调节发电机的励磁时，E_q 及输出电流大小均要改变，但负载有功分量电流 $I\cos\varphi$ 不改变，改变的是无功电流 $I\sin\varphi$。相应地，简化矢量如图 2-36 所示，其中，$\dot{E}_q$ 矢量

的变化（从 $\dot{E}_{q1}$ 到 $\dot{E}_{q2}$）轨迹与 $\dot{U}_{POR}$ 平行，对应的
电流矢量 $\dot{i}$ 的变化轨迹（从 $\dot{i}_1$ 到 $\dot{i}_2$）与 $\dot{U}_{POR}$ 垂直。

　　总之，对于民用电网的单机–无穷大模型，
调节励磁电流只能调节发电机的无功输出，不能
调节有功输出。发电机的有功功率输出不能通过
改变励磁来调节，只能通过改变原动机的输入转
矩，即改变调节汽轮机的气门开度或水轮机的水
门开度来调节。

2.7.2.2　飞机电网的有功调节

　　前已述及，飞机电网与民用电网的区别在于：
民用电网是单机–无穷大模型，发电机的输出功率
相对于无穷大电网可以忽略不计；而飞机电网恰恰
相反，由于航空发电机挂接在发动机的附件齿轮箱
上，直接从发动机获取输入转矩，而发电机的功率
输出与发动机的总输出功率相比可以忽略不计。

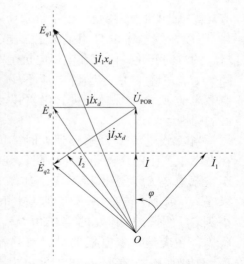

图 2-36　隐机发电机与无穷大电网
相连时的无功调节

　　航空发电机的输出功率 P_{out} 要实时与电气负载的有功功率 P_L 保持平衡，即有

$$P_{out} = P_L = P_E = \frac{E_q U_{POR}}{x_d}\sin\delta \qquad (2-132)$$

　　当负载有功功率 P_L 变化时，若励磁电流不变，则 E_q 大小保持不变，发电机可以通过
改变功角 δ 来实现与负载有功功率的平衡。

　　如图 2-37 所示，我们假定负载为纯阻性负载，即功率因数为 1，当负载电流变化时，

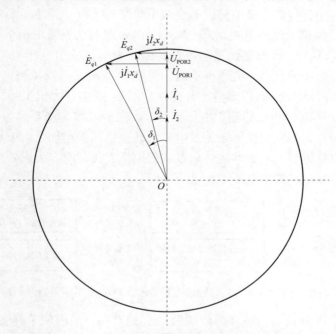

图 2-37　通过调节功角来适应负载有功需求的变化

有功需求即随之而变化。由于负载功率因数为
1，所以在发电机电势相量图上，电流 I 沿着
U_{POR} 的方向变化，电流在电枢电抗上产生的压
降与 U_{POR} 垂直。由于励磁电流不变，发电机
空载电势 E_q 大小保持不变，沿着以 O 点为圆
心的圆周运动。

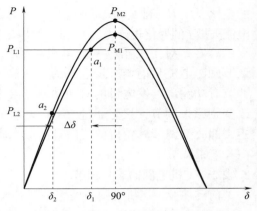

图 2-38　发电机通过调节功角来与
变化后的有功负载相平衡

当负载电流从 I_1 减小到 I_2 时，负载电流
在电枢上产生的压降也由 I_1X_d 降低到 I_2X_d，由
于空载电势 E_q 大小保持不变，电势平衡的结
果是 E_q 顺时针转动一个角度，功角由 δ_1 减
小到 δ_2，同时 POR 处的电压由 U_{POR1} 增加到
U_{POR2}，相应地，发电机的最大有功输出也由
P_{M1} 增加到 P_{M2}。在图 2-38 的发电机电磁功率
与负载功率的平衡关系上，发电机的工作点由 a_1 变为 a_2。

新的电势平衡关系会带来两个后果，第一个后果是 POR 处电压升高，发电机控制器
的励磁调节器动作，减小励磁，将 POR 处电压重新调回设定值；第二个后果是随着负载
有功需求的减小，发电机输出的电磁功率相应减小，而发动机的输出转矩不变，负载转矩
减小，发动机的输出转矩过剩，导致发动机加速，发电机的转动频率增加。而频率增加又
会导致空载电势 E_q 的增加，最终会传导到 POR 处，导致 U_{POR} 的增加。此时，发电机励磁
调节器也会减小励磁，将 U_{POR} 重新调回到设定值。

整个调节过程可以用图 2-39 来说明，当负载有功需求减少时，由于励磁不变，有功
电流的横向分量减小，导致空载电势沿等空载电势圆周顺时针旋转一个角度，使发电机功
角 δ 减小，从而发电机的输出电磁功率也减小，与负载的功率需求相平衡。这时，由于 δ
减小了，空载电势不变，根据新的电势平衡关系，发电机输出电压 U_{POR} 要升高，励磁控
制回路检测到输出电压的升高，会减小励磁，将 POR 处电压重新拉回到额定值。

除了因为 δ 减小而导致的输出电压升高外，图 2-39 中还列出了另一个电压升高的原
因，即负载电磁功率减少导致的输出电压抬升。当负载功率减小后，发动机的负载变轻，
导致发动机转速增加，与发动机同轴的发电机的转速也同步增加。由于励磁不变，转速增
加会导致发电机空载电势升高，在阻性负载的假定下，负载没有去磁效应，因此，这部分
增加的空载电势会反映在输出电压 U_{POR} 上。

图 2-39　有功需求变化时通过调节励磁将 POR 处电压重新拉回额定

因此，这两个因素叠加，最终都体现为 U_{POR} 的升高，励磁调节器会检测到 POR 处电
压的升高，减小励磁，以将发电机输出电压重新调整到额定。

因此，在飞机电网中，当负载有功发生变化时，要通过调节发电机的励磁来维持电源

与负载的平衡，维持发电机端电压的恒定。民用电网采用的单机 – 无穷大模型，调节点处的电压是恒定的，调节发电机励磁电流只能调节无功的输出，不能调节有功输出。

2.7.3　同步发电机的电压调节

而在飞机电网中，POR 处的电压不为恒定，负载的波动和发动机转速的变化，都会导致变频发电机 VFG 输出电压发生变化。

如图 2-40 所示，通常飞机的负载呈现一定的感性，发电机以滞后的功率因数运行。当负载电流由 I_1 减小为 I_2 时，在励磁电流调节之前，由于发电机空载电势 E_q 大小保持不变，POR 处的电压会从 U_{POR1} 升高到 U_{POR2}。为维持 POR 处电压的恒定，励磁调节器需要减小励磁电流。

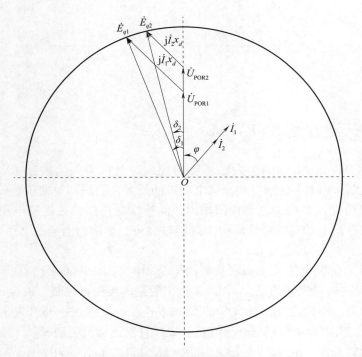

图 2-40　负载为阻感性时的励磁电压调节

由式（2-132）可知，同步发电机输出空载电压由发电机频率 f 和基波磁通 Φ_1 决定，由于发电机频率由发动机的转速决定，因此，调节 VFG 空载电动势的唯一途径是调节基波磁通量 Φ_1，而后者通过调节同步发电机的励磁电流来实现。

同步发电机的磁化曲线如图 2-41 所示，在不饱和段，磁化曲线是线性的，对应的直线称为气隙线，如图 2-41 中对应励磁电流 I_{f0} 和磁通 Φ_0 的工作点，即工作在不饱和阶段。在不饱和段，电流的增加并不能导致磁通的等比例增加，如图 2-41 中对应磁通 Φ_1 和励磁电流 I_{f1} 的工作点，即工作在饱和阶段。此时，对应磁通 Φ_1 的不饱和气隙线的电流为 $I_{f\delta}$，它们的比值即为电机的磁路饱和系数 S_E

$$S_E = \frac{I_{f1} - I_{f\delta1}}{I_{f\delta1}} \tag{2-133}$$

从本书第 3 章的分析可知，饱和系数 S_E 会影响到励磁控制系统的传递函数，进而对闭环系统的稳定性造成影响。

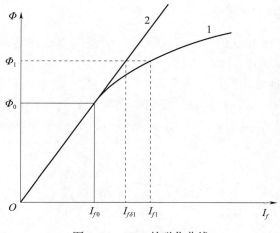

图 2-41　VFG 的磁化曲线

2.8　电机的矢量控制 SVPWM

FOC（Field-Oriented Control）为磁场导向控制，又称为矢量控制（Vector Control），是一种利用变频器（VFD）控制三相交流电动机的技术，利用调整变频器的输出频率、输出电压的大小及角度，来控制电动机的输出。其特性是可以单独控制电动机的磁场及转矩，类似他励式直流电动机的特性。由于处理时会将三相输出电流及电压以矢量来表示，因此，称为矢量控制。

达姆施塔特工业大学的 K. Hasse 及西门子公司的 F. Blaschke 分别在 1968 年及 20 世纪 70 年代初期提出矢量控制的概念。Hasse 提出的是间接矢量控制，Blaschke 提出的是直接矢量控制。后来，布伦瑞克工业大学的 Leonhard Further 又进一步开发了磁场导向控制的技术，从而使交流电动机驱动器开始有机会取代直流电动机驱动器。

空间矢量脉宽调制（Space Vector Pulse Width Modulation，SVPWM）的主要思想是以三相对称正弦波电压供电时三相对称电动机定子理想磁链圆为参考标准，三相逆变器以不同开关模式做适当的切换，从而形成 PWM 波，以所形成的实际磁链矢量来追踪其准确磁链圆。传统的 SPWM 方法从电源的角度出发，以生成一个可调频调压的正弦波电源，而SVPWM 方法将逆变系统和异步电机看作一个整体来考虑，模型比较简单，也便于微处理器的实时控制。

2.8.1　模型等效原则

交流电机三相对称的静止绕组 A、B、C，通以三相平衡的正弦电流时，所产生的磁动势是旋转磁动势 F，它在空间呈正弦分布，以同步转速 ω_1（即电机的角频率）顺着A-B-C 的相序旋转，物理模型如图 2-42 所示。

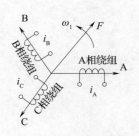

（a）静止的三相交流绕组

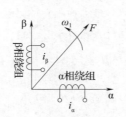

（b）静止的两相交流绕组

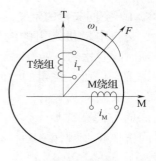

（c）旋转的两相绕组

图 2-42　物理模型

　　旋转磁动势并不一定非要三相不可，除了单相不能产生旋转外，两相、三相、四相等任意对称的多相绕组，只要通以平衡的多相电流，都能产生旋转磁动势。其中，以两相最为简单。如图 2-42（b）所示，两相静止绕组，α 和 β，它们在空间上互差 90°，通以时间上互差 90° 的两相平衡交流电流，也能产生旋转磁动势 F。由 2.5 节的变换可知，从三相绕组到两相绕组的转换可以用 Clarke 变换实现。

　　图 2-42（c）中两个互相垂直的绕组 M 和 T，若通以直流电流 i_M 和 i_T，则也可以产生合成磁势 F，如果让包含两个绕组在内的整个铁芯以同步转速 ω_1 旋转，则磁动势 F 也随之旋转起来，成为旋转磁动势。若将这个旋转磁动势的大小和转速也设计成与图 2-42（a）一样，那么这旋转的两相绕组就和静止的三相交流绕组等效了。

　　实现三相静止绕组到两相旋转绕组之间等效变换的是前面描述的 Clarke-Park 变换，Clarke 变换先将静止的三相绕组等效变换成两相静止绕组，Park 变换再将两相静止绕组旋转一个角度，对齐到转子磁极上。

2.8.2　矢量控制原理

　　矢量控制指的是定子三相电流矢量控制，它最早是为了解决三相异步电机的调速问题而提出的。交流矢量的直流标量化可以使三相异步电机获得和直流电机一样优越的调速性能。经 Clarke-Park 变换后，定子三相交流矢量变成了旋转的两相直流标量 i_M 和 i_T。其中，i_M 是励磁电流，i_T 是转矩电流。进而把异步电机看作直流电机，分别控制励磁电流 i_M 和转矩电流 i_T。

　　民用三相交流电网的幅值和频率是固定不变的，例如，民用电网的三相动力电是 380V/50Hz。在飞机上，虽然采用了变频发电技术，但其频率的变化是发动机转速导致的，是被动的频率变化，不是为了负载而设计的。在很多场合需要使用不同幅值和频率的正弦波形电源，这时就需要使用频率调制技术。

　　前述的 SPWM 逆变技术可以对电源进行变压变频控制，通过 SPWM 方法调制出的三相正弦波形电压供给异步电机，可以使电压空间矢量按圆形轨迹旋转，并且使得电机实际磁通为理想圆形磁通，从而使得电机几乎无转动脉动。

　　磁链跟踪控制（SVPWM 控制）是把逆变器和交流电机视为一体，按照跟踪圆形旋转磁场来控制逆变器的工作，磁链的轨迹是交替使用不同的电压空间矢量得到的，因此又称为"电压空间矢量 PWM"。

2.8.2.1　空间矢量的定义

交流电动机绕组的电压、电流、磁链等物理量都是随时间变化的，分析时常用时间相量来表示，但如果考虑到它们所在绕组的空间位置，也可以如图 2-43 所示，定义空间矢量 u_{A0}、u_{B0}、u_{C0} 为定子电压空间矢量，它们的方向始终处于各相绕组的轴线上，而大小则随时间按照正弦规律脉动，时间相位相互错开 120° 电角度。

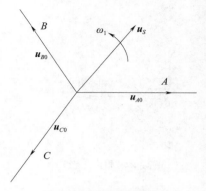

图 2-43　电压空间矢量

u_S 由定子电压空间矢量相加合成，它是一个旋转的空间矢量，其幅值大小不变，为每相电压值的 3/2。

$$\left.\begin{aligned} \boldsymbol{u}_{A0}(t) &= \boldsymbol{U}_{A0}(t)\mathrm{e}^{\mathrm{j}0} \\ \boldsymbol{u}_{B0}(t) &= \boldsymbol{U}_{B0}(t)\mathrm{e}^{\mathrm{j}2\pi/3} \\ \boldsymbol{u}_{C0}(t) &= \boldsymbol{U}_{C0}(t)\mathrm{e}^{-\mathrm{j}2\pi/3} \end{aligned}\right\} \tag{2-134}$$

$$\left.\begin{aligned} \boldsymbol{U}_{A0}(t) &= \boldsymbol{U}\sin\omega_1 t = \frac{\boldsymbol{U}}{2\mathrm{j}}(\mathrm{e}^{\mathrm{j}\omega_1 t} - \mathrm{e}^{-\mathrm{j}\omega_1 t}) \\ \boldsymbol{U}_{B0}(t) &= \boldsymbol{U}\sin(\omega_1 t - 2\pi/3) = \frac{\boldsymbol{U}}{2\mathrm{j}}(\mathrm{e}^{\mathrm{j}(\omega_1 t - 2\pi/3)} - \mathrm{e}^{-\mathrm{j}(\omega_1 t - 2\pi/3)}) \\ \boldsymbol{U}_{C0}(t) &= \boldsymbol{U}\sin(\omega_1 t + 2\pi/3) = \frac{\boldsymbol{U}}{2\mathrm{j}}(\mathrm{e}^{\mathrm{j}(\omega_1 t + 2\pi/3)} - \mathrm{e}^{-\mathrm{j}(\omega_1 t + 2\pi/3)}) \end{aligned}\right\} \tag{2-135}$$

$$\begin{aligned} \boldsymbol{u}_S(t) &= \boldsymbol{u}_{A0}(t) + \boldsymbol{u}_{B0}(t) + \boldsymbol{u}_{C0}(t) \\ &= \frac{3}{2}\boldsymbol{U}\mathrm{e}^{\mathrm{j}(\omega_1 t + \pi/2)} \end{aligned} \tag{2-136}$$

当电源频率不变时，合成空间矢量 u_S 以电源角频率 ω_1 为电气角速度作恒速旋转。当某一相电压为最大值时，合成电压矢量 u_S 就落在该相的轴线上。

与定子电压空间矢量相仿，可以定义定子电流和磁链的空间矢量 $\boldsymbol{I}_S$ 和 $\boldsymbol{\Psi}_S$。

三相的电压平衡方程式相加，即得到用合成空间矢量表示的定子电压方程式

$$\boldsymbol{u}_S = \boldsymbol{R}_S\boldsymbol{I}_S + \frac{\mathrm{d}\boldsymbol{\Psi}_S}{\mathrm{d}t} \tag{2-137}$$

式中，u_S——定子三相电压合成空间矢量；

　　$\boldsymbol{I}_S$——定子三相电流合成空间矢量；

　　$\boldsymbol{\Psi}_S$——定子三相磁链合成空间矢量。

当电动机转速较高时，定子电阻压降可以忽略不计，定子合成电压与合成磁链空间矢量的近似关系为

$$\boldsymbol{u}_S \approx \frac{\mathrm{d}\boldsymbol{\Psi}_S}{\mathrm{d}t} \tag{2-138}$$

或

$$\boldsymbol{\Psi}_S \approx \int \boldsymbol{u}_S \mathrm{d}t \tag{2-139}$$

当电动机由三相对称正弦电压供电时，电动机定子磁链幅值恒定，其空间矢量以恒速旋转，磁链矢量顶端的运动轨迹为圆形（简称为磁链圆）。这样的定子磁链旋转矢量可用式（2-140）表示

$$\boldsymbol{\varPsi}_S = \boldsymbol{\varPsi}_m \mathrm{e}^{\mathrm{j}\omega_1 t} \tag{2-140}$$

式中，$\boldsymbol{\varPsi}_m$ 是磁链 $\boldsymbol{\varPsi}_S$ 的幅值，ω_1 为其旋转角速度。由式（2-138）和式（2-140）可得

$$\boldsymbol{u}_S = \frac{\mathrm{d}\boldsymbol{\varPsi}_m \mathrm{e}^{\mathrm{j}\omega_1 t}}{\mathrm{d}t} = \mathrm{j}\boldsymbol{\varPsi}_m \omega_1 \mathrm{e}^{\mathrm{j}\omega_1 t} = \boldsymbol{\varPsi}_m \omega_1 \mathrm{e}^{\mathrm{j}\omega_1 t + \pi/2} \tag{2-141}$$

式（2-141）表明，当磁链幅值一定时，$\boldsymbol{u}_S$ 的大小与 ω_1（或供电电压频率）成正比，其方向与磁链矢量正交，即磁链圆的切线方向。

如图 2-44 所示，当磁链矢量在空间旋转一周时，电压矢量也连续地按磁链圆的切线方向运动 2π 弧度，其轨迹与磁链圆重合。

这样，电动机旋转磁场的轨迹问题就可以转化为电压空间矢量的运动轨迹问题。

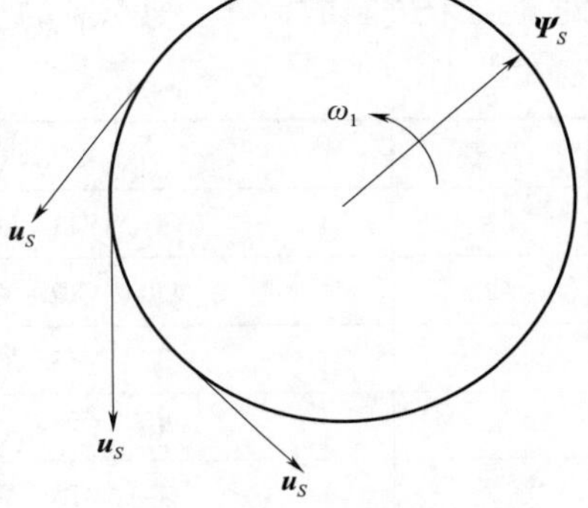

2.8.2.2　电压空间矢量运动轨迹

在常规的 PWM 变压变频调速系统中，异步电动机由 6 拍阶梯波逆变器供电，这时的电压空间矢量运动轨迹是怎样的呢？

图 2-44　旋转磁场与电压空间矢量的运动轨迹

采用 180° 导通型，功率开关器件共有 8 种工作状态，其中 6 种有效开关状态，2 种零状态（这时逆变器没有输出电压）。

定义开关函数

$$S_i = \begin{cases} 1 & \text{当上桥臂器件导通时} \\ 0 & \text{当下桥臂器件导通时} \end{cases} \quad (i = A, B, C) \tag{2-142}$$

则每一时刻的 $\boldsymbol{u}_S$ 将由此时的 3 个开关函数值唯一确定，记作 $\boldsymbol{u}_S(S_A, S_B, S_C)$，并称 (S_A, S_B, S_C) 在不同数值下的组合为变频器的开关模式（开关代码），见图 2-45。

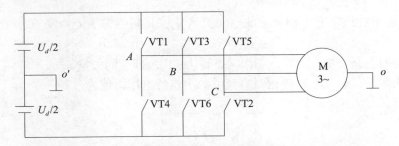

图 2-45　三相逆变器 - 异步电动机调速系统主电路原理图

设工作周期从 100 状态开始，这时 VT6、VT1 和 VT2 导通，其等效电路如图 2-46 所示。A、B、C 各相对直流电源中点的电压幅值为

$$U_{A o'} = U_d/2$$
$$U_{B o'} = U_{C o'} = -U_d/2$$
$$(2-143)$$

A、B、C 各相对负载中点的电压幅值为

$$U_{A o} = U_d 2/3$$
$$U_{B o} = U_{C o} = -U_d/3$$
$$(2-144)$$

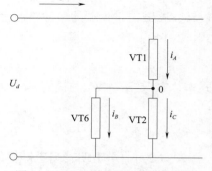

图 2-46 100 状态下的等效电路图

表 2-1 中的开关状态表，空间矢量定义的下标是对应的开关代码的十进制编号，比如，开关代码 100 对应的十进制数为 4，则对应的空间矢量为 u_4。

表 2-1 开关状态表

序号	开关状态			开关代码	定义空间矢量
1	VT6	VT1	VT2	100	u_4
2	VT1	VT2	VT3	110	u_6
3	VT2	VT3	VT4	010	u_2
4	VT3	VT4	VT5	011	u_3
5	VT4	VT5	VT6	001	u_1
6	VT5	VT6	VT1	101	u_5
7	VT1	VT3	VT5	111	u_7
8	VT2	VT4	VT6	000	u_0

图 2-47 示出了在 6 种开关状态下的桥臂输出电压波形和负载输出电压波形，当三相桥臂功率开关管错开 60° 交替导通时，负载侧输出 6 拍阶梯波形。

100 状态下的合成电压空间矢量 u_4 由式（2-145）确定

$$
\begin{aligned}
u_4 &= u_{A o} + u_{B o} e^{j2\pi/3} + u_{C o} e^{-j2\pi/3} \\
&= U_d 2/3 - U_d/3 e^{j2\pi/3} - U_d/3 e^{-j2\pi/3} \\
&= U_d
\end{aligned}
\qquad (2-145)
$$

图 2-48 是 100 状态下三相合成的空间矢量 u_4，其幅值等于 U_d，方向沿着 A 轴（即 X 轴）。

u_4 存在的时间是 $\pi/3$，之后，工作状态转为 110，即空间矢量 u_6。

在 110 状态下，A、B、C 各相对直流电源中点的电压幅值为

$$U_{A o'} = U_{B o'} = U_d/2$$
$$U_{C o'} = -U_d/2$$
$$(2-146)$$

在 110 状态下，A、B、C 各相对负载中点的电压幅值为

$$U_{A o} = U_{B o} = U_d/3$$
$$U_{C o} = -U_d 2/3$$
$$(2-147)$$

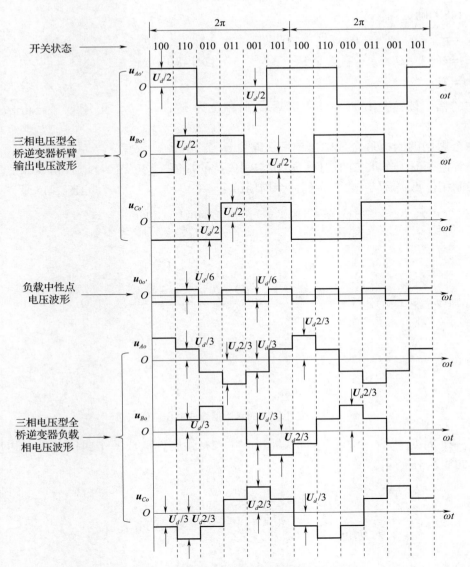

图 2-47　不同开关状态下的电压输出波形图

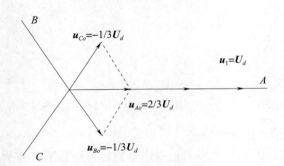

图 2-48　100 状态下的合成电压空间矢量

图 2–49 是 110 状态下的合成电压空间矢量 u_6，由式（2–148）确定

$$
\begin{aligned}
u_6 &= u_{Ao} + u_{Bo}e^{j2\pi/3} + u_{Co}e^{-j2\pi/3} \\
&= U_d/3 + U_d/3e^{j2\pi/3} - U_d 2/3e^{-j2\pi/3} \qquad (2\text{–}148)\\
&= U_d e^{j\pi/3}
\end{aligned}
$$

它的幅值依然是 U_d，空间上滞后 u_4 的相位为 $\pi/3$ 弧度。

每个周期的六边形合成电压空间矢量如图 2–50 所示。随着逆变器工作状态的切换，电压空间矢量的幅值不变，而相位每次旋转 $\pi/3$，直到一个周期结束。

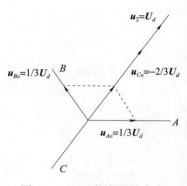

图 2–49　110 状态下的合成电压空间矢量

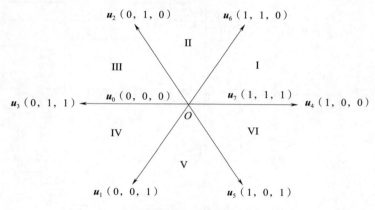

图 2–50　每个周期的六边形合成电压空间矢量

在一个周期中，6 个电压空间矢量共转过 2π 弧度，形成一个封闭的正六边形（六拍），如图 2–51 所示。

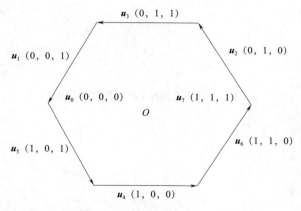

图 2–51　合成电压空间矢量形成封闭的正六边形（六拍）

2.8.2.3　定子磁链矢量端点的运动轨迹

一个由电压空间矢量运动所形成的正六边形轨迹也可以看作是异步电动机定子磁链矢量端点的运动轨迹，如图 2–52 所示。

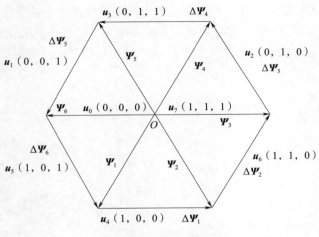

图 2-52　磁链运动轨迹

设逆变器工作开始时定子磁链空间矢量为 $\boldsymbol{\varPsi}_1$，在第一个 $\pi/3$ 期间，电动机上施加的电压空间矢量为 $\boldsymbol{u}_4$，由式（2-138）可得

$$\boldsymbol{u}_4 \Delta t = \Delta \boldsymbol{\varPsi}_1 \tag{2-149}$$

也就是说，在 $\pi/3$ 所对应的时间 Δt 内，施加 $\boldsymbol{u}_4$ 的结果是使定子磁链 $\boldsymbol{\varPsi}_1$ 产生一个增量 $\Delta \boldsymbol{\varPsi}_1$，其幅值与 $|\boldsymbol{u}_4|$ 成正比，方向与 $\boldsymbol{u}_4$ 一致，最后得到新的磁链 $\boldsymbol{\varPsi}_2$，从而

$$\boldsymbol{\varPsi}_2 = \boldsymbol{\varPsi}_1 + \Delta \boldsymbol{\varPsi}_1 \tag{2-150}$$

以此类推，可以写成通式

$$\boldsymbol{u}_i \Delta t = \Delta \boldsymbol{\varPsi}_i \quad i = 1, 2, \cdots, 6 \tag{2-151}$$

$$\boldsymbol{\varPsi}_i + 1 = \boldsymbol{\varPsi}_i + \Delta \boldsymbol{\varPsi}_i \quad i = 1, 2, \cdots, 6 \tag{2-152}$$

总之，在一个周期内，6 个磁链空间矢量呈放射状，尾部在 O 点，顶端的运动轨迹也就是 6 个电压空间矢量所围成的正六边形。

如果 $\boldsymbol{u}_1$ 的作用时间 Δt 小于 $\pi/3$，则 $\Delta \boldsymbol{\varPsi}_i$ 的幅值也按比例缩小，如图 2-53 所示，$\overrightarrow{AB}$ 在任何时刻，所产生的磁链增量方向取决于所施加的电压，其幅值正比于施加电压的时间。

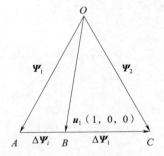

图 2-53　磁链矢量增量与电压矢量、时间增量的关系

2.8.2.4　电压空间矢量的线性组合与 SVPWM 控制

如果交流电动机仅由常规的六拍阶梯波逆变器供电，磁链轨迹便是六边形的旋转磁场，这显然不像在正弦波供电时所产生的圆形旋转磁场那样能使电动机匀速运行。

如果想获得多边形或逼近圆形旋转磁场，需要在每个周期内出现多种工作状态，以形成更多的相位不同的电压空间矢量。为此，必须改变逆变器的控制模式。PWM 控制可以适应上述要求。

如果要逼近圆形磁场，可以增加切换次数。如何控制 PWM 的开关时间以获得圆形旋转磁场呢？

假设磁链增量由图 2-54 中的 $\Delta\Psi_{11}$、$\Delta\Psi_{12}$、$\Delta\Psi_{13}$、$\Delta\Psi_{14}$ 这 4 段组成。这时，每段施加的电压空间矢量的相位都不一样，可以用基本电压矢量线性组合的方法获得。

如图 2-55 所示，当空间矢量位于第 I 扇区，在一个换相（开关）周期时间 T_0 内，可用两个矢量（u_4 和 u_6）之和表示由两个矢量线性组合后的新电压矢量 u_S，其相位为 θ。

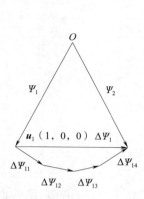

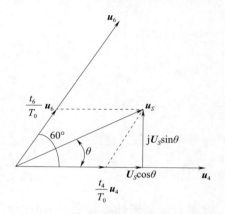

图 2-54　磁链逼近圆形时的增量轨迹　　　　图 2-55　磁链逼近圆形时的增量轨迹

$$u_S = \frac{t_4}{T_0}u_4 + \frac{t_6}{T_0}u_6 = U_S\cos\theta + jU_S\sin\theta = U_\alpha + jU_\beta \tag{2-153}$$

根据各个开关状态的线电压表达式可以推出

$$u_S = \frac{2}{3}U_d\left(\frac{t_4}{T_0} + \frac{t_6}{T_0}e^{j\pi/3}\right)$$

$$= \frac{2}{3}U_d\left[\left(\frac{t_4}{T_0} + \frac{t_6}{2T_0}\right) + j\frac{\sqrt{3}}{2}\frac{t_6}{T_0}\right] \tag{2-154}$$

比较式（2-153）和式（2-154），令实数项和虚数项分别相等，则

$$t_4 = \frac{\sqrt{3}\,T_0}{U_d}\left(\frac{\sqrt{3}}{2}U_\alpha - \frac{1}{2}U_\beta\right) \tag{2-155}$$

$$t_6 = \frac{\sqrt{3}\,T_0}{U_d}U_\beta \tag{2-156}$$

换相周期 T_0 应由旋转磁场所需的频率决定，设零矢量 u_7 和 u_0 的作用时间为 t_7 和 t_0。为了减少功率器件的开关次数，一般使 u_7 和 u_0 各占一半的时间，因此

$$t_7 = t_0 = \frac{1}{2}(T_0 - t_4 - t_6) \geq 0 \tag{2-157}$$

在常规六拍逆变器中一个扇区仅包含两个开关工作状态，实现 SVPWM 控制就是要把每一扇区再分成若干个对应于时间 T_0 的小区间。按照上述方法插入若干个线性组合的新电压空间矢量 u_S，以获得优于正六边形的多边形（逼近圆形）旋转磁场。

在实际系统中，应该尽量减少开关状态变化时引起的开关损耗，因此不同开关状态的顺序必须遵守下述原则：每次切换开关状态时，只切换一个功率开关器件，以使开关损耗最小。

在 SVPWM 控制方法中，用于合成的 3 个输出电压矢量序列，首发电压矢量都是零矢量，这样可以有效地避免扇区切换过程中发生矢量突变。

如图 2-56 所示，以参考矢量位于扇区 I 为例，采用 3 个电压矢量 u_4、u_0 及一个零矢量，其中零矢量包括 u_0（000）和 u_7（111）两种。一般采用首发零矢量 u_0（000）的方案。当参考矢量位于扇区 I 中时，输出矢量的次序为

$$000 \rightarrow 100 \rightarrow 110 \rightarrow 111 \rightarrow 111 \rightarrow 110 \rightarrow 100 \rightarrow 000$$

当然也可以采用首发零矢量，则顺序需要颠倒一下

$$111 \rightarrow 110 \rightarrow 100 \rightarrow 000 \rightarrow 000 \rightarrow 100 \rightarrow 110 \rightarrow 111$$

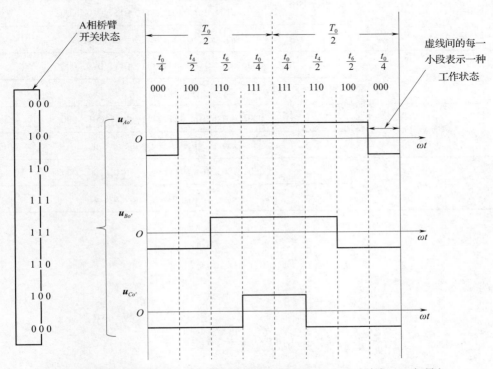

图 2-56　第 I 扇区内的开关序列与逆变器三相电压波形（首发 000 矢量）

在第 I 扇区，电压输出矢量由 u_4 和 u_6 合成，调整二者的作用时间，可以改变合成矢量 u_S 的方向。加入零矢量 u_0 和 u_7，可以调整合成矢量 u_S 的幅值。

同理，在第 II 扇区，电压输出矢量由 u_6 和 u_2 合成，通过调整二者的作用时间，可以改变合成矢量 u_S 在第 II 扇区的方向。加入零矢量 u_0 和 u_7，可以调整合成矢量 u_S 在第 II 扇区的幅值。

依此类推，各个扇区有其对应的合成矢量分量，为尽量减小开关次数，合成矢量与零矢量有固定的输出顺序，如表 2-2 所示。

改变电压矢量的幅值可以改变磁链的幅值，如图 2-57 所示，当电压矢量幅值等比减小时，等效于在幅值不变的情况下，电压矢量作用时间减小了。在 u_4 矢量方向上，磁链的增量由原来的 $\Delta\Psi_1$ 减小到 $\Delta\Psi_1'$，对应的磁链矢量也由原来的 Ψ_1 减小到 Ψ_1'。当 u_1 到 u_6 幅值都等比减小时，则各个方向上的磁链幅值都减小了，磁链六边形的外形尺寸缩小了，如图 2-57 虚线所示。同时，圆心的位置也由原来的 O 移动到 O'。

表 2-2　各扇区的合成矢量分量与首发零矢量 u_0（000）和 u_7（111）的输出顺序表

参考电压矢量位置	合成电压矢量分量及输出顺序
扇区 I	000, 100, 110, 111, 111, 110, 100, 000
	$u_0, u_4, u_6, u_7, u_7, u_6, u_4, u_0$
扇区 II	000, 010, 110, 111, 111, 110, 010, 000
	$u_0, u_2, u_6, u_7, u_7, u_6, u_2, u_0$
扇区 III	000, 010, 011, 111, 111, 011, 010, 000
	$u_0, u_2, u_4, u_7, u_7, u_3, u_2, u_0$
扇区 IV	000, 001, 011, 111, 111, 011, 001, 000
	$u_0, u_1, u_3, u_7, u_7, u_3, u_1, u_0$
扇区 V	000, 001, 101, 111, 111, 101, 001, 000
	$u_0, u_1, u_5, u_7, u_7, u_5, u_1, u_0$
扇区 VI	000, 100, 101, 111, 111, 101, 100, 000
	$u_0, u_4, u_5, u_7, u_7, u_5, u_4, u_0$

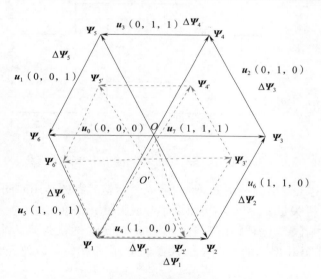

图 2-57　减小电压幅值对磁链的影响

由于逆变器直流侧的电压幅值不能调整，要调节输出电压矢量的幅值，可以通过插入零矢量的方式来实现。零矢量是"休止符"，在其作用时间内，磁链增量没有变化，在一个扇区的周期时间 T_0 内，对应矢量的作用时间减少了，等效减小了矢量在 T_0 时间内的平均电压。

由图 2-56 所示，当电压矢量位于第 I 扇区时，合成矢量分量的作用顺序为 u_0，u_4，u_6，u_7，u_7，u_6，u_4，u_0，这 8 个分量对应的作用时间分别为

$$\frac{T_0 - t_4 - t_6}{4}, \ \frac{t_4}{2}, \ \frac{t_6}{2}, \ \frac{T_0 - t_4 - t_6}{4}, \ \frac{T_0 - t_4 - t_6}{4}, \ \frac{t_6}{2}, \ \frac{t_4}{2}, \ \frac{T_0 - t_4 - t_6}{4} \qquad (2\text{-}158)$$

在每个合成矢量分量的作用时间内，每相桥臂只有一个开关管处于导通状态，另一个开关管处于断开状态。我们定义桥臂上管从 0 切换到 1 的时间为每个桥臂的切换时间。当电压矢量位于第 I 扇区时，A、B 和 C 三相桥臂的切换时间分别为

A 相桥臂的切换时间

$$S_a = \frac{T_0 - t_4 - t_6}{4} \qquad (2\text{-}159)$$

B 相桥臂的切换时间

$$S_b = \frac{T_0 - t_4 - t_6}{4} + \frac{t_4}{2} = \frac{T_0 + t_4 - t_6}{4} \qquad (2\text{-}160)$$

C 相桥臂的切换时间

$$S_c = \frac{T_0 - t_4 - t_6}{4} + \frac{t_4}{2} + \frac{t_6}{2} = \frac{T_0 + t_4 + t_6}{4} \qquad (2\text{-}161)$$

式（2-159）~ 式（2-161）定义的切换时间可用于自动生成逆变桥臂的开关信号，将三相桥臂的切换时间与三角波比较就可以生成开关信号，详见本书附录 C 的 SVPWM 仿真建模。

式（2-155）~ 式（2-161）分析了电压矢量位于第 I 扇区时，对应的合成矢量分量与零矢量的作用时间，以及每相桥臂的开关管切换时间。同样地，我们还可以计算电压矢量位于其他扇区时，对应的合成矢量分量与零矢量的作用时间。这些时间的量化公式汇总在本书附录 B 中。

在确定了各个扇区合成矢量分量的作用时间后，还需要确定输出的电压矢量所在的扇区。

为了判断 SVPWM 输出电压矢量所处的扇区，我们定义如式（2-162）所示变量

$$\begin{cases} \boldsymbol{U}_1 = \boldsymbol{U}_\beta \\[2mm] \boldsymbol{U}_2 = \frac{\sqrt{3}}{2}\boldsymbol{U}_\alpha - \frac{1}{2}\boldsymbol{U}_\beta \\[2mm] \boldsymbol{U}_3 = -\frac{\sqrt{3}}{2}\boldsymbol{U}_\alpha - \frac{1}{2}\boldsymbol{U}_\beta \end{cases} \qquad (2\text{-}162)$$

再作如下规定：

若 $\boldsymbol{U}_1 > 0$，则 $A=1$，否则 $A=0$；

若 $\boldsymbol{U}_2 > 0$，则 $B=1$，否则 $B=0$；

若 $\boldsymbol{U}_3 > 0$，则 $C=1$，否则 $C=0$。

由上述规定可以得出 A、B、C 之间共有 8 种排列组合，但由于式（2-162）的计算结果不可能出现 A、B、C 同时为 0 或同时为 1 的情形，所以实际的排列组合只有 6 种。可以证明，这 6 种不同的取值，刚好对应矢量圆周的 6 个扇区。

我们定义（根据 8421 编码）

$$N = 4 \times C + 2 \times B + A \qquad (2\text{-}163)$$

则可以根据表 2-3 计算电压矢量（U_α、U_β 组合）所对应的扇区。

表 2-3 N 的计算值与扇区的对应关系

N	3	1	5	4	6	2
扇区号	I	II	III	IV	V	VI

有了输出电压矢量所在扇区的信息，结合每个扇区电压矢量的作用顺序，就可以输出三相逆变器的 6 个开关管的控制量，如图 2-58 所示。

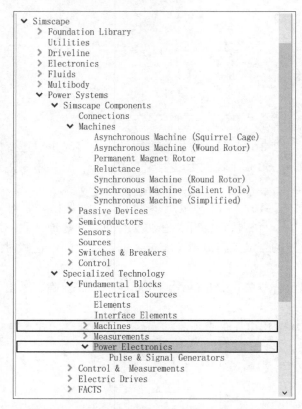

图 2-58   Matlab/Simulink 的 SVPWM 仿真工具箱

Matlab 的 Simulink 工具提供了 SVPWM 仿真功能，在 Simulink 工具箱的 Simscape 目录下，有常用电机的模型和逆变器的模型，为设计仿真带来了便利。

这些模型均位于 Power System 子目录下的 Specialized Technology 次级子目录。其中，电机模型位于 Machines 子目录下，而电力电子的模型，比如，三相整流桥，则位于 Power Electronics 目录下。需要提及的是，该目录下没有三相逆变器的模型，可以用 Universal Bridge 模型代替，将输入接直流电源，输出接 A、B、C 三相交流负载，就构成了逆变桥。

Simulink 中没有现成的 Park-Clarke 变换模型，可以借助 Simulink 工具中的自定义函数来编写。自定义函数位于工具箱 Simulink 目录的 User-Defined Functions 子目录下。

一个周期 6 个矢量区间会造成较大的磁链脉动，为此，可以将每个扇区进行细分，如

图 2-59 所示，可以将 $\boldsymbol{\Psi}_1$ 与 $\boldsymbol{\Psi}_2$ 之间的扇区细分为 4 等分，将原来的作用矢量 $\boldsymbol{u}_1$ 用新的合成矢量 $\boldsymbol{u}_{S1}$、$\boldsymbol{u}_{S2}$、$\boldsymbol{u}_{S3}$ 和 $\boldsymbol{u}_{S4}$ 来代替，这样，磁链的脉动次数由以前的 6 次增加到 24 次，相应的磁链脉动幅度大幅减小，磁链的运行轨迹越接近圆形。

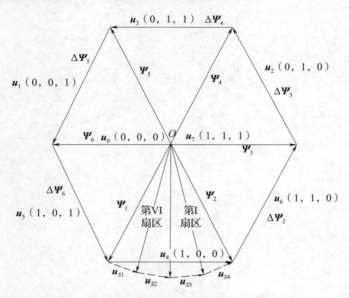

图 2-59　细分扇区可以让磁链轨迹接近圆形

由于 $\boldsymbol{u}_{S1}$、$\boldsymbol{u}_{S2}$、$\boldsymbol{u}_{S3}$ 和 $\boldsymbol{u}_{S4}$ 不是基本电压矢量，所以需要通过基本电压矢量合成。其中，$\boldsymbol{u}_{S1}$ 和 $\boldsymbol{u}_{S2}$ 可以由电压矢量 $\boldsymbol{u}_4$ 和 $\boldsymbol{u}_5$ 合成，它们对应于电压矢量区间的第 VI 扇区。$\boldsymbol{u}_{S3}$ 和 $\boldsymbol{u}_{S4}$ 可以由电压矢量 $\boldsymbol{u}_4$ 和 $\boldsymbol{u}_6$ 合成，它们对应于电压矢量区间的第 I 扇区。

为了减小磁链脉动，通常会对基本电压矢量的作用时间进行分解，如图 2-60 所示，$\boldsymbol{u}_{S1}$ 由 $\boldsymbol{u}_4$ 和 $\boldsymbol{u}_5$ 合成，若顺序作用，则实际的磁链脉动与预期脉动 $\Delta\boldsymbol{\Psi}_1'$ 偏差较大（$\boldsymbol{u}_{S1}$、$\boldsymbol{u}_4$ 和 $\boldsymbol{u}_5$ 围成的三角形顶点与底边距离很大）。

图 2-60　更改电压矢量作用顺序以减小磁链脉动

为此，可以适当调整基本电压矢量的作用顺序，先让 $\boldsymbol{u}_4$ 作用 $\dfrac{T_0}{4}$ 时间，再让 $\boldsymbol{u}_5$ 作用 $\dfrac{T_0}{2}$ 时间，最后让 $\boldsymbol{u}_4$ 作用 $\dfrac{T_0}{4}$ 时间。其结果是 $\boldsymbol{u}_4$、$\boldsymbol{u}_5$、$\boldsymbol{u}_4$ 围绕预期磁链增量 $\Delta\boldsymbol{\Psi}_1'$ 形成 "之" 字形走向，磁链的脉动得到大幅减小。

当一个扇区被细分为 4 个子扇区后，实际磁链的增量如图 2-61 所示。磁链的增量不是沿着正 24 边形（原有的正 6 边形每个扇区一分为四后，变成了正 24 边形）的边，而是呈 "之" 字形走向。

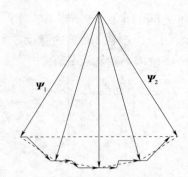

图 2-61　实际磁链增量呈"之"字形走向

第3章　VFG 的励磁调节

VFG 在正常工作情况下，所带的负荷是随时间变化的。不同性质、不同容量的负载，以及负载的不同功率因素，都有可能造成机端电压的波动。此外，发电机转速的变化也会导致输出电压的变化。

要将 VFG 端电压稳定在给定的水平，就必须根据负载的大小及性质，以及发电机的当前转速，适时调节 VFG 的励磁电流。这一过程由励磁调节器来实现。在飞机上，VFG 的励磁调节器是 GCU 的一部分。

VFG 工作在发电机模式，在正常工作情况下，所需的励磁较小，主发电机转子的励磁磁势处于不饱和阶段，即工作在线性区，气隙磁通与励磁电流呈线性关系。磁路线性的假设可以简化问题的分析。

3.1　发电机模式下励磁系统的传递函数

如图 3-1 所示的 VFG 励磁系统原理框图由电压测量单元、励磁调节器、功率放大单元、励磁机，以及同步发电机这几部分组成。

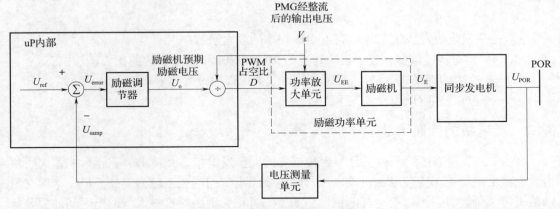

图 3-1　VFG 励磁系统原理框图

其中，电压测量单元负责测量 POR 处的电压 U_{POR}，并将其转换成微处理器 uP 可以接受的电压 U_{samp}，经转换后的电压 U_{samp} 与参考电压 U_{ref} 进行比较，产生电压误差信号 U_{error}，后者经过励磁调节器后，生成励磁机预期励磁电压 U_o。

微处理器 uP 还会实时采集 PMG 经整流后的输出电压 V_g，预期励磁电压 U_o 与 V_g 之比即为功率放大单元的 PWM 占空比 D。功率放大单元在占空比 D 的调制下，将整流电压 V_g 转换成励磁机输入电压 U_{EE}，励磁机再将此电压转换成同步发电机的励磁电压 U_E，最后经发电机的惯性环节后，将电压调节点 POR 处的电压稳定在 U_{POR} 数值。

在图 3-1 的励磁系统原理框图中，功率放大单元和励磁机又统称为励磁功率单元。其作用是将励磁调节器的输出放大，最终作用在同步发电机励磁绕组上，通过调节其输出来维持 POR 处的电压恒定。

下面分别分析各个环节的传递函数。

3.1.1 同步发电机的传递函数

在励磁控制系统中，发电机是被控制对象。其输入为励磁电压 U_E，输出电压为发电机端电压 U_G。当 VFG 在发电机状态运行时，励磁曲线工作在线性区，可以得到发电机的传递函数为

$$G_{Go}(s) = \frac{n_r \cdot K_{Go}}{1 + T'_{do} s} \tag{3-1}$$

式中：K_{Go}——发电机空载时对应 400Hz 频率的放大系数；

n_r——相对转速倍数，表示当前转速与 400Hz 频率下对应转速的比值；

T'_{do}——发电机励磁绕组时间常数；

s——拉普拉斯算子。

其数值表达式为

$$T'_{do} = \frac{L_f}{R_f} \tag{3-2}$$

式中：L_f 和 R_f——分别为励磁绕组的电感与电阻。

当发电机工作在带载状态时，其传递函数分析比较复杂，要考虑定子电流的电枢反应，跟负载的电流大小以及功率因数都有关系。但也可以简化为一阶惯性环节

$$G_G(s) = \frac{n_r \cdot K_G}{1 + T_G s} \tag{3-3}$$

式中：K_G——发电机带载状态时对应 400Hz 频率的放大系数；

n_r——相对转速倍数，表示当前转速与 400Hz 频率下对应转速的比值；

T_G——发电机带载状态时的时间常数，其值可以通过实测求得；

s——拉普拉斯算子。

3.1.2 励磁机的传递函数

本书 2.1 节所描述的励磁机是一台转枢式的同步发电机，其输出经三相桥式整流后供给发电机励磁绕组。交流励磁机端电压与励磁绕组电流间的关系较为复杂，但在求取交流励磁机传递函数时，可以忽略其电枢回路的暂态过程，则励磁机输入与输出之间的关系就得到了简化，如图 3-2 所示。

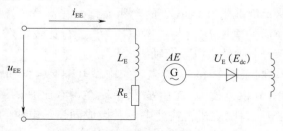

图 3-2 交流励磁机的等效电路

交流励磁机的饱和特性曲线如图 3-3 所示，由图 3-2 和图 3-3 可以求得励磁机的励磁回路方程为

$$u_{EE} = i_{EE} R_E + L_E \frac{di_{EE}}{dt} \tag{3-4}$$

$$i_{EE} = GU_E + \Delta i_{EE} \tag{3-5}$$

$$= GU_E(1 + S_E) \tag{3-6}$$

式中，S_E 是饱和系数。

其定义为

$$S_E = \frac{I_B - I_A}{I_A} \tag{3-7}$$

式中，S_E 是非线性的，其值随运行点的不同而变化。

将式（3-6）代入式（3-4）可以得到

$$u_{EE} = GU_E(1 + S_E) R_E + L_E \frac{dGU_E(1 + S_E)}{dt} \tag{3-8}$$

$$= G(1 + S_E) R_E \left(U_E + \frac{L_E}{R_E} \frac{dU_E}{dt} \right) \tag{3-9}$$

$$= G(1 + S_E) R_E \left(U_E + T_E \frac{dU_E}{dt} \right) \tag{3-10}$$

式中，T_E 为励磁机的时间常数，其值为 $\dfrac{L_E}{R_E}$。

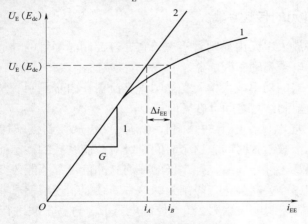

图 3-3　交流励磁机的饱和特性曲线

由此，我们得到了交流励磁机的传递函数

$$u_{EE}(s) = G(1 + S_E) R_E (U_E(s) + T_E s U_E(s)) \tag{3-11}$$

$$\frac{U_E(s)}{u_{EE}(s)} = \frac{1}{(G(1 + S_E) R_E)} \frac{1}{(1 + T_E s)} \tag{3-12}$$

$$G_E(s) = \frac{U_E(s)}{u_{EE}(s)} = \frac{K_E}{(1 + T_E s)} \tag{3-13}$$

式中，$K_E = \dfrac{1}{G(1+S_E)R_E}$，它是一个与励磁机饱和系数有关的常数，其值随运行点的不同而改变。

式（3-13）是在额定 400Hz 频率下的传递函数，随着发电机转速的变化，在相同励磁电流下，励磁输出电压也会成比例增加。考虑转速影响的传递函数如

$$G_E(s) = \frac{U_E(s)}{u_{EE}(s)} = \frac{n_r K_E}{(1+T_E s)} \qquad (3-14)$$

因此，励磁机的传递函数和发电机的传递函数一样，可以等效为一个一阶惯性环节。

3.1.3 电压测量单元的传递函数

电压测量单元由分压电路、负电平抬升、滤波电路、AD 采样、数据还原及 Clarke 变换等几个部分组成。其中，滤波电路略有延时，AD 采样、数据还原及 Clarke 变换在 uP 中执行，为减小延时，可以采用 FPGA 并行计算，将延时控制在微秒级。而分压电路和负电平抬升电路的延时一般可以忽略不计。

整个电压测量单元可以用一阶惯性环节来近似描述，其传递函数可以表示为

$$G_R(s) = \frac{U_R(s)}{U_G(s)} = \frac{K_R}{(1+T_R s)} \qquad (3-15)$$

式中：K_R——电压测量单元的放大倍数；

$\quad\quad T_R$——电压测量回路的时间常数。

3.1.4 功率放大单元的传递函数

民用电网的功率放大单元由晶闸管实现，它通过控制晶闸管的导通角来实现对励磁输入电压的控制，属于电子型励磁调节器。

电子型励磁调节器的功率放大单元是晶闸管整流器，由于晶闸管整流器工作在断续状态，因而它的输出与控制信号之间存在着时滞。

众所周知，在正向电压作用下的晶闸管整流元件，从控制极施加触发脉冲到晶闸管导通，通常只经历几十微秒的时间，这个时间量级对控制系统的动态而言是可以忽略不计的。然而，一旦晶闸管元件导通后，控制极的任何脉冲信号都不能改变它的状态，直到该元件受到反向电压作用而关断为止。晶闸管的这一断续控制现象就可能导致输出电压平均值 u_{EE} 滞后于触发器的控制电压信号 U_{SM}（控制电压 U_{SM} 与三角波进行比较而生产触发脉冲）。

晶闸管整流器输出平均电压滞后于控制电压 U_{SM} 的现象，可以用如图 3-4 所示的单相整流电路来说明。假定晶闸管元件在 t_1 时刻导通，如今，为了改变其输出电压，在 t_2 时刻改变了控制电压 U_{SM}。由于晶闸管在 t_1 时刻已导通，所以在 t_2 时刻控制电压对其不起作用，直到下一个晶闸管导通时，即 t_2 时刻才做出相应的改变。因此，u_{EE} 的响应会滞后 U_{SM} 一段时间。晶闸管整流器的输出平均电压滞后于触发器控制电压的时间由整流电路决定，单相全波整流电路的滞后时间为 180° 电角度，三相半控桥式电路最大滞后 120°，三相全控桥式电路最大滞后 60°。因此最大的滞后时间可以用式（3-16）表示

$$T_z = \frac{1}{mf} \tag{3-16}$$

式中：m——整流电路控制的相数；

　　　f——电源的频率。

比如，波音 787 的变频启动发电机 PMG 的频率为 POR 频率的 3 倍（见 4.1.14.1 节），则在发电机输出 400Hz 频率时，PMG 的频率为 1200Hz，根据式（3-16），三相 PMG 电源的最大延时是 1/（3×1200）=27.8（μs）。

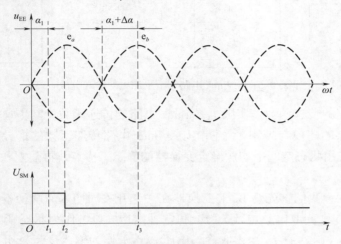

图 3-4　晶闸管整流器输出的时间滞后

按上述分析可以得到晶闸管整流电路输出电压的方程为

$$u_{\mathrm{EE}} = K_z U_{\mathrm{SM}}(t - T_z) \tag{3-17}$$

式中，K_z——u_{EE} 与 U_{SM} 之间的放大系数。

将式（3-17）进行拉普拉斯变换，可以得到

$$u_{\mathrm{EE}}(s) = K_z \mathrm{e}^{-T_z s} U_{\mathrm{SM}}(s) \tag{3-18}$$

因此，包括晶闸管在内的晶闸管整流器的传递函数为

$$G_z(s) = \frac{u_{\mathrm{EE}}(s)}{U_{\mathrm{SM}}(s)} = K_z \mathrm{e}^{-T_z s} \tag{3-19}$$

考虑到 T_z 为 ms 级，可以将式（3-19）的 $\mathrm{e}^{-T_z s}$ 展开为泰勒级数

$$G_z(s) = K_z \mathrm{e}^{-T_z s} = K_z \frac{1}{1 + T_z s + \frac{1}{2} T_z^2 s^2 + \cdots} \tag{3-20}$$

略去高次项后可以得到

$$G_z(s) = \frac{K_z}{1 + T_z s} \tag{3-21}$$

在航空领域，由于电源频率高，晶闸管的响应速度无法满足励磁调节的需要，所以改用基于 MOS 管的功率放大单元。比较常用的功率放大单元是 Buck 电路，永磁机的三相交流输出经过全波整流后，输入给 Buck 电路，通过控制 Buck 电路的 PWM 占空比，可以实

现对励磁机输入电压的控制。

如图 3-5 所示，永磁机输出的三相交流电，经过全波整流后，变成 6 脉动直流电，再经过输出滤波，变成稳恒的直流，给 Buck 电路提供功率输入。后者经过 PWM 占空比的调制，输出直流电压，为励磁机提供电压输入。

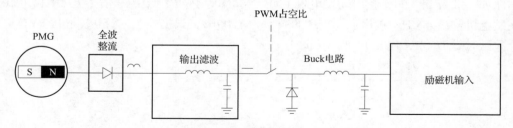

图 3-5　用 Buck 电路调节励磁机的输入电压

功率放大电路的传递函数，实际上是 Buck 电路的传递函数。其传递函数可参考张卫平的《开关变换器的建模与控制》，本节有关 Buck 电路传递函数的推导过程，引用的是这本书的内容。先用状态空间平均法确定变换器的静态工作点，再建立状态方程形式的小信号解析模型。

如图 3-6 所示，我们首先为 Buck 变换器在一个开关周期内的两种不同工作状态建立状态方程与输出方程。取电感电流 $i(t)$ 和电容电压 $v(t)$ 作为状态变量，组成二维状态向量 $\boldsymbol{x}(t)=\left[i(t),\ v(t)\right]^{\mathrm{T}}$；取输入电压 $v_{\mathrm{g}}(t)$ 作为输入变量，组成一维输入向量 $\boldsymbol{u}(t)=\left[v_{\mathrm{g}}(t)\right]$；取 $v_{\mathrm{g}}(t)$ 电压源的输出电流 $i_{\mathrm{g}}(t)$ 和变换器的输出电压 $v(t)$ 作为输出变量，组成二维输出向量 $\boldsymbol{y}(t)=\left[i_{\mathrm{g}}(t),\ v(t)\right]^{\mathrm{T}}$。

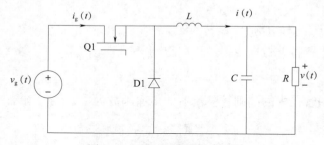

图 3-6　Buck 电路的状态变量

工作状态 1　Buck 变换器在连续导电模式下，在每一周期的 $(0,\ \mathrm{d}T_{\mathrm{s}})$ 时间段内，Q1 导通，D1 截止，此时等效电路如图 3-7（a）所示。电感电压 $v_{L}(t)$ 与电容电流 $i_{C}(t)$ 分别为

$$v_{L}(t)=L\frac{\mathrm{d}i(t)}{\mathrm{d}t}=v_{\mathrm{g}}(t)-v(t)$$

$$i_{C}(t)=C\frac{\mathrm{d}v(t)}{\mathrm{d}t}=i(t)-\frac{v(t)}{R} \tag{3-22}$$

输入电流 $i_{\mathrm{g}}(t)$ 即为电感电流 $i(t)$，输出电压 $v(t)$ 即为电容电压，则有

$$i_{\mathrm{g}}(t)=i(t)$$

$$v(t)=v(t) \tag{3-23}$$

将式（3-22）与式（3-23）写成状态方程与输出方程的形式为

$$\begin{bmatrix} \dot{i}(t) \\ \dot{v}(t) \end{bmatrix} = \begin{bmatrix} 0 & -\dfrac{1}{L} \\ \dfrac{1}{C} & -\dfrac{1}{RC} \end{bmatrix} \begin{bmatrix} i(t) \\ v(t) \end{bmatrix} + \begin{bmatrix} \dfrac{1}{L} \\ 0 \end{bmatrix} [v_g(t)] \tag{3-24}$$

$$\begin{bmatrix} i_g(t) \\ v(t) \end{bmatrix} = \begin{bmatrix} 1 & 0 \\ 0 & 1 \end{bmatrix} \begin{bmatrix} i(t) \\ v(t) \end{bmatrix} + \begin{bmatrix} 0 \\ 0 \end{bmatrix} [v_g(t)] \tag{3-25}$$

我们令系数矩阵 A_1、B_1、C_1、E_1 分别为

$$A_1 = \begin{bmatrix} 0 & -\dfrac{1}{L} \\ \dfrac{1}{C} & -\dfrac{1}{RC} \end{bmatrix}, \quad B_1 = \begin{bmatrix} \dfrac{1}{L} \\ 0 \end{bmatrix}, \quad C_1 = \begin{bmatrix} 1 & 0 \\ 0 & 1 \end{bmatrix}, \quad E_1 = \begin{bmatrix} 0 \\ 0 \end{bmatrix} \tag{3-26}$$

工作状态 2　Buck 变换器在每一周期的（dT_s，T_s）时间段内，Q1 截止，D1 导通，此时电路如图 3-7（b）所示。这一阶段的电感电压 $v_L(t)$ 与电容电流 $i_C(t)$ 分别为

$$\begin{cases} v_L(t) = L \dfrac{\mathrm{d}i(t)}{\mathrm{d}t} = -v(t) \\ i_C(t) = C \dfrac{\mathrm{d}v(t)}{\mathrm{d}t} = i(t) - \dfrac{v(t)}{R} \end{cases} \tag{3-27}$$

由于 Q1 截止，输入电流 $i_g(t)$ 为零，有

$$i_g(t) = 0 \tag{3-28}$$

而输出电压 $v(t)$ 仍旧为电容电压 $v(t)$ 本身。

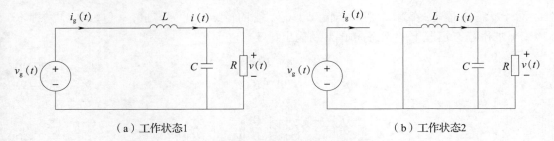

（a）工作状态1　　　　　　　　　　　　（b）工作状态2

图 3-7　Buck 变换器的两种工作状态

将式（3-27）和式（3-28）整理成状态方程与输出方程的形式，为

$$\begin{bmatrix} \dot{i}(t) \\ \dot{v}(t) \end{bmatrix} = \begin{bmatrix} 0 & -\dfrac{1}{L} \\ \dfrac{1}{C} & -\dfrac{1}{RC} \end{bmatrix} \begin{bmatrix} i(t) \\ v(t) \end{bmatrix} + \begin{bmatrix} 0 \\ 0 \end{bmatrix} [v_g(t)] \tag{3-29}$$

$$\begin{bmatrix} i_g(t) \\ v(t) \end{bmatrix} = \begin{bmatrix} 0 & 0 \\ 0 & 1 \end{bmatrix} \begin{bmatrix} i(t) \\ v(t) \end{bmatrix} + \begin{bmatrix} 0 \\ 0 \end{bmatrix} [v_g(t)] \tag{3-30}$$

令 A_2、B_2、C_2、E_2 分别为下述系数矩阵

$$A_2 = \begin{bmatrix} 0 & -\dfrac{1}{L} \\ \dfrac{1}{C} & -\dfrac{1}{RC} \end{bmatrix}, \quad B_2 = \begin{bmatrix} 0 \\ 0 \end{bmatrix}, \quad C_2 = \begin{bmatrix} 0 & 0 \\ 0 & 1 \end{bmatrix}, \quad E_2 = \begin{bmatrix} 0 \\ 0 \end{bmatrix} \tag{3-31}$$

这里 A_1、A_2、B_1、B_2、C_1、C_2、E_1、E_2 分别为下述状态方程的系数矩阵

$$\dot{x}(t) = Ax(t) + Bu(t) \tag{3-32}$$

$$y(t) = Cx(t) + Eu(t) \tag{3-33}$$

将上述两个状态的系数矩阵在占空比 D 和 $D' = (1-D)$ 之间取平均，可以求得系数矩阵 A、B、C 和 E，分别为

$$A = DA_1 + D'A_2 = D\begin{bmatrix} 0 & -\dfrac{1}{L} \\ \dfrac{1}{C} & -\dfrac{1}{RC} \end{bmatrix} + D'\begin{bmatrix} 0 & -\dfrac{1}{L} \\ \dfrac{1}{C} & -\dfrac{1}{RC} \end{bmatrix} = \begin{bmatrix} 0 & -\dfrac{1}{L} \\ \dfrac{1}{C} & -\dfrac{1}{RC} \end{bmatrix} \tag{3-34}$$

$$B = DB_1 + D'B_2 = D\begin{bmatrix} \dfrac{1}{L} \\ 0 \end{bmatrix} + D'\begin{bmatrix} 0 \\ 0 \end{bmatrix} = \begin{bmatrix} \dfrac{D}{L} \\ 0 \end{bmatrix} \tag{3-35}$$

$$C = DC_1 + D'C_2 = D\begin{bmatrix} 1 & 0 \\ 0 & 1 \end{bmatrix} + D'\begin{bmatrix} 0 & 0 \\ 0 & 1 \end{bmatrix} = \begin{bmatrix} D & 0 \\ 0 & 1 \end{bmatrix} \tag{3-36}$$

$$E = DE_1 + D'E_2 = D\begin{bmatrix} 0 \\ 0 \end{bmatrix} + D'\begin{bmatrix} 0 \\ 0 \end{bmatrix} = \begin{bmatrix} 0 \\ 0 \end{bmatrix} \tag{3-37}$$

与状态向量、输入向量和输出向量相对应的直流分量向量分别为 $X = [I, \ V]^T$，$U = [V_g]$ 及 $Y = [I_g, \ V]^T$。

对于状态方程（3-32），在稳态情况下，状态向量 $x(t)$ 为常量，$\dot{x}(t) = 0$，可根据式（3-32）求得稳态情况下的状态向量 X 及输出量 Y

$$X = -A^{-1}BU \tag{3-38}$$

$$Y = (E - CA^{-1}B)U \tag{3-39}$$

$$\begin{bmatrix} I \\ V \end{bmatrix} = -\begin{bmatrix} 0 & -\dfrac{1}{L} \\ \dfrac{1}{C} & -\dfrac{1}{RC} \end{bmatrix}^{-1} \begin{bmatrix} \dfrac{D}{L} \\ 0 \end{bmatrix} V_g = \begin{bmatrix} \dfrac{D}{R} \\ D \end{bmatrix} V_g \tag{3-40}$$

$$\begin{bmatrix} I_g \\ V \end{bmatrix} = \left(\begin{bmatrix} 0 \\ 0 \end{bmatrix} - \begin{bmatrix} D & 0 \\ 0 & 1 \end{bmatrix} \begin{bmatrix} 0 & -\dfrac{1}{L} \\ \dfrac{1}{C} & -\dfrac{1}{RC} \end{bmatrix}^{-1} \begin{bmatrix} \dfrac{D}{L} \\ 0 \end{bmatrix} \right) V_g = \begin{bmatrix} \dfrac{D^2}{R} \\ D \end{bmatrix} V_g \tag{3-41}$$

由式（3-40）可以得到 Buck 变换器的电压变比与电感电流的稳态值分别为

$$M = \frac{V}{V_g} = D \tag{3-42}$$

$$I = \frac{V}{R} = \frac{DV_g}{R} \tag{3-43}$$

由式（3-41）还可得到输入电流的稳态值为

$$I_g = \frac{D^2 V_g}{R} \tag{3-44}$$

在得到平均变量状态方程以后，为了分析交流小信号在静态工作点处的工作状况，应对平均变量进行分解，分解为直流分量与交流小信号分量之和。

对平均向量 $\langle \boldsymbol{x}(t) \rangle$、$\langle \boldsymbol{u}(t) \rangle$ 和 $\langle \boldsymbol{y}(t) \rangle$ 可作如下分解

$$\begin{cases} \langle \boldsymbol{x}(t) \rangle = \boldsymbol{X} + \hat{\boldsymbol{x}}(t) \\ \langle \boldsymbol{u}(t) \rangle = \boldsymbol{U} + \hat{\boldsymbol{u}}(t) \\ \langle \boldsymbol{y}(t) \rangle = \boldsymbol{Y} + \hat{\boldsymbol{y}}(t) \end{cases} \tag{3-45}$$

式中：$\boldsymbol{X}$、$\boldsymbol{U}$、$\boldsymbol{Y}$——分别是与状态向量、输入向量和输出向量对应的直流分量向量；

$\hat{\boldsymbol{x}}(t)$、$\hat{\boldsymbol{u}}(t)$、$\hat{\boldsymbol{y}}(t)$——分别是对应的交流小信号分量向量。

同时对含有交流分量的控制量 $\boldsymbol{d}(t)$ 进行分解，分解形式同前，则有

$$\boldsymbol{d}(t) = D + \hat{\boldsymbol{d}}(t), \boldsymbol{d}'(t) = 1 - \boldsymbol{d}(t) = D' - \hat{\boldsymbol{d}}(t) \tag{3-46}$$

且变换器满足小信号假设，即各变量的交流小信号分量的幅值均远远小于对应的直流分量。

将式（3-45）和式（3-46）代入式（3-38）和式（3-39），合并同类项并化简后可以得到

$$\begin{aligned} \dot{\boldsymbol{X}} + \dot{\hat{\boldsymbol{x}}}(t) = &\boldsymbol{AX} + \boldsymbol{BU} + \boldsymbol{A}\hat{\boldsymbol{x}}(t) + \boldsymbol{B}\hat{\boldsymbol{u}}(t) + [(\boldsymbol{A}_1 - \boldsymbol{A}_2)\boldsymbol{X} + (\boldsymbol{B}_1 - \boldsymbol{B}_2)\boldsymbol{U}]\hat{\boldsymbol{d}}(t) + \\ &(\boldsymbol{A}_1 - \boldsymbol{A}_2)\hat{\boldsymbol{x}}(t)\hat{\boldsymbol{d}}(t) + (\boldsymbol{B}_1 - \boldsymbol{B}_2)\hat{\boldsymbol{u}}(t)\hat{\boldsymbol{d}}(t) \end{aligned} \tag{3-47}$$

$$\begin{aligned} \boldsymbol{Y} + \hat{\boldsymbol{y}}(t) = &\boldsymbol{CX} + \boldsymbol{EU} + \boldsymbol{C}\hat{\boldsymbol{x}}(t) + \boldsymbol{E}\hat{\boldsymbol{x}}(t) + [(\boldsymbol{C}_1 - \boldsymbol{C}_2)\boldsymbol{X} + (\boldsymbol{E}_1 - \boldsymbol{E}_2)\boldsymbol{U}]\hat{\boldsymbol{d}}(t) + \\ &(\boldsymbol{C}_1 - \boldsymbol{C}_2)\hat{\boldsymbol{x}}(t)\hat{\boldsymbol{d}}(t) + (\boldsymbol{E}_1 - \boldsymbol{E}_2)\hat{\boldsymbol{u}}(t)\hat{\boldsymbol{d}}(t) \end{aligned} \tag{3-48}$$

在以上两式中，等号两边的直流量与交流量必然对应相等。使直流量对应相等可得到

$$\dot{\boldsymbol{X}} = \boldsymbol{AX} + \boldsymbol{BU} \tag{3-49}$$

$$\dot{\boldsymbol{Y}} = \boldsymbol{CX} + \boldsymbol{EU} \tag{3-50}$$

由于在稳态时状态向量的直流分量 $\boldsymbol{X}$ 为常数，则有 $\dot{\boldsymbol{X}} = \boldsymbol{0}$。因此，可以得到式（3-38）和式（3-39）的静态工作点。

再使式（3-47）和式（3-48）中对应的交流项相等，可以得到

$$\begin{aligned} \dot{\hat{\boldsymbol{x}}}(t) = &\boldsymbol{A}\hat{\boldsymbol{x}}(t) + \boldsymbol{B}\hat{\boldsymbol{u}}(t) + [(\boldsymbol{A}_1 - \boldsymbol{A}_2)\boldsymbol{X} + (\boldsymbol{B}_1 - \boldsymbol{B}_2)\boldsymbol{U}]\hat{\boldsymbol{d}}(t) + \\ &(\boldsymbol{A}_1 - \boldsymbol{A}_2)\hat{\boldsymbol{x}}(t)\hat{\boldsymbol{d}}(t) + (\boldsymbol{B}_1 - \boldsymbol{B}_2)\hat{\boldsymbol{u}}(t)\hat{\boldsymbol{d}}(t) \end{aligned} \tag{3-51}$$

$$\begin{aligned} \hat{\boldsymbol{y}}(t) = &\boldsymbol{C}\hat{\boldsymbol{x}}(t) + \boldsymbol{E}\hat{\boldsymbol{x}}(t) + [(\boldsymbol{C}_1 - \boldsymbol{C}_2)\boldsymbol{X} + (\boldsymbol{E}_1 - \boldsymbol{E}_2)\boldsymbol{U}]\hat{\boldsymbol{d}}(t) + \\ &(\boldsymbol{C}_1 - \boldsymbol{C}_2)\hat{\boldsymbol{x}}(t)\hat{\boldsymbol{d}}(t) + (\boldsymbol{E}_1 - \boldsymbol{E}_2)\hat{\boldsymbol{u}}(t)\hat{\boldsymbol{d}}(t) \end{aligned} \tag{3-52}$$

式（3-51）和式（3-52）分别为变换器的交流小信号状态方程与输出方程，方程中状态向量的稳态值 $\boldsymbol{X}$ 由式（3-38）确定。但以上两式为非线性方程，还需在静态工作点附近将其线性化。

略去式（3-51）和式（3-52）的二阶小项，可以得到线性化的小信号状态方程与输出方程为

$$\dot{\hat{x}}(t) = A\hat{x}(t) + B\hat{u}(t) + \left[(A_1 - A_2)X + (B_1 - B_2)U\right]\hat{d}(t) \quad (3-53)$$

$$\hat{y}(t) = C\hat{x}(t) + E\hat{x}(t) + \left[(C_1 - C_2)X + (E_1 - E_2)U\right]\hat{d}(t) \quad (3-54)$$

将式（3-40）和式（3-41）代入式（3-53）和式（3-54），可以得到 Buck 变换器的小信号状态方程与输出方程为

$$\begin{bmatrix} \dot{\hat{i}}(t) \\ \dot{\hat{v}}(t) \end{bmatrix} = \begin{bmatrix} 0 & -\dfrac{1}{L} \\ \dfrac{1}{C} & -\dfrac{1}{RC} \end{bmatrix} \begin{bmatrix} \hat{i}(t) \\ \hat{v}(t) \end{bmatrix} + \begin{bmatrix} \dfrac{D}{L} \\ 0 \end{bmatrix} \hat{v}_g(t) + \begin{bmatrix} \dfrac{1}{L} \\ 0 \end{bmatrix} V_g \hat{d}(t) \quad (3-55)$$

$$\begin{bmatrix} \hat{i}_g(t) \\ \hat{v}(t) \end{bmatrix} = \begin{bmatrix} D & 0 \\ 0 & 1 \end{bmatrix} \begin{bmatrix} \hat{i}(t) \\ \hat{v}(t) \end{bmatrix} + \begin{bmatrix} I \\ 0 \end{bmatrix} \hat{d}(t) \quad (3-56)$$

将式（3-55）和式（3-56）进行拉普拉斯变换，可求得 Buck 变换器输出 $\hat{v}(s)$ 对输入 $\hat{v}_g(s)$ 的传递函数 $G_{vg}(s)$ 为

$$G_{vg}(s) = \left.\frac{\hat{v}(s)}{\hat{v}_g(s)}\right|_{\hat{d}(s)=0} = \frac{D}{1 + s\dfrac{L}{R} + s^2 LC} \quad (3-57)$$

也可以从中得到输出 $\hat{v}(s)$ 对控制变量 $\hat{d}(s)$ 的传递函数 $G_{vd}(s)$ 为

$$G_{vd}(s) = \left.\frac{\hat{v}(s)}{\hat{d}(s)}\right|_{\hat{v}_g(s)=0} = \frac{V_g}{1 + s\dfrac{L}{R} + s^2 LC} \quad (3-58)$$

可见，功率放大单元的传递函数是二阶的。

3.1.5 励磁控制系统的传递函数

综合前面各个环节对传递函数的分析，可以得到励磁控制系统总的传递函数框图，如图 3-8 所示。POR 处的采样电压 U_{samp} 与参考电压 U_{ref} 进行比较，得到误差信号 U_{error}，在经过 PI 调节器后得到励磁机的预期输出电压 U_o，U_o 与励磁机整流输出电压 V_g 的比值可以得到 Buck 电路的 PWM 占空比 D。占空比 D 经过 Buck 电路传递函数后转化成励磁机的励磁输入电压 U_{EE}，再经过励磁机的惯性环节后变成发电机的励磁输入电压 U_E，最后经过发电机的惯性环节，得到 POR 处的输出电压 U_{POR}。

需要注意的是，在图 3-8 的传递函数框图中，励磁机和主发电机的惯性环节的增益不是常数，而是有一个与相对转速成正比的系数 n_r。处理变系数参数的方法有两种，一种是维持目前的 PI 调节参数不变，等待转速变化引起的效果传导到输出电压 U_{POR} 上，再通过 PI 调节器将 U_{POR} 拉回到额定。这种方法不用对 PI 调节参数进行重新整定，缺点是调节速度比较慢；第二种方法是引入转速前馈，动态修正 PI 调节参数。在本书的后续章节中，会对这两种方法的效果进行仿真。

在图 3-8 中，如果用 $G(s)$ 表示前向通路的传递函数，$H(s)$ 表示反馈通路的传递函数，则系统的闭环传递函数可以表示为

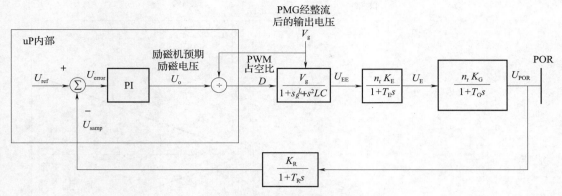

图 3-8　励磁控制系统的传递函数框图

$$\frac{U_{POR}(s)}{U_{ref}(s)} = \frac{G(s)}{1 + G(s)H(s)} \qquad (3\text{-}59)$$

假定 PI 调节器的传递函数为

$$G_{PI} = K_P\left(1 + \frac{1}{T_i s}\right) \qquad (3\text{-}60)$$

则前向通道传递函数为

$$G(s) = K_P\left(1 + \frac{1}{T_i s}\right)\frac{1}{\left(1 + s\dfrac{L}{R} + s^2 LC\right)}\frac{n_r K_E}{(1 + T_E s)}\frac{n_r K_G}{(1 + T_G s)} \qquad (3\text{-}61)$$

$$H(s) = \frac{K_R}{1 + T_R s} \qquad (3\text{-}62)$$

开环传递函数为

$$G(s)H(s) = K_P\left(1 + \frac{1}{T_i s}\right)\frac{1}{\left(1 + s\dfrac{L}{R} + s^2 LC\right)}\frac{n_r K_E}{(1 + T_E s)}\frac{n_r K_G}{(1 + T_G s)}\frac{K_R}{(1 + T_R s)} \qquad (3\text{-}63)$$

因此，系统的闭环传递函数为

$$\frac{U_G(s)}{U_{ref}(s)} = \frac{K_P(1 + T_i s)n_r^2 K_E K_G(1 + T_R s)}{T_i s\left(1 + s\dfrac{L}{R} + s^2 LC\right)(1 + T_E s)(1 + T_G s)(1 + T_R s) + K_P(1 + T_i s)n_r^2 K_E K_G K_R}$$

$$(3\text{-}64)$$

式（3-64）即为 VFG 在负载状态下的闭环传递函数。

3.2　发电机模式下励磁控制系统的稳定性分析

在求得线性系统的传递函数后，可以根据特征方程来判定系统的稳定性。若稳定性不能满足要求，可以采取适当的校正或补偿措施来改善系统的动态响应。

对系统稳定性分析的方法有多种，这里运用根轨迹法对如图 3-9 所示的励磁系统稳定性进行分析。

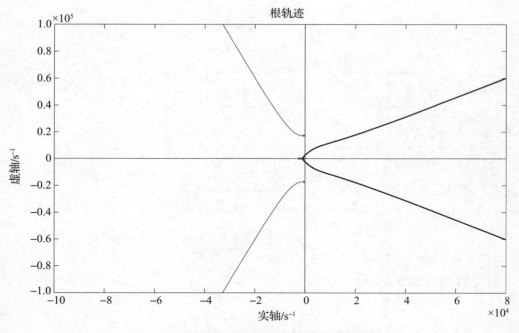

图 3-9　励磁控制系统开环传递函数的根轨迹图

3.2.1　励磁控制系统的稳定计算

假设励磁控制系统的主要参数为

$T_{R}=0.4 \times 10^{-3}$s，$T_{E}=0.69 \times 10^{-3}$s，$T_{G}=1.32 \times 10^{-3}$s，$R=20\Omega$，$L=71\mu$H，$C=47\mu$F。

同时假定在 400Hz 对应的转速下，PMG 的输出电压经整流后的均值为 100VDC，Buck 电路的额定占空比为 35%，对应的励磁机额定输入电压为 35VDC。Buck 电路的负载电阻为 $R=20\Omega$，即对应的励磁机输入功率为 61.25W。

先不考虑 PI 调节器的作用，则可求得开环传递函数为

$$G(s)H(s) = \frac{1}{1 + 3.5 \times 10^{-6}s + 3.337 \times 10^{-9}s^2} \frac{n_r K_E}{(1 + 0.69 \times 10^{-3}s)}$$
$$\frac{n_r K_G}{(1 + 1.32 \times 10^{-3}s)} \frac{K_R}{(1 + 0.4 \times 10^{-3}s)} \tag{3-65}$$

对式（3-65）化简，可以得到

$$G(s)H(s) = \frac{0.2996 \times 10^9}{s^2 + 1.0488 \times 10^3 s + 0.2996 \times 10^9} \frac{1.449 \times 10^3 n_r K_E}{(s + 1.449 \times 10^3)}$$
$$\frac{0.757 \times 10^3 n_r K_G}{(s + 0.757 \times 10^3)} \frac{2.5 \times 10^3 K_R}{(s + 2.5 \times 10^3)} \tag{3-66}$$

$$G(s)H(s) = \frac{K}{(s^2 + 1.0488 \times 10^3 s + 0.2996 \times 10^9)(s + 1.449 \times 10^3)(s + 0.757 \times 10^3)(s + 2.5 \times 10^3)}$$

$$\tag{3-67}$$

其中

$$K = 0.2996 \times 10^9 \times 1.449 \times 10^3 n_r K_E \times 0.757 \times 10^3 n_r K_G \times 2.5 \times 10^3 K_R$$
$$= 0.821 \times 10^{18} \times n_r{}^2 \times K_E \times K_G \times K_R \qquad (3-68)$$

根据自动控制理论的知识，我们用根轨迹法来求系统的稳定性。当系统某一参数在规定范围内变化时，相应的系统闭环特征方程的根在 s 平面上的位置也随之变化移动，每个根对应一条轨迹。

根轨迹的变化参数为开环增益 K，其变化的取值范围为 0 到 ∞。根轨迹法可以由开环系统的零点和极点，不通过解闭环特征方程找出闭环极点。

先求两个开环极点

$$s = -524.4 \pm j1.7298 \times 10^4,\ -1449,\ -757,\ -2500$$

它们是根轨迹的起始点。

要确定根轨迹的形状，需要进行下列计算。

根轨迹渐近线与实轴的交点及倾角

$$\sigma_\alpha = \frac{\sum\limits_{j=1}^{n} P_j - \sum\limits_{i=1}^{m} z_i}{n - m} = -\frac{5230.4}{5} = -1046.08 \qquad (3-69)$$

$$\beta = \frac{(2k+1)\pi}{n-m},\quad k = 0,\ 1,\ 2,\ 3,\ 4 \qquad (3-70)$$

$$\beta_1 = \frac{\pi}{5},\quad \beta_2 = \frac{3\pi}{5},\quad \beta_3 = \pi,\quad \beta_4 = \frac{7\pi}{5},\quad \beta_5 = \frac{9\pi}{5} \qquad (3-71)$$

其中：σ_α——根轨迹与实轴的交点；

β——根轨迹渐进线与实轴的倾角；

$\beta_1 \sim \beta_5$——每根渐近线与实轴的倾角。有多少个开环极点就有多少根根轨迹的渐
　　　　近线；

P_j——开关极点；

n——开环极点的个数，此处取值为 5；

z_i——开环零点；

m——开环零点的个数，此处取值为 0。

有了这些基础计算，就可以借助 Matlab 绘制根轨迹图。为此，先要将开环传递函数进行展开。

可以通过调用 Matlab 的库函数 rlocus 来绘制根轨迹图，在此之前，先要根据各环节传递函数求得总的开环传递函数。

```
>> h1=tf([1],[1 1048.8 0.2996e9]);
>> h2=tf([1],[1 1449]);
>> h3=tf([1],[1 757]);
>> h4=tf([1],[1 2500]);
>> h=h1*h2*h3*h4;
>> rlocus(h)
```

　　根轨迹如图 3-9 所示，从图中可以看出，发电机、励磁机的时间常数所对应的极点（-757 和 -1449）都位于负实轴上，随着开环回路增益的提高，其闭环传递函数的根轨迹变化趋向于右半平面，从而使系统失去稳定。

　　实际上，在根轨迹图上，可以找到系统闭环临界稳定的点（6.86+2.56e+03i），如图 3-10 所示，在临界稳定点上，对应的开环传递函数比例系数 K 为 8.29e+18。

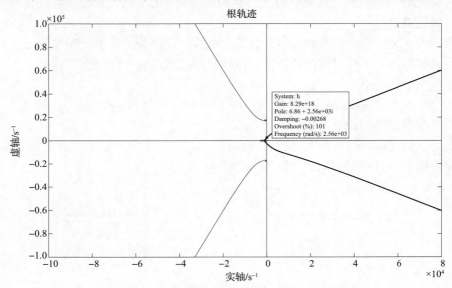

图 3-10　励磁控制系统开环传递函数根轨迹图上的临界稳定点

将该值代入式（3-68），可得

$$8.29 \times 10^{18} = 0.821 \times 10^{18} \times n_r^2 \times K_E \times K_G \times K_R \tag{3-72}$$

$$n_r^2 \times K_E \times K_G \times K_R = 10 \tag{3-73}$$

又考虑到 n_r 为相对 400Hz 的转速，在发电机运行在 800Hz 时，$n_r=2$，则此时

$$K_E \times K_G \times K_R = 2.5 \tag{3-74}$$

　　通常励磁机的惯性环节放大倍数 K_E 和发电机惯性环节的放大倍数 K_G 均大于 1，要满足式（3-74）的约束，则要将 K_R 限制在 1 以下，以达到闭环系统特征根位于左半平面的要求。在加入控制环节以后，反馈环节与控制环节的增益的乘积不能超过 1，才能满足系统稳定性的要求。

　　在讨论控制环节的设计之前，我们先通过 Matlab 画出系数 K 为 1（$K=1$）时开环系统的波特图。

```
>> h1=tf([1],[1 1048.8 0.2996e9]);
>> h2=tf([1],[1 1449]);
>> h3=tf([1],[1 757]);
>> h4=tf([1],[1 2500]);
>> h=h1*h2*h3*h4;
>> bode(h)
```

系数 K 为 1 时的开环系统波特图如图 3–11 所示，从图 3–11 中可以看出，开环系统的增益为负值，即远小于 1，系统没有穿越频率点 f_c。相位裕度为无穷大，系统虽然是稳定的，但增益太小，没有穿越频率点也就意味着系统的带宽为 0。

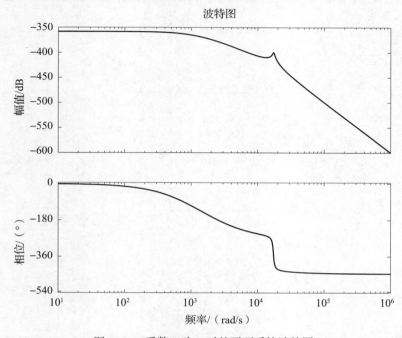

图 3–11　系数 K 为 1 时的开环系统波特图

为了改善控制系统的稳定性能，可以在前向通路中插入 PID 调节器，Matlab 不但提供了绘制根轨迹图的库函数，还提供了设计补偿器的工具 SISOTool。

3.2.2　控制环节设计

3.2.2.1　比例调节

我们借用 Matlab 的 SISOTool 工具来进行控制环节的设计，在 Matlab 命令行输入 sisotool，会出现 Control System Designer 对话框，如图 3–12 所示。

```
>> h1=sisotool;
```

点击"Edit Architecture"按钮图标，会弹出控制系统架构编辑框，如图 3–13 所示，系统默认的控制模块包括输入前馈 F，控制环节 C，前向通道传递函数 G 和反馈网络 H。

为利用 SISOTool 的 PID 自动设计功能，先要对系统的传递函数进行设定，即设定 G 和 H。在默认情况下，输入前馈 F 和控制环节均为 1。

在 Matlab 命令行输入以下代码，将 G 设定为 Buck 电路传递函数（h1），励磁机传递函数（h2）和发电机的传递函数（h3）的乘积，将 H 设定为反馈环节传递函数（h4）。

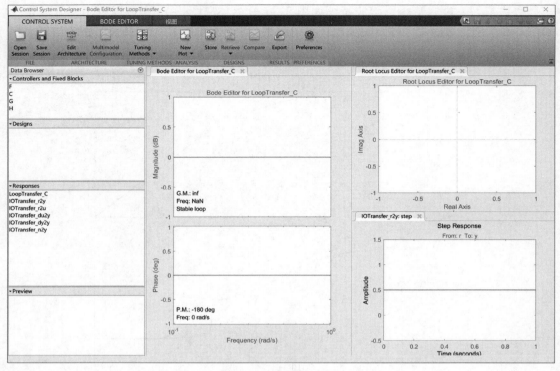

图 3-12　用 Matlab 的 SISOTool 进行补偿设计

```
>> h1=tf([1],[1 1048.8 0.2996e9]);
>> h2=tf([1],[1 1449]);
>> h3=tf([1],[1 757]);
>> h4=tf([1],[1 2500]);
>> G=h1*h2*h3;
>> H=h4;
```

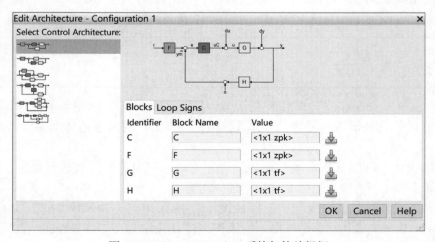

图 3-13　Edit Architecture 系统架构编辑框

之后，切换到 Edit Architecture 对话框，点击 "Blocks" 页面的 "identifier" "G" 右侧所对应的绿色按钮，Matlab 会弹出 "Import Data for G" 的对话框，如图 3–14 所示。在 "Available Models" 列表中选择 "G"，并点击 "import" 按钮，即完成前向通道传递函数的设定。

类似地，可以设定反馈通道的传递函数。

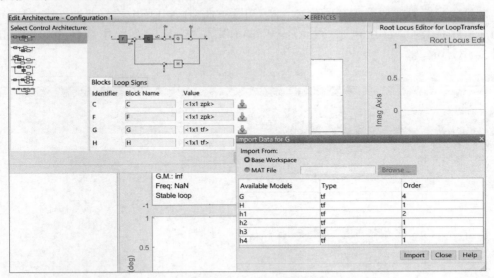

图 3–14　通过 Edit Architecture 设定系统传递函数参数

在完成上述设定后，点击 Edit Architecture 对话框的 "OK" 按钮，Control System Designer 会画出未加入控制环节 C 的开环波特图，闭环系统根轨迹，以及闭环系统的单位阶跃响应图，如图 3–15 所示。

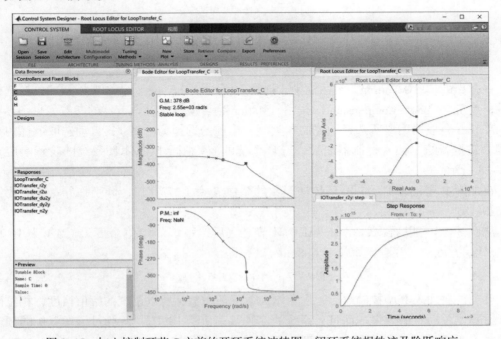

图 3–15　加入控制环节 C 之前的开环系统波特图，闭环系统根轨迹及阶跃响应

从图 3-15 中可以看出，开环系统的波特图与之前用 Matlab 命令行绘制的波特图一致，系统的幅值增益为 378dB，相位裕度为无穷大，系统是稳定的，但带宽为 NaN，即不能响应任何频段的输出扰动。另外，从闭环系统的阶跃响应来看，稳态输出为 3.1e-15，接近于 0，即在单位输入情况下，系统没有输出。

为此，我们考虑加入控制环节 C。首先想到的是抬高开环增益，即加入比例环节。在 Control System Designer 中点击"Tuning Methods"，在弹出的菜单中选择"PID Tuning"，如图 3-16 所示。

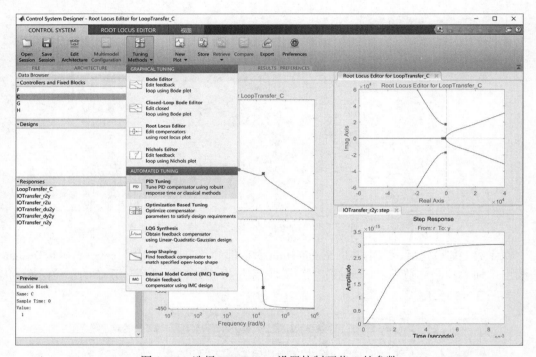

图 3-16　选择 PID Tuning 设置控制环节 C 的参数

在弹出的"PID Tuning"对话框中，选择"Controller Type"的类型为"P"，在选择完毕后，点击"Update Compensator"按钮，Matlab 会自动设置 P 调节器的参数，见图 3-17。

Matlab 会根据用户所选择的控制器类型（当前的选择为 P 型），自动选取最优的参数设置，并重新绘制插入控制器之后，开环系统的波特图，以及闭环系统的阶跃响应，如图 3-18 所示。

在加入 P 型控制器后，开环传递函数的系数 K 为 1.2731e18，低于临界点处的比例系数 8.29e18。

从图 3-18 可以看出，在加入比例环节 P 之后，系统的幅值裕度（G.M）为 16.2dB，相位裕度为 96.8°，穿越频率位于 688rad/s 处，即

$$f_c=688/（2·\text{PI}）=109.5（\text{Hz}）\tag{3-75}$$

可见，在加入 P 型控制器后，由于增大了开环增益，所以系统的幅值裕度，相位裕度都能达到比较满意的效果。而且，系统的穿越频率位于 109Hz，既躲过了发电机的额定工作频率（400Hz），也能有较宽的带宽，对低频扰动有较快的响应。

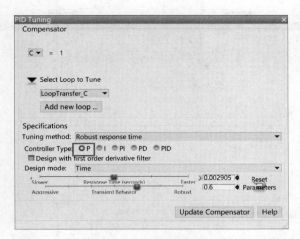

图 3-17　在 PID Tuning 设置对话框中选择 P 控制器

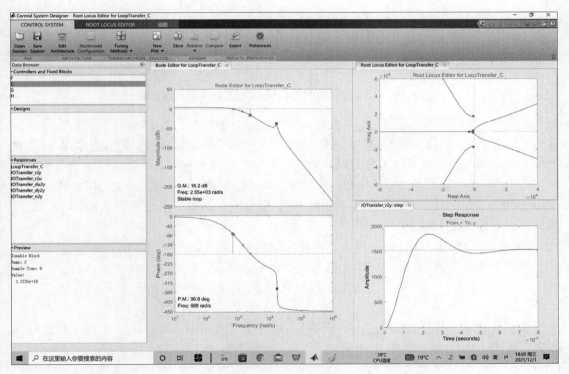

图 3-18　在 P 控制器调节下的系统开环波特图与闭环阶跃响应

3.2.2.2　PI 调节

美中不足的是阶跃响应有较大的超调量，1800/1500=1.2，即超调量达到 20%，对应的系统调节时间为 6ms。

我们尝试着用 PI 控制器来改善闭环系统阶跃响应的超调量。

与前面选择 P 控制器类似，我们在 "PID Tuning" 对话框的 "Controller Type" 选项中选择 PI，选好后点击 Update Compensator，则 Matlab 会自动选取合适的 PI 参数，同时重新绘制波特图和阶跃响应图，如图 3-19 所示。

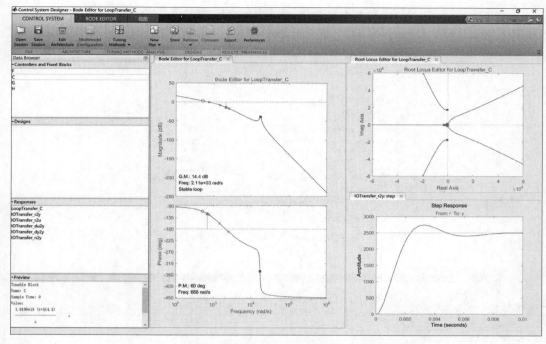

图 3-19　用 PI 控制器来减小闭环系统阶跃响应的超调量

从图 3-19 可以看出，在选用 PI 控制器后，超调量为 2750/2500=1.1，即超调量为 10%，较之前面的 P 控制器，超调量减小了 10%。同时稳态增益也由先前的 1500 提高到 2500。稳态增益的提高意味着稳态误差的减小，对性能提升有帮助。

在改用 PI 控制器后，调节时间由之前的 6ms 增加到 8ms，增益裕度由 16.2dB 降低到 14.4dB，相位裕度由 96.8° 降低为 60°。这些都是控制器由 P 型改为 PI 后伴随的性能损失，但这些性能损失都是可以接受的。

同时，系统的带宽还是 688rad/s，即对应频率为 109.5Hz，与 P 调节器相同。

从图 3-19 还可以看出，此时的 PI 控制器的表达式为

$$C = \frac{1.0198 \times 10^{18}(s + 514.5)}{s} \qquad (3-76)$$

在加入 PI 控制器后，系统的开环传递函数可以用 Matlab 重新求取，可以在命令行输入以下代码

```
>> h1=tf([1],[1 1048.8 0.2996e9]);
>> h2=tf([1],[1 1449]);
>> h3=tf([1],[1 757]);
>> h4=tf([1],[1 2500]);
>> G=h1*h2*h3;
>> H=h4;
>> C=tf([1.0198e18 1.0198e18*514.5],[1 0]);
>> GH=C*G*H;
```

$$GH = \frac{1.02 \times 10^{18} s + 5.247 \times 10^{20}}{s^6 + 5755 s^5 + 3.111 \times 10^8 s^4 + 1.42 \times 10^{12} s^3 + 1.984 \times 10^{15} s^2 + 8.216 \times 10^{17} s}$$

（3–77）

3.2.3　考虑转速变化所带来的影响

VFG 的转速不恒定，对应的频率变化范围是 360 ~ 800Hz，即对应的转速系数范围是 0.9 ~ 2。

在励磁控制回路设计时，需要考虑转速变化对稳定性的影响。我们先考虑最大转速，即频率变为 800Hz 时的情形。此时，转速系数 n_r=2。

在开环传递函数中，转速系数 n_r 是以平方的形式存在的，因此，当 n_r=2 时，相当于开环增益增大了 4 倍。

我们可以通过如下设置来仿真在最大转速情况下的系统动态性能指标，即在前向通路传递函数中，将 G 乘以系数 4。

```
>> h1=tf([1],[1 1048.8 0.2996e9]);
>> h2=tf([1],[1 1449]);
>> h3=tf([1],[1 757]);
>> h4=tf([1],[1 2500]);
>> G=h1*h2*h3*4;
>> H=h4;
>> C=tf([1.0198e18 1.0198e18*514.5],[1 0]);
>> GH=C*G*H;
```

之后，调用 SISOTool，在 Edit Architecture 中，分别设置 G、H 和 C 参数。设置好这些参数后，系统会自动给出开环波特图即闭环的阶跃响应，如图 3–20 所示。

由图 3–20 所示，当转速增大 2 倍后，幅值裕度和相位裕度均大幅减小，分别为 2.39dB 和 8.62°，稳定性大幅下降。从闭环系统的阶跃响应图来看，系统的输出呈现大幅振荡，超调量达到 100%，且稳定时间很长，需要约 50ms 才能稳定。系统带宽为 1830rad/s，对应为 291.4Hz。

这和之前的理论预测一致，因为励磁机和发电机的传递函数均与转速相关，在没有转速前馈的情况下，转速增加所带来的后果要反映为 POR 处的电压增加，增加后的 POR 电压再与参考电压进行比较，才能让控制器 C 发挥作用，将误差逐步调节到零。

由于 POR 处的电压增量与转速的平方成正比，因此，少量的转速增加，会导致输出电压的大幅增加，这部分电压增量通过反馈回路输入给 PI 控制器，再由 PI 控制器将电压拉回到额定，调节时间会增加，也伴随有大幅振荡。

以上是转速增加的情形，接下来，我们看一下转速减小时的情形。当频率下降到 360Hz，即转速系数减小到 0.9 时，系统的稳定性情况。

类似地，我们需要在 Matlab 命令行输入以下信息：

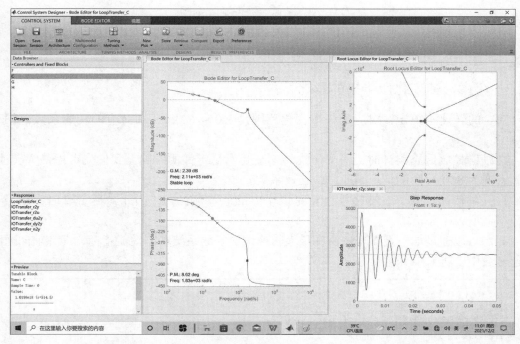

图 3-20　当转速由 400Hz 增加到 800Hz 时的波特图及阶跃响应

```
>> h1=tf([1],[1 1048.8 0.2996e9]);
>> h2=tf([1],[1 1449]);
>> h3=tf([1],[1 757]);
>> h4=tf([1],[1 2500]);
>> G=h1*h2*h3*0.9;
>> H=h4;
>> C=tf([1.0198e18 1.0198e18*514.5],[1 0]);
>> GH=C*G*H;
```

之后，我们在 Control System Designer 的 "Edit Architecture" 菜单里设置传递函数各个环节的参数。设置结束后，Matlab 会重新绘制波特图和阶跃响应图，如图 3-21 所示。

从图 3-21 可以看出，在低转速情况下，系统的幅值裕度和相位裕度均有小幅增加，分别为 15.3dB 和 63.7°，但系统带宽有所减少，由之前的 688rad/s 减小到 622rad/s，对应 99.04Hz。同时，系统的响应时间也变慢了，由之前的 8ms 增加到 10ms。超调量有所下降，仅为 5%。

总之，无论是转速增加还是减少，系统的稳定性均有不同程度的降级。解决这个问题的办法是实时监测 VFG 的当前转速，并根据当前的转速系数 n_r 动态修正 PI 调节系数。

转速系数的变化仅带来增益的变化，并不会导致相位的超前和延后，所以当监测到 VFG 的转速变化时，只需要修正 PI 控制器中的 P 参数，即将比例系数等比减小 n_r^2 倍，或者在 uP 输出 PWM 占空比之前，除以比例系数 n_r^2，即可维持系统开环增益不变，从而系统的稳定性能不会受到影响。

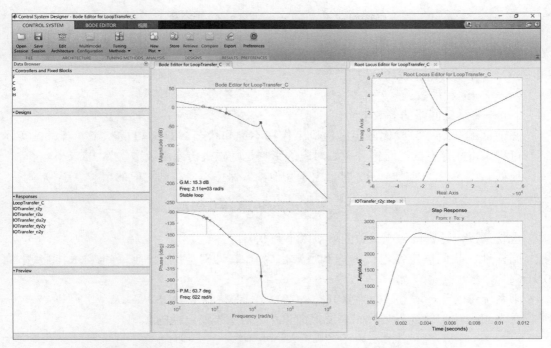

图 3-21 当转速由 400Hz 降低到 360Hz 时的波特图及阶跃响应

图 3-22 是考虑转速变化后的励磁控制系统传递函数框图，从图中可以看出，在 uP 向 Buck 电路输出 PWM 占空比 D 之前，先除以比例系数 n_r^2，则可以在整个环路中，消除转速变化所带来的影响。

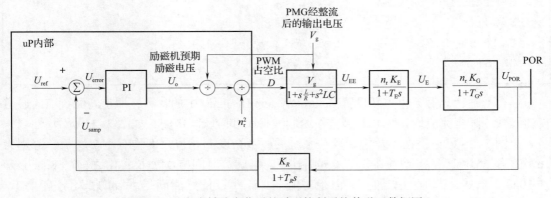

图 3-22 考虑转速变化后的励磁控制系统传递函数框图

PMG 的整流输出电压 V_g 中天然含有转速的信息，因为 V_g 也跟转速成正比。所以，可以根据当前的 V_g 值与 400Hz 下的 V_g 值之比来确定转速系数 n_r。

3.2.4　计及饱和的影响

前面的分析未计及饱和的影响，在 VFG 转速较低，且负载功率因素较低时，负载的电枢反应去磁效应比较明显，这时需要加大励磁，励磁机有可能工作在饱和状态。发电机在低转速下，由于需要加大励磁，也有可能进入饱和状态。

125

由 3.1.2 节可知，励磁机传递函数的增益由下式决定

$$K_E = \frac{1}{(G(1+S_E)R_E)} \qquad (3-78)$$

式中：G——励磁机气隙线的导数；

S_E——饱和系数；

R_E——励磁回路的等效电阻。

在前面的分析中，我们假定励磁机工作在不饱和状态，即 $S_E=0$ 的状态。若考虑实际运行过程中可能存在的磁路饱和，则对应的影响是励磁机传递函数增益 K_E 的减小。

比如，当 S_E 由 0 增加到 0.2 时，由于其他参数保持不变，则对应的增益减小为

$$K_E' = \frac{1}{(1+S_E)}K_E = \frac{1}{1+0.2}K_E = 0.91K_E \qquad (3-79)$$

也就是说，励磁机传递函数的增益减小到 $0.91K_E$。

同样地，我们假定发电机的饱和系数也为 0.2，即对应的传递函数增益 K_G 也减小到 $0.91K_G$。

则系统总的开环增益减小为 $0.91K_E \times 0.91K_G$，或减小到 $0.8281K_E \times K_G$。

在 Matlab 中，输入下列代码来模拟饱和系数对系统稳定性的影响。

```
>> h1=tf([1],[1 1048.8 0.2996e9]);
>> h2=tf([1],[1 1449]);
>> h3=tf([1],[1 757]);
>> h4=tf([1],[1 2500]);
>> G=h1*h2*h3*0.8281;
>> H=h4;
>> C=tf([1.0198e18 1.0198e18*514.5],[1 0]);
>> GH=C*G*H;
```

运行上述代码后，再重新设置 Control System Designer 中的参数，即重新配置前向通道传递函数。配置完成后，Matlab 会重新绘制波特图和阶跃响应图，如图 3-23 所示。

由图 3-23 可见，在计及饱和后，系统的幅值裕度和相位裕度均有小幅增长，分别为 16.1dB 和 66.4°。稳态增益维持在 2500 不变，但调节时间有所加长，由之前的 8ms 上升到 10ms。虽然调节时间增加了，但绝对值增加不多，依然能满足系统的稳定性能要求。系统带宽稍有降低，为 573rad/s，即 91.2Hz。超调量也有所减少，约为 4%。

3.2.5 励磁调节器的性能评估

在描述励磁系统基本要求的时候，提出了以下性能要求：

①电压的稳态误差不超过 3%；

②励磁调节器应具有较小的时间常数，可以快速响应输入信息的变化；

③应能在机载环境下长期可靠运行；

④要有足够的调节容量；

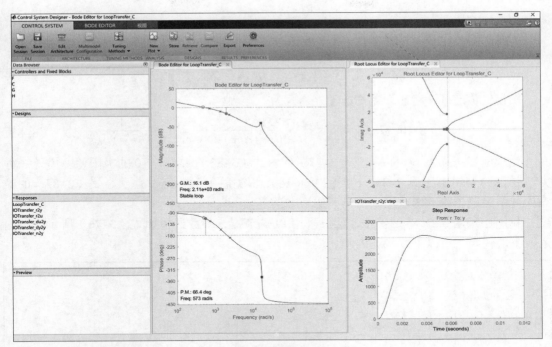

图 3-23　计及饱和系数后的稳定性仿真

　　⑤要有一定的强励倍数；

　　⑥稳定时间，超调量应在可接受的范围内；

　　⑦幅值裕度和相位裕度，一般要求相位裕度达到 60° 以上，幅值裕度超过 6dB。

　　其中，有些性能要求有量化的评价指标，而有些指标无法给出通用的评判标准，要视具体的应用而定。比如第 3 条，关于可靠性指标的要求，要根据具体硬件电路的设计来评估励磁调节器的可靠性指标。电路的可靠性除了与设计原理有关，还与器件选型有关。一般为提高可靠性，可以采用军温元器件（工作温度范围在 −55 ~ 125℃）。通常用可靠性预计加可靠性试验的方法来判定产品的可靠性指标。本书不对此项指标展开来讨论。

　　关于其他几项要求，下面我们来逐一进行分析。

3.2.5.1　稳态误差

　　首先看稳态误差，由控制理论的知识可知，系统的误差传递函数可由式（3-80）表示

$$E(s) = \frac{1}{1 + G(s)H(s)} \cdot R(s) \qquad (3-80)$$

式中：$E(s)$——用频域表示的误差传递函数；

　　　$G(s)$——前向通道的传递函数；

　　　$H(s)$——反馈通道的传递函数；

　　　$R(s)$——系统输入的传递函数。

　　由式（3-80）可知，系统误差不仅取决于系统的传递函数，还与输入有关。接下来，我们评估一下单位阶跃函数输入时，系统的误差。

　　单位阶跃函数的传递函数为

$$R(s) = \frac{1}{s} \tag{3-81}$$

于是，求取单位阶跃函数输入时的稳态误差就变成了求下述误差传递函数的稳态增益

$$E(s) = \frac{1}{1 + G(s)H(s)} \cdot \frac{1}{s} \tag{3-82}$$

根据终值定理，稳态误差的数学表达式为

$$e_{ss} = \lim_{t \to \infty} e(t) = \lim_{s \to 0} sE(s) = \lim_{s \to 0} s \cdot \frac{1}{1 + G(s)H(s)} \cdot \frac{1}{s} = \lim_{s \to 0} \frac{1}{1 + G(s)H(s)} \tag{3-83}$$

为求取稳态误差，可以将式（3-77）代入式（3-83），求 $s \to 0$ 的极限值。另外一种方法是借助 Matlab 工具，Matlab 提供了求取稳态增益的函数 dcgain（），式（3-82）的稳态误差即为单位阶跃函数输入情况下的稳态误差。

我们还是用 3.2.1 节的例子，假设采用 PI 调节器，参数选择如式（3-76）所示。则输入以下的代码，可以求取稳态误差。

```
>> h1=tf([1],[1 1048.8 0.2996e9]);
>> h2=tf([1],[1 1449]);
>> h3=tf([1],[1 757]);
>> h4=tf([1],[1 2500]);
>> G=h1*h2*h3;
>> H=h4;
>> C=tf([1.0198e18 1.0198e18*514.5],[1 0]);
>> GH=C*G*H;   % 系统开环传递函数
>> R=tf([1],[1 0]);    % 单位阶跃传递函数
>> E=1/(1+GH)*R;   % 求取单位阶跃函数的误差传递函数
>> DCGain=dcgain(E);
```

将上述代码输入 Matlab，求得的稳态增益 DCGain 为 0.0016，即稳态误差为 0.16%，能满足 3% 的要求。

3.2.5.2　时间常数

关于调节器的时间常数，前面的分析都假定励磁机、主发电机、测量回路这几个环节的时间常数为 ms 级，在电机设计以及励磁调节器设计时，都要确保时间常数能满足要求。

在励磁调节系统的闭环系统中，还有功率放大单元和控制环节，现在来分析一下这两个环节的时间常数。

对于 PI 调节器，我们将式（3-76）写成标准的形式

$$C = K_p + \frac{1}{T_i s} = 1.0198 \times 10^{18} + \frac{1}{0.19 \times 10^{-20} s} \tag{3-84}$$

可见，PI 调节器的积分环节时间常数 T_i 为 $0.19 \times 10^{-20} s$，可忽略不计。而比例部分没有延时，所以整个 PI 调节器的时间常数也可以忽略不计。

关于功率放大单元，同样地，我们将式（3-61）中与 Buck 电路二阶传递函数写成如下标准的形式

$$G_{\text{p}} = \frac{1}{T^2 s^2 + 2\xi T s + 1} = \frac{1}{(\sqrt{LC})^2 s^2 + 2 \cdot \frac{1}{2R}\sqrt{\frac{L}{C}} \cdot \sqrt{LC}s + 1} \qquad (3-85)$$

式中，T 为时间常数，也称为无阻尼自由振荡周期；ξ 为阻尼比。

比较式（3-85）右侧等式两边，可知

$$T = \sqrt{LC} = \sqrt{71 \times 47} \times 10^{-6} = 57.7 \times 10^{-6}\,s \qquad (3-86)$$

$$\xi = \frac{1}{2R}\sqrt{\frac{L}{C}} = \frac{1}{2 \times 20}\sqrt{\frac{71}{47}} = 0.0307 \qquad (3-87)$$

由式（3-86）可知，励磁功率单元的时间常数为 μs 级，相对其他环节的 ms 级延时，这个延迟时间可以忽略不计。

因此，整个闭环系统的时间常数可以控制 ms 级，能满足航空变频发电机的要求。

3.2.5.3　小信号稳定性能

小信号的性能指标包括稳定时间、超调量、系统带宽、相位裕度和幅值裕度这几项，我们把前面仿真分析时，不同控制参数下的小信号性能指标综合，就得到了表 3-1 的汇总表。

表 3-1　不同控制参数下的小信号性能汇总

性能指标	P 调节	PI 调节	转速加倍	转速减为 0.9	考虑饱和系数 0.2
稳定时间 /ms	6	8	50	10	10
超调量 /%	20	10	100	5	4
系统带宽 /Hz	109.5	109.5	291.4	99.04	91.2
相位裕度 / (°)	96.8	60	8.62	63.7	66.4
幅值裕度 /dB	16.2	14.4	2.39	15.3	16.1

表 3-1 中比较了比例调节（P 调节）、比例积分调节（PI 调节）、转速加倍、转速减为 0.9 倍，和饱和系数为 0.2 这几种控制参数下的系统小信号性能指标。从表中呈现的数据可以看出，除了转速加倍情形可能导致系统不稳定外，其他 4 种情况，系统是稳定的。

在转速加倍时，相位裕度只有 8.62°，幅值裕度只有 2.39dB，而由第 2.2.2.2 节可知，为使系统稳定运行，开环传递函数的相位裕度要达到 60° 以上，幅值裕度要达到 10dB 以上。由于这两项指标均不满足，所以需要采取解决措施。可选的方案是引入转速前馈，从 PMG 整流输出电压 V_g 获取转速信息，并动态调节 Buck 电路的 PWM 占空比输出，以抵消转速变化所带来的影响。

余下的 4 种控制场景，从相位裕度和增益裕度的角度看，相差不大，都能满足稳定性的要求。P 调节相位裕度最大，因而稳定性能最好，缺点是输出超调量比较大，达到了 20%，对电源系统而言，有瞬时过压的风险。

在低转速（0.9 倍速）和考虑饱和的情况下，超调量有所减少，有利于提升系统闭环性能，但牺牲了带宽，相比 PI 调节，带宽降低了 10Hz，同时调节速度有所减缓，由 8ms

提高到 10ms。但从另一个角度来看，低转速和饱和对系统的性能指标影响有限，也不会影响到系统稳定性，无须像高转速那样，需要采取额外的补救措施。

3.2.5.4　调节容量与强励倍数

航空发电机在运行过程中，要依靠调节励磁电流而控制输出电压，因而励磁功率单元要有足够的调节容量，以适应各种不同的工况。此外，发电机还有 2 倍或 3 倍的过载能力，在发电机过载时，由于负载一般呈一定感性，所以过载时定子电枢反应去磁效应增强，此时为了维持发电机端电压恒定，需要加大发电机的励磁。而发电机的励磁来自励磁机，从而需要增加励磁机的输入，也就是 Buck 电路的输出电压。

由前面的分析可知，在发电机转速高时，需要减小励磁，相反，在低转速时，需要加大励磁，因此，励磁功率需求最大的工作点是低转速（360Hz），且处于过载状态（按照 VFG 的设计规范，取 2 倍或 3 倍）。

因此，设计励磁功率单元时，要考虑在低转速且负载过载状态下，依然能够维持发电机端电压恒定。

在 3.2.1 节励磁控制系统主要参数设计中，我们假定在 400Hz 下，Buck 电路输出 100VDC 给励磁机，对应占空比为 0.35。则在低转速下，即 0.9 倍速条件下，在磁路线性的假定下，所需的占空比为

$$D = \frac{0.35}{0.9 \times 0.9} = 0.432 \tag{3-88}$$

式（3-88）中，分母有两个 0.9，一个是励磁机本身因转速下降而输出降低而所需的输入补偿，另一个 0.9 是发电机因转速下降所需的励磁功率补偿。

如果此时再叠加 2 倍过载，则所需的占空比为

$$D = 0.432 \times 2 = 0.864 \tag{3-89}$$

此时，对应的 Buck 电路的输出电压为

$$V_g = 100 \times \frac{0.864}{0.35} = 246.8 \tag{3-90}$$

对应的强励倍数为

$$N = \frac{246.8}{100} = 2.468 \tag{3-91}$$

上述计算都是在磁路线性的假设下求出的，实际上，在励磁功率强励时，无论是励磁机，还是发电机，其磁路线性的假设可能都不再成立。尤其是励磁机，在发电机过载时，由于负载的去磁效应，发电机本身可能不会饱和，但励磁机要输出额定状态 2 倍多的电压，励磁曲线很可能已经不再维持线性。因而所需的励磁电压要高于 2.46 倍。同理，在最恶劣情况下的占空比，也不止增大到 2.46 倍。占空比的输出范围是励磁调节器在设计时需要考虑的内容，而 Buck 电路的最大输出电压则是功率放大单元在设计时需要考虑的内容。在第 2 章里，调节容量是励磁调节器的性能指标，而强励倍数和励磁电压响应比则是整个励磁系统的性能指标，其中，包括励磁调节器，功率放大单元（Buck 电路），励磁机，以及发电机的励磁绕组。

由于励磁机和发电机的励磁绕组在强励时都存在磁路的非线性问题，为精确求出此时的强励倍数，需要测绘 VFG 的参数，包括励磁机的励磁曲线，还有主发电的负载曲线，

之后在此基础上建立精确的数学模型，才能计算出低转速下，负载过载状态下的强励倍数。

第 2 章提出的励磁电压响应比的指标跟励磁系统的动态响应有关，为此，我们建立了如图 3–24 所示的励磁系统闭环仿真的 Simulink 模型。

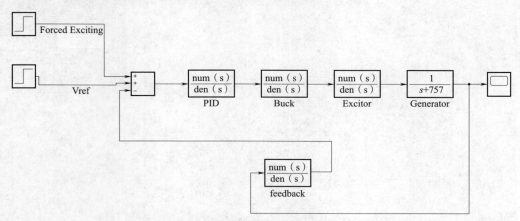

图 3–24　励磁系统闭环仿真的 Simulink 模型

在这个 Simulink 模型里，PID 模块、Buck 模块、Excitor 模块和 Generator 模块分别对应前述的 PI 调节器、功率放大单元、励磁机和同步发电机的传递函数，feedback 模块对应的是反馈环节的传递函数。

系统的输入由两个阶跃函数来模拟，一个是 Vref，另一个是 Forced Exciting。Vref 的值设置为 0.094，作用时间从 2s 开始，在这个参考值下，能使闭环系统输出稳态的预期电压 235V。

Forced Exciting 阶跃函数的作用时间稍晚，在 Vref 作用下系统趋于稳定后施加，起始时间设置为 2.02s。在这个时间点上，系统开始强制励磁，阶跃的幅度是 0.137，即为 Vref 值的 1.46 倍，以达到式（3–91）所需的强励倍数（2.46–1=1.46）。

仿真结果如图 3–25 所示，这是示波器监测到的输出电压的响应曲线。从中可以看出，从 2s 开始，在 Vref 的作用下，输出电压开始从 0V 上升，经过一轮振荡后，在约 8ms 后趋于稳定，即在 2.008s 系统输出稳定的 235V 电压。之后，在 2.02s，强行励磁开始，系统输出电压再次振荡上升，在 10ms 后趋于稳定，即在 2.03s 时，系统输出稳定的 577V 电压。

为求出对应的励磁电压响应比，我们在 2.02s 和 2.03s 这 10ms 区间画一条直线，直线从 235V 电压开始，从斜上方穿过输出电压响应曲线，使得直线和输出电压的振荡曲线之间所围的面积，上下两部分大致相等。可得这条直线在 2.03s 处所对应的幅值是 800V。

则根据式（2–3），可求得此时的励磁电压响应比

$$R_R = \frac{\left(\dfrac{U_c - U_b}{U_a} \right)}{0.01} = 100 \cdot \Delta U_{*bc} = 100 \times (800 - 577) = 22300(1/s) \tag{3–92}$$

根据图 3–25，还可以验算此时的强励倍数

$$N = \frac{577}{235} \approx 2.455 \tag{3–93}$$

这与先前的计算值 2.46 倍相吻合。

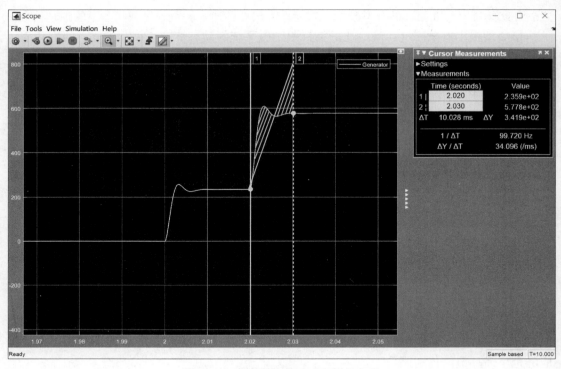

图 3-25　仿真输出的励磁电压响应比

3.3　GCU 励磁调节功能的设计

与控制环节的传递函数框图相对应，GCU 励磁调节的电路（见图 3-26）由以下几个部分组成。

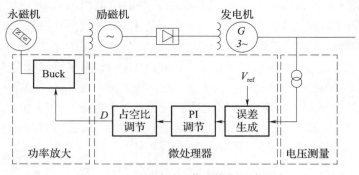

图 3-26　GCU 励磁调节功能的电路设计

（1）电压测量单元：采集 POR 处三相交流输出，经调理滤波后输入给微处理器 uP 的 AD 采样口；

（2）误差生成：用 Clarke 变换求取当前的 POR 处电压有效值，与预设的参考值进行比较，生成误差信号；

（3）PI 调节器：应用 P 和 I 分段调节的思想，输出 Buck 电路预期输出电压；

（4）占空比调节：在 PI 调节器的基础上，除以 PMG 整流电压及转速系数的平方，即得到 Buck 电路的 PWM 占空比；

（5）功率放大单元：根据微处理器输出的 PWM 斩波信号，驱动功率半导体（MOSFET 或 IGBT），调节励磁机的励磁输入。

其中，电压测量单元和功率放大单元由硬件电路来实现，而误差生成和 PID 调节器则通过微处理器内部的软件来实现。

3.3.1　电压测量与信号生成设计

励磁调节的目的是维持 POR 处的电压恒定，为此，GCU 要实时检测 POR 处的电压，并计算检测到的有效值。POR 处的电压由式（3-94）确定

$$V = \sqrt{2}\,V_{\text{rms}}\cos\left(2\pi ft + \phi_0\right) \tag{3-94}$$

式中：V——测量电压，V；

　　　V_{rms}——POR 处电压的有效值，V；

　　　f——电压频率，Hz；

　　　t——测量时间点，s；

　　　ϕ_0——初相角。

若 f 为已知，则可以通过两次测量来推测 POR 处的电压有效值 V_{rms}。

$$V_1 = \sqrt{2}\,V_{\text{rms}}\cos\left(2\pi ft_1 + \phi_0\right) \tag{3-95}$$

$$V_2 = \sqrt{2}\,V_{\text{rms}}\cos\left(2\pi ft_2 + \phi_0\right) \tag{3-96}$$

在 f 为已知的情况下，根据 t_1 时刻的测量值 V_1 和 t_2 时刻的测量值 V_2，可以联立式（3-95）和式（3-96），来求解两个未知数，V_{rms} 和 ϕ_0。

但实际上，发电机的频率在 360 ~ 800Hz 变化，f 无法预知，所以要用其他方法来测量电压有效值。由 2.5.1 节"Clarke 等幅值变换"可知，可以采集 a、b、c 三相电压瞬时值，通过 Clarke 等幅值变换，求取 α 和 β 值，对二者求取平方和再开平方，即求得当前的 POR 电压有效值。这种电压采集方法除了处理器的计算延时外，没有带来其他的延时，负载调节的实时性好。

当然，在 a、b、c 三相对称的假设下，由于 a、b、c 三相电流之和为 0，所以，只需采集 a、b 两相的电流即可。

假设初相角 ϕ_0 为 0，则 a、b、c 三相电压方程如下

$$\left.\begin{aligned}
V_a &= \sqrt{2}\,V_{\text{rms}}\cos\left(2\pi ft\right) \\
V_b &= \sqrt{2}\,V_{\text{rms}}\cos\left(2\pi ft - \frac{2}{3}\pi\right) \\
V_c &= \sqrt{2}\,V_{\text{rms}}\cos\left(2\pi ft + \frac{2}{3}\pi\right)
\end{aligned}\right\} \tag{3-97}$$

在 $t=0$ 时刻，a、b、c 三相电压瞬时值分别为

$$\left.\begin{array}{l} V_a = \sqrt{2}\,V_{\mathrm{rms}} \\ V_b = -\sqrt{2}\,V_{\mathrm{rms}}/2 \\ V_c = -\sqrt{2}\,V_{\mathrm{rms}}/2 \end{array}\right\} \qquad (3\text{-}98)$$

对式（3-98）应用等幅值 Clarke 变换

$$\begin{pmatrix} V_\alpha \\ V_\beta \\ V_0 \end{pmatrix} = \frac{2}{3} \begin{pmatrix} 1 & -\dfrac{1}{2} & -\dfrac{1}{2} \\ 0 & \dfrac{\sqrt{3}}{2} & -\dfrac{\sqrt{3}}{2} \\ \dfrac{1}{2} & \dfrac{1}{2} & \dfrac{1}{2} \end{pmatrix} \begin{pmatrix} \sqrt{2}\,V_{\mathrm{rms}} \\ -\dfrac{\sqrt{2}}{2}V_{\mathrm{rms}} \\ -\dfrac{\sqrt{2}}{2}V_{\mathrm{rms}} \end{pmatrix} \qquad (3\text{-}99)$$

解之，可求得

$$\begin{pmatrix} V_\alpha \\ V_\beta \\ V_0 \end{pmatrix} = \begin{pmatrix} \sqrt{2}\,V_{\mathrm{rms}} \\ 0 \\ 0 \end{pmatrix} \qquad (3\text{-}100)$$

则对应的 POR 处电压幅值为

$$V_{\mathrm{POR}} = \sqrt{V_\alpha^2 + V_\beta^2} = \sqrt{2}\,V_{\mathrm{rms}} \qquad (3\text{-}101)$$

可见，采集到的 a、b、c 三相电压瞬时值，经过 Clarke 变换后，可以直接求出有效值。

如图 3-27 所示，POR 处的交流三相电压，经过分压，将 115VAC 变成数字处理器 uP 可以处理的小信号。因为一般的 AD 采样只能处理正电压，而交流电是双极性的，所以分压滤波后的信号要进行负电平抬升，将负的电压信号整定为正电压，再输入给微处理器的 AD 采样口。AD 采样前端还有低通滤波电路，以消除高频噪声对采样值的干扰。

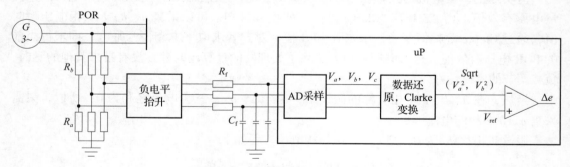

图 3-27　电压测量与误差生成的原理框图

AD 采样后的数据先要进行还原，即减掉 AD 采样前被抬升的电压，再经过 Clarke 变换，以求取 POR 处电压有效值。经过换算的有效值与参考电压 V_{ref} 进行比较后，即获得电压偏差信号。这里的 V_{ref} 是当 POR 处电压有效值为 115VAC 时所对应的有效值电压。

图 3-27 的采样分压电路由分压电阻 R_a 和 R_b 实现，在选择分压比时，要考虑 POR 处电压的波动范围，同时还要兼顾 AD 采样电路的输入电压可接受范围。根据 DO-160G，

115VAC 交流有效值的瞬态浪涌峰值最高可达 $180V_{rms}$，对应的峰值电压为 255V。

这里取 R_b 为 $390k\Omega$，R_a 为 $1k\Omega$，即分压比约为 $1:400$，可以将最大峰值电压 255V 缩小到 1V 以下，这样既可以满足 AD 采样对输入电压范围的要求，也具有较好的信噪比。

图 3-28 是负电平抬升电路，采用的是同相加法器，基准抬升电压为 1V，在最大可预见 POR 电压下，也能保证输入给 AD 采样口的电压为正。

由电路的基础知识可知，在图 3-26 中，若取

$$R_1 = R_2 = R_3 = R_4 = R_5 = 1 \tag{3-102}$$

则有

$$V_o = 1V + V_a / V_b / V_c \tag{3-103}$$

可见，经过加法电路后，$V_a/V_b/V_c$ 的电压（a、b、c 任一相电压）被抬升了 1V。

注意，a，b，c 三相每相都要接一个加法电路，即每相的采集电压都被抬升了 1V。

经过负电平抬升电路后，采样后的电压均转换为正值，满足 uP 中 AD 采样模块对电压极性的要求。

负电平抬升电路后紧跟的低通滤波电路用于滤除高频噪声，考虑到 115VAC 交流的工作频率为 360 ~ 800Hz，我们需要把低通滤波器的截止频率设置在工作频率的 20 倍以上。

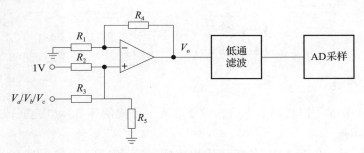

图 3-28　负电平抬升电路

在图 3-29 中，取 $R_f=10\Omega$，$C_f=0.47\mu F$，则对应的低通滤波截止频率为

$$f_c = \frac{1}{2\pi R_f C_f} = \frac{1}{6.28 \times 10 \times 0.47\mu} = 33.8 \text{（kHz）} \tag{3-104}$$

33.8kHz 相当于最大工作频率 800Hz 的 40 倍，可以满足滤波器对截止频率的要求，在这个滤波设置下，对应的时间常数为

$$\tau = R_f C_f = 10 \times 0.47 = 4.7 \tag{3-105}$$

而发电机的最大工作频率为 800Hz，即周期为 1.25ms，由采样滤波引起的时间延迟远小于一个周波。

本书 3.1.3 节在描述电压测量单元的传递函数时，提到滤波电路的延迟可以忽略不计，从式（3-105）也可以看出，$4.7\mu s$ 的滤波电路延时与其他环节的 ms 级延时比较起来，可以忽略不计。

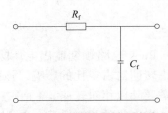

图 3-29　AD 采样前的低通滤波电路

3.3.2　误差生成与 PI 调节设计

微处理器在采集到 AD 采样信号后，要先减掉负电平抬升的 1V，以还原成 a、b、c 三相交流信号。这三相交流信号经过 Clarke 变换后，可以求得当前 POR 处电压的幅值，跟预设的参考电压 V_{ref} 比较后，就得到了电压误差信号。

由于 POR 的目标整定值为 115Vrms，对应峰值为

$$\sqrt{2}\,V_{\text{rms}} = 1.414 \times 115 = 162.61 \qquad (3-106)$$

该值经过 R_a 和 R_b 分压后即得到 V_{ref}

$$V_{\text{ref}} = \sqrt{2}\,V_{\text{rms}}\frac{R_b}{R_a + R_b} = 162.61 \times \frac{1}{1 + 390} = 415.9 \qquad (3-107)$$

在设计 PI 调节电路时，采用积分分离的算法，将 P 和 I 分开。当偏差较大时，只让比例部分起作用，以快速减小偏差。当偏差降低到一定程度后，再将积分作用投入，这样既可以消除最终稳态误差，又能避免较大的退饱和超调。

我们设定偏差阈值为 20% 输出电压，即有 Δe_{th}

$$\Delta e_{\text{th}} = V_{\text{ref}} \times 20\% = 83 \qquad (3-108)$$

当偏差大于设定偏差阈值时，只投入 P 调节器；当偏差小于等于设定偏差阈值时，同时投入 P 和 I 调节器，如式（3-109）所示

$$\begin{cases} \Delta e_{\text{th}} > 83\text{mV} & \text{仅 P 调节} \\ \Delta e_{\text{th}} \leq 83\text{mV} & \text{P + I 调节} \end{cases} \qquad (3-109)$$

3.3.3　占空比调节

在数字 PI 调节器（控制器）之后，需要加入一个比例环节，以表征转速对 Buck 电路 PWM 占空比的影响。

如图 3-30 所示，V_g 是 PMG 的整流输出电压，V_{g0} 是额定状态，即 400Hz 转速下对应的 PMG 整流输出电压。

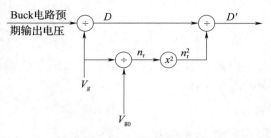

图 3-30　从 PMG 整流输出电压导出 Buck 电路 PWM 占空比 D'

Buck 电路预期输出电压除以 V_g，即得到 Buck 电路的预期 PWM 控制占空比 D。为了考虑转速对占空比的影响，该占空比还要根据转速进行修正。根据前面的分析，预期占空比需要除以相对转速 n_r 的平方，才能得到实际的 Buck 电路控制占空比 D'。

发电机的相对转速 n_r 可以由 PMG 整流输出电压 V_g 导出，因为本身也跟发电机转速成

正比，由 5.1.2.2 节式（5-7）可知，发电机的相对转速可由式（3-110）决定

$$n_r = V_g / V_{g0}$$

（3-110）

预期占空比 D 除以相对转速 n_r^2，即得到 Buck 电路的实际控制占空比 D'。

3.3.4　功率放大单元设计

功率放大单元将 uP 内部数字 PI 和占空比调节的输出转化为励磁机励磁线圈的输入电压，通过调节输入电压的大小来调节励磁机的励磁电流，进而调节主发电机的励磁，以稳定 POR 处的电压。

功率放大单元可以用 Buck 电路来实现，它将 PMG 的输出电压进行斩波，降压输出给励磁机的励磁线圈。Buck 电路的输出电压由功率 MOS 管的 PWM 驱动的占空比来调节，而 uP 内部数字 PI 经过占空比调节后的输出即为控制 Buck 电路 PWM 驱动的占空比。

3.3.4.1　Buck 电路设计

如图 3-31 所示，可用 Buck 电路来实现对励磁机的励磁电压调节，PMG 的输出电压经过三相全波整流后，输入给 Buck 电路，后者经过降压，输出给励磁机的直流线圈，为励磁机提供励磁。

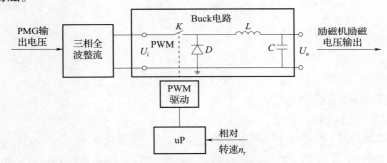

图 3-31　用 Buck 电路来调节励磁机的励磁电流

励磁机的励磁电流由 Buck 电路的输出电压来调节，当 VFG 输出电压（POR 处电压）偏高时，就降低 Buck 电路的输出电压，以减小励磁机的励磁电流；反之，则增加 Buck 电路的输出电压。

由电机学的基础知识可知，不饱和凸极同步发电机满足下列电压平衡式

$$\dot{E}_0 = \dot{U} + j \dot{I}_d x_d + j \dot{I}_q x_q + \dot{I} r_a$$

（3-111）

式中：$\dot{E}_0$——VFG 主发电机的空载电势，V；

　　　$\dot{U}$——VFG 的机端电压，此处为 POR 处的电压，V；

　　　$\dot{I}$——负载电流，A；

　　　$\dot{I}_d$——负载电流 $\dot{I}$ 的直轴分量，A；

　　　$\dot{I}_q$——负载电流 $\dot{I}$ 的交轴分量，A；

　　　x_d——直轴同步电抗的不饱和值，Ω，它是直轴电枢反应电抗与电枢漏感电抗之和；

　　　x_q——交轴同步电抗的不饱和值，Ω，它是交轴电枢反应电抗与电枢漏感电抗之和；

　　　r_a——电枢绕组电阻，它包含了 VFG 主发电机绕组电阻和发电机到 POR 处馈线的电阻。

将式（3-97）中的 $\dot{U}$ 移到等式的一端，可以得到

$$\dot{U} = \dot{E}_0 - j\dot{I}_d x_d - j\dot{I}_q x_q - \dot{I}r_a \qquad （3-112）$$

由式（3-112）可见，POR 处电压波动由以下几个因素决定。

（1）负载电流 $\dot{I}$：当负载电流增大时，POR 处电压降低，反之则升高；

（2）空载电压 $\dot{E}_0$：当励磁电流不变时，若发动机转速发生变化，$\dot{E}_0$ 也会相应变化，其变化幅度与转速成正比。

负载电流的减小和发动机转速的升高，都会导致 POR 处电压 $\dot{U}$ 的升高，这时，应减小励磁，降低 Buck 电路的占空比；当负载电流增大，或者发动机转速降低时，应增大励磁，提高 Buck 电路的占空比。

Buck 电路的输出电压由微处理器输出的 PWM 占空比来控制，其输出电压 U_o、输入电压 V_g 和占空比 D 三者之间的关系为

$$U_o = V_g D \qquad （3-113）$$

其中，输出电压 U_o 和输入电压 V_g 均与发动机转速有关，在其他参数不变的情况下，输入电压 V_g 正比于发动机转数 n

$$V_g = 4.44 \cdot \frac{n}{60} \cdot p \cdot \Phi \cdot 2.34 \qquad （3-114）$$

式中：n——发电机转速；

Φ——PMG 的转子磁链，为一常数；

系数 4.44——PMG 空载输出电压系数；

2.34——三相全波整流系数；

P——PMG 的极对数。

可见，PMG 的整流输出电压 V_g，也就是 Buck 电路的输入电压，与转速成正比，因此，PMG 整流输出电压中含有转速的信息。因此，可以由式（3-110）求得发电机相对400Hz 的转速 n_r。

在 Buck 电路输出电压不变的情况下，励磁机的输出电压与发电机相对转速 n_r 成正比，从而导致主发电机的励磁电流与相对转速 n_r 成正比。在不考虑饱和的情况下，主发电机的气隙磁通也与相对转速 n_r 成正比。气隙磁通与相对转速的双重作用，会导致发电机的输出空载电势与相对转速 n_r 的平方成正比。

这里的分析结论也与 3.1.1 节和 3.1.2 节的结论一致，在同步发电机的传递函数中，有相对转速 n_r 的增益因子；在励磁机的传递函数中，也有一个相对转速 n_r 的增益因子。二者级联，反映在输出电压上，会带来 n_r^2 的影响。

由式（3-112）还可以看出，虽然发电机空载电势 E_0 与相对转速 n_r 成正比，但 POR 处的电压 U 并不与相对转速 n_r 成严格的正比例关系，即当 E_0 变为 n_r 倍时，U 并不是同比例地增加 n_r 倍，而是比 n_r 倍大。

$$\dot{U}' = n_r \cdot \dot{E}_0 - j\dot{I}_d x_d - j\dot{I}_q x_q - \dot{I}r_a > n_r(\dot{E}_0 - j\dot{I}_d x_d - j\dot{I}_q x_q - \dot{I}r) = n_r \cdot \dot{U} \qquad （3-115）$$

由于发电机过压是比较严重的故障，因此，GCU 需要实时监测发电机的相对转速 n_r，也就是 PMG 的整流输出电压 V_g，并根据 V_g 所携带的相对转速信息 n_r，实时修正 Buck 电路的 PWM 占空比 D，以避免转速的变化导致 VFG 输出过压故障。

3.3.4.2　PWM 占空比生成

在实际应用中，3.3.3 节的占空调节部分可以和 PI 调节器合并，因为占空比调节部分对输出 Buck 电路占空比的修正，实际上是对 PI 调节器比例系数的 K_P 的修正。

经过此处的修正后，PI 调节器的比例系数 K_P 不再为常数，而是随着发电机转速 n_r 而变化的参数。

uP 会根据当前采集到的发动机转速信号来修订 K_P 参数，假设 PI 调节器的参数是在 400Hz/115VAC 条件下整定的，则当检测到 PMG 整流输出电压异于 V_{g0} 时，则将 K_P 参数根据相对转速 n_r 作下述修订

$$K'_P = \frac{K_P}{V_g \cdot n_r^2} \tag{3-116}$$

因此，数字 PI 调节的输出占空比 D 由下式确定

$$D(k) = K'_P \mathrm{e}(k) + K_I T_s \sum_{j=0}^{k} \mathrm{e}(j) \tag{3-117}$$

$$\Delta D(k) = D(k) - D(k-1) = K'_P [\mathrm{e}(k) - \mathrm{e}(k-1)] + K_I T_s \mathrm{e}(k) \tag{3-118}$$

$$D(k) = D(k-1) + \Delta D(k) \tag{3-119}$$

第4章 GCU 的控制与保护功能

在第 3 章中，我们讲述了 GCU 励磁调节功能及其实现方式，本章着重讲述 GCU 控制与保护功能的实现。对于变频启动发电机，GCU 还要配合共用马达启动控制器（Common Mode Starter Controller，CMSC），控制相应的励磁开关，从启动期间的三相励磁切换为两相励磁。与发动机启动相关的内容将在第 5 章详细讨论。

在飞机上，GCU 与发电机为 1∶1 配置，即每台发电机都有各自独立的 GCU，包括主发电机和 APU 发电机。波音 787 飞机的电源系统是迄今为止最复杂的航空电源系统，本章先从波音 787 飞机 GCU 的控制和保护功能入手，详细介绍电压、电流、频率等故障判断条件的设定，再讲述如何通过硬件和软件设计来实现这些控制和保护功能。考虑到变频发电机容易出现过压故障，在波音 787 飞机上，还给每个 GCU 配备了独立的过压保护单元 OPU，在 GCU 过压保护失效的情况下，它可以提供后备过压保护。

波音 787 的 GCU 为 VFSG 和 ASG 提供的控制与保护功能有：

①监控发电机控制断路器（GCB）或辅助动力断路器（APB）；

②监控汇流条连接断路器（BTB）；

③在发动机启动期间控制励磁继电器与发电机中性点继电器（GNR）；

④自检测（Built-in-test，BIT）功能，检测对应的 VFSG/ASG 功率通道和馈线电缆。

波音 787 飞机的 GCU 借助配电盘箱内的强迫风冷散热，此外，在配电盘箱内还有备用的冷却风扇，这些风扇通过 GCU 内置的温度传感器来控制。VFSG/ASG 内部的永磁发电机为 GCU 内部的电压调节器提供功率输入，用于产生正常负载、过载及故障条件下所需的发电机励磁。由于 GCU 从 PMG 获取功率输入，它可以独立于飞机汇流条而工作。

GCU 内部会对 PMG 电压进行整流降压，整流降压后的电压既作为励磁机励磁调节的功率源，也作为 GCU 内部数字电路的控制电源。除了 PMG 提供的功率输入外，GCU 还从 28VDC Bus 及 ESS 28VDC Bus（对应波音 787 的 Capt Instr Bus 和 F/O Instr Bus）获取备份的功率输入。这些备份功率输入仅用于 GCU 的内部控制与保护，不用于发电机的电压调节。

GCU 与其他电源系统控制器通过冗余的通信总线进行通信，通信的冗余确保了单点故障不会导致通信的丢失。通信总线上传输的数据包括功率传输请求、系统配置、汇流条保护信息，以及负载管理信息等。GCU 还附带了软件加载功能，可以在飞机上通过机载维护系统对其软件进行升级。

本书 4.1 节的电源系统架构及电源优先级顺序等相关内容参考了波音 787 电源系统维修手册。在维修手册概要性描述基础上，为便于理解，本书增加了文字讲解，在难点处，如旋转整流二极管短路的判别，还增加了原理描述。

4.2 节是控制与保护功能的实现，讲述了接触器线圈控制、电压检测、频率检测、电流检测、旋转变压器故障检测和离散信号检测等常用的 GCU 硬件电路设计。

4.3 节讲述了 OPU 的工作原理与电路实现，与本书 1.3.1.2 节介绍的 OPU 实现方法不同，4.3 节介绍了如何用 Crowbar 电路来实现过压保护。

4.1　波音 787 的 GCU 控制与保护功能综述

4.1.1　GCU 的通用控制与保护接口

在波音 787 上，发电机采用的是 235VAC 供电体制，全机共有 6 台发电机（不含RAT），其中，变频启动发电机 VFSG 有 4 台，额定功率 250kVA，辅助启动发动机 ASG有 2 台，额定功率 225kVA。4 台 VFSG 分别安装在左、右发动机上，每台发动机装 2 台VFSG。2 台 ASG 都安装在 APU 上，位于飞机尾部。

与这 6 台发电机相关的 GCU 及 235VAC 汇流条安装在 3 个配电盘箱中，分别是安装在飞机后段电子设备舱（Aft EE Bay）的 P100、P150 和 P200。其中，P100 位于飞机左侧，里面装有两台左发 VFSG 的 GCU，P200 位于飞机右侧，里面装有两台右发 VFSG 的 GCU，P150 位于中间，装有两台 ASG 的 GCU，GCU 的功能接口如图 4-1 所示。

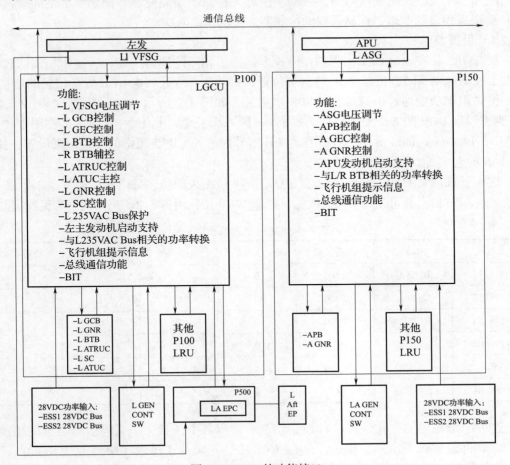

图 4-1　GCU 的功能接口

这些 GCU 要履行的功能概括起来有：

①VFSG/ASG 输出电压调节；

②235VAC 接触器控制；

③为对应的汇流条通道提供保护（如 L 235VAC Bus 由 L GCU 提供保护）；

④主发动机与 APU 发动机启动支持；

⑤为特定汇流条提供功率转换支持，在发电机出现故障时，根据汇流条优先级，为失电的汇流条提供备用功率输入；

⑥通过总线传输数据为飞行机组提供主电源的状态指示信息；

⑦自检测功能（BIT）。

除了接收总线信号外，GCU 还根据需要从其他功率控制设备接收离散信号，以判断 GCU 的位置以及飞机当前所处的工作模式。

GCU 的功能接口如图 4-1 所示，除了输出电压调节外，它还需要控制发电机出口断路器 GCB，励磁调节继电器 GEC，中性点继电器 GNR。对于 VFSG 而言，还需要配合发动机的启动，控制 SC 接触器，汇流条连接接触器 BTB、ATRU 和 ATU 的控制接触器 ATRUC 和 ATUC。

此外，在发电机出现故障时，或因为所处飞行阶段而需要在不同功率源之间转换时，GCU 要根据预设的逻辑，控制关联的接触器，实现预期的功率转换。

4.1.1.1　引脚编程

波音 787 共有 6 台 GCU，它们在硬件上采用了相同的架构与设计，复用相同的软件。但由于控制对象不同，每台 GCU 应具备位置识别功能，以获取本 GCU 安装位置的信息。

位置识别功能通过引脚编程的方式来实现，如图 4-2 所示，每台 GCU 共采用了 4 个 Pin 脚来识别 GCU 的 6 个安装位置，每个 Pin 脚采用了地 / 开信号作为输入。在图中"开"用 NC（Not Connected）来表示。这些地 / 开信号通过各配电盘箱中的母线板来设置，其中"地"表示 1，"NC"表示 0。

这 4 个 Pin 脚中，前 3 位表示位置编码，第 4 位为校验位，采用偶校验方式。如表 4-1 所示，3 位 Pin 脚总共可以表示 8 个位置，波音 787 飞机只用到 6 个，另外两个为无效状态。

表 4-1　GCU 引脚编程定义

发电机	GCU	盘箱位置	编码 Pin1	编码 Pin2	编码 Pin3	校验 Pin4
VFSG L1	L1 GCU	P100	0	0	0	0
VFSG L2	L2 GCU	P100	0	0	1	1
VFSG R1	R1 GCU	P200	0	1	0	1
VFSG R2	R2 GCU	P200	0	1	1	0
ASG L	L AGCU	P150	1	0	0	1
ASG R	R AGCU	P150	1	0	1	0

这种引脚编程的方式还有一种检错功能，即当其中任意一个引脚信号与预期相违背时，GCU 都能够识别出来。比如，在 L1 GCU 中，正确的引脚编程序列为"0/0/0/0"，若由于某种原因使其中的某一个信号状态改变了，如第 4 位"NC"信号变成了"地"，则此

时 GCU 读取的信号序列为"0/0/0/1"，而这个序列不在合法序列范围内（表 4–1 的编码为合法编码），GCU 会判定为位置识别错误，这时，GCU 会进入失效安全（Fail–safe）状态。

GCU 产品上电后，若引脚识别成功，则 GCU 会根据其所处的位置调用相应的处理程序。

4.1.1.2　VFSG 滑油参数与 PMG 状态监控及手动脱机

VFSG 会监控自身的滑油参数，当出现低油压（Low Oil Pressure，LOP）状态时，VFSG 会给出硬线报警信号，通知 GCU。在 GCU 检测到 PMG 输入丢失，或接收到 VFSG 传来的低油压信号后，会通过总线（借助网关的中转）告知驾驶舱显示单元，指示发电机故障，并在飞行机组的干预下启动手动脱机程序。

DISC 电磁阀（脱机电磁阀）的正端一直有供电（28VDC），而 GCU 则通过其内部的逻辑电路控制脱机电磁阀的回线端。

在 LOP 条件出现或 VFSG PMG 输出故障的情况下，GCU 会通过通信总线告知驾驶舱显示单元，让其点亮 GEN DRIVE 指示灯，等待飞行机组的决策。

若飞行机组闭合了 GEN DRIVE DISC 开关，则 GEN DRIVE DISC 开关会给驾驶舱显示单元提供"地"输入，在驾驶舱显示单元采集到这个"地"信号后，它会向 GCU（经由网关的信号中转）发出"GEN DRIVE DISC 请求"信号，通知 GCU 响应驾驶员开关的动作。

GCU 在采集到"GEN DRIVE DISC 请求"信号后，会判断手动脱机条件是否为真，若为真，则 GCU 会为 DISC 电磁阀的返回通路提供地回路，从而切断 GCB。

如果发动机燃油切断开关的状态是 CUT OFF，则 GCU 会抑制 GEN DRIVE DISC 的请求。

以上控制原理如图 4–2 所示，对应的控制逻辑如图 4–3 所示。

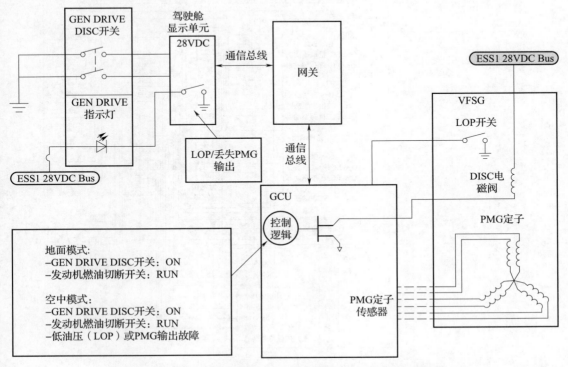

图 4–2　VFSG 滑油参数和 PMG 状态监控及手动脱机原理框图

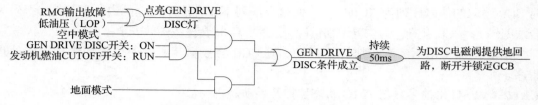

图 4-3　DISC 电磁阀地回路的控制逻辑

如果以下条件持续 50ms，则手动脱机条件成立：

①在地面模式下：GEN DRIVE DISC 开关状态为 ON；对应的发动机燃油切断开关状态为 RUN；

②在空中模式下：GEN DRIVE DISC 开关的状态为 ON；对应的发动机燃油切断开关状态为 RUN，且 VFSG 低油压（LOP）或 VFSG 的 PMG 输出故障条件为真。

上述逻辑条件会植入 GCU 中，以实现既定的检测和告警功能。

4.1.1.3　GCU 对励磁及启动接触器的控制

由 GCU 控制的接触器如图 4-4 所示，其中发电机励磁接触器 1（GEC1）在主发动机启动（MES）模式下将 235VAC 汇流条 C 相连接到 VFSG 的励磁机定子；GEC2 在 MES 模式下将 235VAC 汇流条 A 相和 B 相连接到 VFSG 的励磁机定子；GEC3 在发电机模式下将来自 GCU 的励磁电压连接到 VFSG 励磁机定子；启动接触器（SC）在 MES 模式下将 CMSC 功率连接到主定子；GNR 在 MES 模式下断开，在发电机模式下闭合，其通断由 GCU 控制。

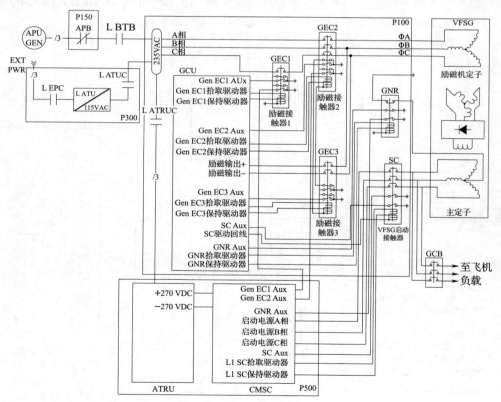

图 4-4　GCU 控制的接触器

144

以上控制逻辑以 L VFSG 的 GCU 为例解释，ASG 和 R VFSG 的 GCU 控制接触器逻辑与 L VFSG 的 GCU 是类似的。

在发动机启动期间，GCU 不提供励磁机的励磁，励磁机定子的电源来自 235VAC Bus。GCU 要配合当前的启动过程，根据当前发动机的转速，决定 GEC1 和 GEC2 是否闭合。在低转速情况下（3900r/min 以下），励磁机采用三相交流励磁，GEC1 和 GEC2 均闭合，在中转速情况下（6780r/min 以下），励磁机采用两相交流励磁，此时会断开 GEC1，只有外部电源的 A 相和 B 相接入 VFSG 定子。在发动机启动结束，进入怠速运行，VFSG 进入发电机运行模式时，GCU 会断开 GEC2，闭合 GEC3，由 GCU 为励磁机定子提供励磁电源。

4.1.1.4　GEC1 控制逻辑

在 P100 和 P200 中，对应每台 VFSG 都有一个 GEC1，在 P150 中，也有 ASG 对应的 GEC1。GEC1 控制 235VAC 汇流条 C 相与 VFSG 励磁机定子的连接。

GEC1 在下列条件均满足时设置为 CLOSE 状态：

①主发动机启动（MES）模式为 TRUE；

②VFSG PMG 频率小于等于 585Hz（VFSG 输入速率 =3900r/min）；

③通用马达启动控制器（CMSC）启动电源为 ON；

④CMSC 启动电源缺相为 FALSE。

GEC1 在下列任一条件满足时设置为 OPEN 状态：

①MES 模式为 FALSE；

②VFSG PMG 频率大于 600Hz（VFSG 输入速率 =4000r/min）；

③CMSC 启动电源状态为 OFF；

④CMSC 启动电源缺相状态为 TRUE。

GEC1 的控制逻辑，如图 4-5 所示。

这里需要注意的是，PMG 的频率是 VSFG 频率的 3 倍，因此，当 PMG 频率为 585Hz 时，对应的 VFSG 的频率为 585/3Hz（195Hz）。根据同步电机转速与频率的关系：$n=60f/p$，其中，n 为输入转速，f 为主定子 AC 频率，p 为转子极对数。将频率用 585/3Hz，p 用 3（6 极发电机对应的极对数为 3）代入，可得 PMG 频率为 585Hz 时，发电机的输入转速为 3900r/min。

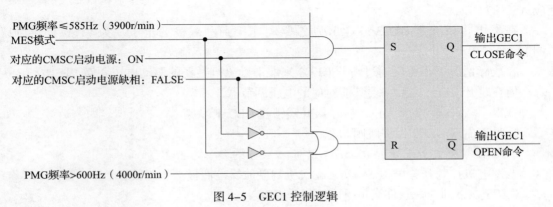

图 4-5　GEC1 控制逻辑

4.1.1.5　GEC2 控制逻辑

在配电盘箱 P100 和 P200 中，每个 VFSG 都对应有一个 GEC2，在 P150 配电盘箱中，也有与 ASG 对应的 GEC2。GEC2 将 235VAC 汇流条的 A 相、B 相交流功率连接到 VFSG 的励磁机定子。

GEC2 在下列条件满足时应输出 CLOSE：

①主发动机启动（MES）模式为 TRUE；

②VFSG 的 PMG 频率小于或等于 825Hz（VFSG 的输入速率 =5500r/min，主发电机频率为 275Hz）；

③CMSC 的启动电源状态为 ON。

GEC2 在下列任一条件满足时应输出为 OPEN：

①MES 模式为 FALSE；

②VFSG 的 PMG 频率大于或等于 1050Hz（VFSG 输入速率 =7000r/min，对应 VFSG 的频率为 350Hz）；

③CMSC 启动电源状态为 OFF。

GEC2 的控制逻辑如图 4-6 所示，7000r/min 是启动过程向发电过程过渡的转折速度，在这个速度点之后，发电机由之前的交流励磁改为 GCU 提供的直流励磁。

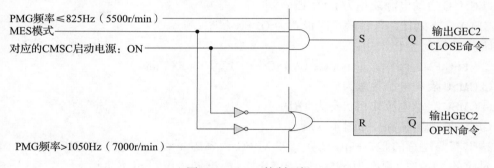

图 4-6　GEC2 控制逻辑

4.1.1.6　GEC3 控制逻辑

在配电盘箱 P100 和 P200 中有对应每个 VFSG 的 GEC3，在 P150 配电盘箱中也有对应 ASG 的 GEC3。

在发电机模式下 GEC3 将 GCU 励磁驱动连接到励磁机的定子，为 VFSG 提供励磁调节。

在故障情况下，可以通过断开 GEC3 来取消励磁机磁场的驱动电压，对 VFSG/ASG 灭磁；但在跳开 GEC3 之前，要禁能对应的电压调节器。

在以下条件满足时，GEC3 应输出并闭锁在 CLOSE 状态：

①没有出现 GEC3 保护跳闸状态；

②PMG 频率大于或等于 1055Hz（对应 VFSG 的频率为 352Hz）；

③发电机控制开关（GCS，安装在飞机驾驶舱操控面板上）闭锁在 ON 位置。

GEC3 在下列任一条件满足时应输出为 OPEN：

①电压调节器（VR）禁能 10ms，且 GCS 选择在 OFF 位置。

②PMG 频率小于或等于 1020Hz（对应 VFSG 的频率为 340Hz）。

③VR 禁能 10ms 且出现了以下任一故障条件：

a. 过压（OV）；

b. 欠压（UV）；

c. 相序保护（PS）；

d. 差动保护（DP）；

e. 缺相（OP）；

f. 并联馈线开路（PFO）；

g. 发电机 CT 开路；

h. 过载（OC）；

i. GCU 进入失效安全状态；

j. GCU 供电故障；

k. GCB 闭合故障。

GEC3 跳闸后可以通过将 GCS 旋到 ON 位置而手动复位，在 GCU 进入失效安全状态或出现供电故障时，可以通过执行 GCU 上电复位来复位跳闸后的 GEC3；GEC3 跳闸后会触发 GCB 跳闸并抑制 GEC3 的 CLOSE 命令。

GEC3 的控制逻辑，如图 4-7 所示。

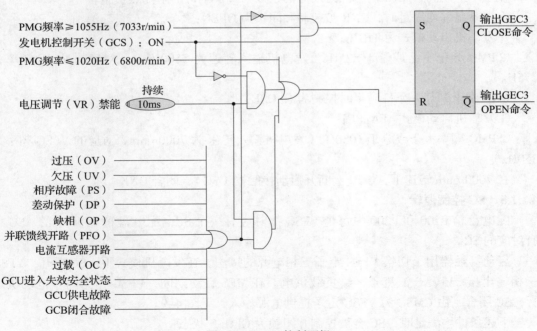

图 4-7　GEC3 控制逻辑

4.1.1.7　GNR 控制逻辑

配电盘箱 P100 和 P200 中每个 VFSG 都有一个对应的 GNR，配电盘箱 P150 中的 ASG 也有一个对应的 GNR。

在发电机模式下，VFSG 的中性点接飞机结构，与飞机交流负载共用相同的电流回线，所以 GNR 在发电模式下处于闭合状态。

而在启动模式下，VFSG 定子三相输入来自共用马达启动控制器 CMSC，电动机驱动内部采用三相逆变桥输出，中性点与 CMSC 的三相 235VAC 输入（由 ASG 产生）不共地，所以此时的 VFSG 中性点不能接地，GNR 应断开。

如图 4-8 所示，GNR 的状态只与主发启动模式有关，在 MES 模式退出后，GNR 就立即闭合了。

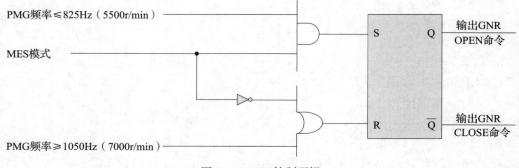

图 4-8　GNR 控制逻辑

GNR 采用的是常闭触点，在未上电时其主触点是闭合的。在发动机启动（MES 或 AES 模式下）期间，GNR 的触点是断开的，以断开发电机的中性点。

在以下条件均满足时，GNR 被控制和闭锁为 OPEN：

①发动机启动模式为 TRUE；

②PMG 频率小于或等于 825Hz（发电机输入转速为 5500r/min，对应的 VFSG 频率为 275Hz）。

GNR 在下列任一条件满足时控制为 CLOSE：

①发动机启动模式：FALSE；

②PMG 频率大于或等于 1050Hz（发电机输入转速为 7000r/min，对应的 VFSG 频率为 350Hz）。

在 7000r/min 转速下，GCU 会断开启动接触器（SC），闭合 GNR。

4.1.1.8　SC 控制逻辑

配电盘箱 P100 和 P200 中每个 VFSG 都对应有一个 SC，配电盘箱 P150 中的 ASG 也有对应的 SC。

启动接触器用于切换 VFSG 定子三相电源的接法，在发电机模式下，SC 断开，VFSG 三相输出接 235VAC 汇流条，给负载供电。在 MES 启动期间，VFSG 作为同步电动机运行，SC 闭合，由 CMSC 为 VFSG 定子提供电源输入，见图 4-9。

下述条件均满足时，SC 会被控制并闭锁为 CLOSE 状态：

①发动机启动模式（MES）为 TRUE；

②PMG 频率小于或等于 825Hz（VFSG 输入转速为 5500r/min）。

在下述任一条件满足时，SC 会被控制为 OPEN：

①MES 模式为 FALSE；

②PMG 频率大于或等于 1050Hz（VFSG 输入转速为 7000r/min）。

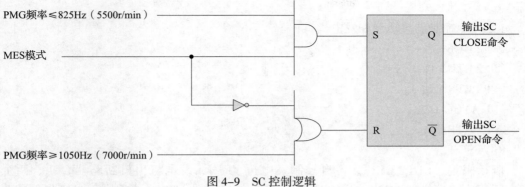

PMG频率≤825Hz（5500r/min）

MES模式

PMG频率≥1050Hz（7000r/min）

S　Q　输出SC　CLOSE命令

R　$\overline{Q}$　输出SC　OPEN命令

图 4-9　SC 控制逻辑

GNR 断开和 SC 闭合的控制逻辑是一样的，因为只在发动机 /APU 启动期间需要断开 GNR，闭合 SC。

4.1.2　GCU 对接触器和发电机的控制

如图 4-10 所示，L1 GCU、L2 GCU、A1 GCU、A2 GCU、R1 GCU 和 R2 GCU 各自控制的接触器和发电机用虚线表示。此外，L1 GCU/L2 GCU 和 R1 GCU/R2 GCU 也提供了相互监控功能。

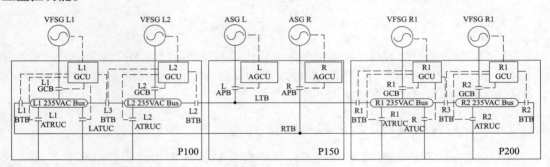

L1 GCU	L2 GCU
L1 GCB	L2 GCB
L1 BTB	L2 BTB
L3 BTB（主）	L3 BTB（次）
L ATUC（主）	L ATUC（次）
L1 ATRUC	L2 ATRUC
VFSG L1	VFSG L2

L AGCU	R AGCU
L APB	R APB
ASG L	ASG R

R1 GCU	R2 GCU
R1 GCB	R2 GCB
R1 BTB	R2 BTB
R3 BTB（主）	R3 BTB（次）
R ATUC（主）	R ATUC（次）
R1 ATRUC	R1 ATRUC
VFSG R1	VFSG R2

图 4-10　GCU 控制的接触器和发电机

L1 GCU 控制的接触器和发电机有：

①L1 GCB；

②L1 BTB；

③L3 BTB（主）；

④L ATUC（主）；

⑤L1 ATRUC；

⑥VFSG L1。

L2 GCU 控制的接触器和发电机有：

①L2 GCB；

②L2 BTB；

③L3 BTB（次）；

④L ATUC（次）；

⑤L2 ATRUC；

⑥VFSG L2。

概括来说，L1/L2 GCU 会各自控制发电机 VFSG、发电机出口断路器 GCB、两个盘箱之间的连接接触器 BTB，以及为 ATRU 供电的接触器 ATRUC。但同一盘箱内部的两个 235VAC 汇流条之间的连接接触器是两个 GCU 共同控制的，其中 L1 GCU 是主控，L2 GCU 是从控。

R1/R2 GCU 控制的发电机和接触器与 L1/L2 GCU 是对称的，这里不再逐一列出。

L AGCU 控制的接触器和发电机有：

①L APB；

②ASG L。

R AGCU 控制的接触器和发电机有：

①R APB；

②ASG R。

L/R AGCU 分别控制各自的发电机和发电机出口断路器 APB。ASG 作为主发启动电源或 VFSG 备用电源而存在，所连接的汇流条是 LTB 和 RTB，这两个汇流条仅作为连接左右 235VAC Bus 用，上面不直接挂接负载。

4.1.3　GCU 对配电盘箱汇流条的监控

GCU 会监控 235VAC 汇流条的状态，并结合接触器辅助触点提供的信息，来决定是否有汇流条掉电或锁死，以及是否需要进行功率转换，见图 4-11。比如，如果 L1 235VAC Bus 掉电，则需要控制连接接触器 L3 BTB，将功率源转换到邻近的汇流条上；如果 ASG L 进入失效安全状态，则对应的连接汇流条 LTB 应禁能锁死。这时 L2 GCU 和 R1 GCU 会通过断开 L2 BTB 和 R1 BTB，来锁死这段被禁能的馈线。

L1 GCU 会监控以下汇流条：

①VFSG L1 馈线；

②RTB（235VAC）连接馈线；

③L1 235VAC 汇流条；

④L2 235VAC 汇流条；

⑤L ATU 输入馈线（235VAC）。

L2 GCU 会监控以下汇流条：

①VFSG L2 馈线；

②LTB（235VAC）连接馈线；

③R1 235VAC 汇流条；

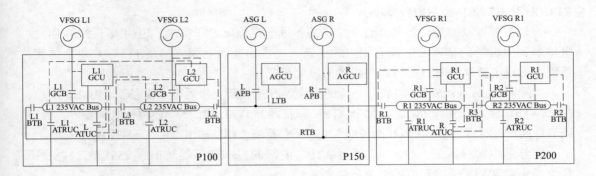

图 4–11 GCU 对配电盘箱汇流条的监控

④R2 235VAC 汇流条；

⑤R ATU 输入馈线（235VAC）。

L1/L2 GCU 会监控各自的发电机输出馈线的状态，分别监控 APB 连接汇流条 LTB 和 RTB，以及 L/R ATU 235VAC 的输入电压和电流。

R1/R2 GCU 的监控状态与 L1/L2 GCU 是对称的，此处不再重复。

L AGCU 会监控以下汇流条：

①ASG L 输出馈线；

②LTB（235VAC）馈线。

R AGCU 会监控以下汇流条：

①ASG R 输出馈线；

②RTB（235VAC）馈线。

4.1.4 GCU 对 270VDC 配电盘箱的监控

由于 ATRU 内部没有处理器，所以需要 GCU 对 ATRU 的状态进行监控。另外，波音 787 是多电飞机，对电能需求量比较大，全机共有 3 个外部电源插座，每个 90kVA。相对于传统飞机，多了两个外部电源插座。这 3 个电源插座分别安装在飞机左前（L FWD），右前（R FWD）和左后方（L AFT）。其中，左前方和右前方的外部电源插座由 L/R BPCU 监控，而 L AFT 电源插座由 L2 GCU 监控。

P700 配电盘箱内由 L2 GCU 监控的设备有：

①L2 ATRU；

②LAEPC；

③LAEPC 输入馈线。

P700 和 P800 配电盘箱内部的 L1 ATRU、R1 ATRU 以及 R2 ATRU 分别由 L1 GCU、

R1 GCU 和 R2 GCU 负责监控。

这里需要提及的是，虽然波音 787 提高了发电机输出电压等级，也引入了 270VDC 供电体制，但机场的基础设施没有相应的更新。机场的地面电源依然是 115VAC 供电体制，所以在设计电源系统时，要考虑与机场的设施相兼容。

如图 4-12 所示，波音 787 的第三个外部电源插座位于飞机后电子设备舱（Aft EE Bay），由 L2 ATRU 接入。波音 787 上的每个 ATRU 都兼容 115VAC 和 235VAC 两种电源输入，通过调节自耦变压器的变比，可以在两种输入电压下，都将 ATRU 输出稳定在 +/-270VDC。

在外部电源接入后，115VAC 通过 ATRU 内部的自耦变压器转换成 235VAC，再变压整流成 +/-270VDC，为对应的汇流条供电。

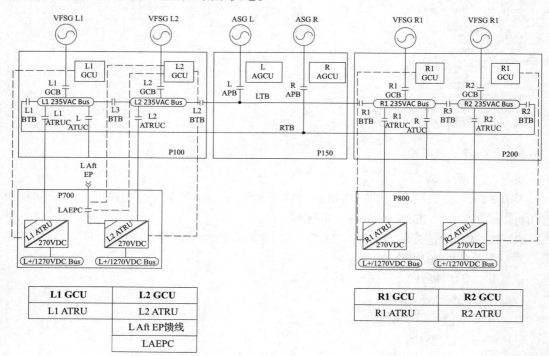

图 4-12　GCU 对 270VDC 配电盘箱的监控

4.1.5　汇流条功率输入的优先级

波音 787 的发电机数量比较多，有 4 台 VFSG、2 台 ASG 和 1 台 RAT，此外，还有 3 个外部电源。与此相对应，每个汇流条可以有多种连接选择，由于交流源不能并联，所以在多个功率源同时存在时，每个汇流条要根据预设的电源优先级，连接到优先级最高的电源上。

本章以 235 VAC Bus L1 为例，介绍了不同功率源的优先级。优先级分为地面和空中两种，大部分情况下，二者的优先级是相同的，只有在 ASG L 和 VFSG R2 供电时，地面和空中的优先级顺序是反的。

其他汇流条，如 235VAC Bus L2、235VAC Bus R1 和 235VAC Bus R2 的优先级设定与 235VAC Bus L1 类似，此处不再赘述。

4.1.5.1　235VAC Bus L1 汇流条功率输入优先级 No.1

235VAC Bus L1 汇流条功率输入优先级 No.1 由发电机 VFSG L1 供电，如图 4-13 所示，这是 235VAC Bus L1 的缺省功率输入源，只要 VFSG L1 功率准备就绪，235VAC Bus L1 就挂接到这个输入源上。

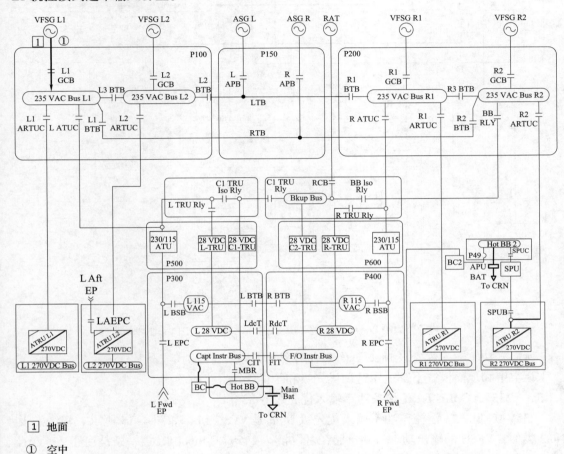

1　地面

①　空中

图 4-13　235VAC Bus L1 的功率输入源优先级 No.1（空中与地面模式）

此时，发电机出口断路器 L1 GCB 闭合，与之相邻的连接接触器 L3 BTB 和 L1 BTB 默认断开。在邻近汇流条处于失电状态时，可以根据预设的逻辑闭合 L3 BTB 和 L1 BTB。

在空中和地面模式下，VFSG L1 对 235VAC Bus L1 的优先级相同。在图 4-13 中，图例方框表示地面模式，圆圈表示空中模式。

4.1.5.2　235VAC Bus L1 汇流条功率输入优先级 No.2

235VAC Bus L1 汇流条功率输入优先级 No.2 是 ASG R，如图 4-14 所示，从发电机 ASG R 输出的功率有两条路径可以到达 235VAC Bus L1。第一条路径是途经 RTB 汇流条和 L1 BTB 抵达目的地，第二条是途经 R2 BTB、R3 BTB、235VAC Bus R1、R1 BTB、L2 BTB、235VAC Bus L2、L3 BTB，最后抵达目的地。

这两条路径也有优先级之分，其中路径短的优先级高，在图中以 1st 标识，路径长的优先级低，在图中以 2nd 标识。

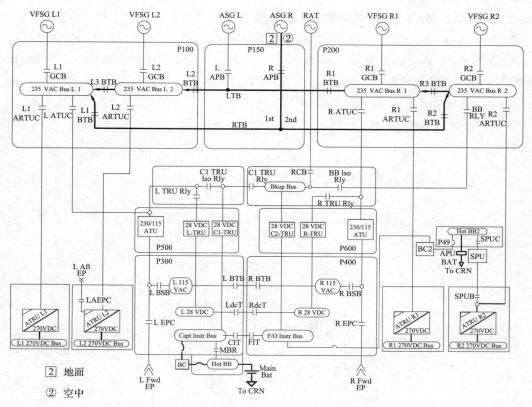

图 4-14　235VAC Bus L1 的功率输入源优先级 No.2（空中与地面模式）

所以，功率输入优先级 No.2 下面又有两个子优先级，分别是 1st 和 2nd。

在空中和地面模式下都适用这种优先级和子优先级。

4.1.5.3　235VAC Bus L1 汇流条功率输入优先级 No.3

235VAC Bus L1 汇流条功率输入优先级 No.3 是 VFSG L2，如图 4-15 所示。和优先级 No.2 类似，VFSG 的输出功率有两条路径可以抵达 235VAC Bus L1，第一条是途经 235VAC Bus L2 和 L3 BTB 抵达目的地；第二条是途经 L2 BTB、R1 BTB、235VAC Bus R1、R3 BTB、R2 BTB 和 L1 BTB 抵达 235VAC Bus L1。

这两条路径又对应两个子优先级，路径短的优先级高，路径长的优先级低。在图 4-15 中，这两个子优先级分别以 1st 和 2nd 标识。

在空中和地面模式下都适用这种优先级和子优先级。

4.1.5.4　235VAC Bus L1 汇流条功率输入优先级 No.4 和 No.5

235VAC Bus L1 汇流条功率输入优先级 No.4 和 No.5 有地面和空中之分，在地面模式下，优先级排 No.4 的是 ASG L，而在空中，优先级排 No.4 的是 VFSG R2；优先级 No.5 正好反过来，ASG L 在空中的优先级是 No.5，VFSG 在地面状态下的优先级是 No.5。

当功率输入源为 ASG L 时，又对应两条功率传输子路径，一条是途经 L APB、L2 BTB、235VAC Bus L2、L3 BTB，最终抵达目的地；另一条途经 R1 BTB、235VAC Bus R1、R3 BTB、R2 BTB 和 L1 BTB，最终抵达 235 VAC Bus L1。根据路径最短的原则，第一条路径优先级高，第二条路径优先级低，在图 4-16 中以 1st 和 2nd 标识。

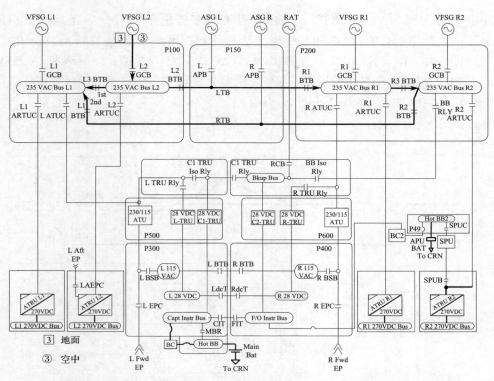

图 4-15　235VAC Bus L1 的功率输入源优先级 No.3（空中与地面模式）

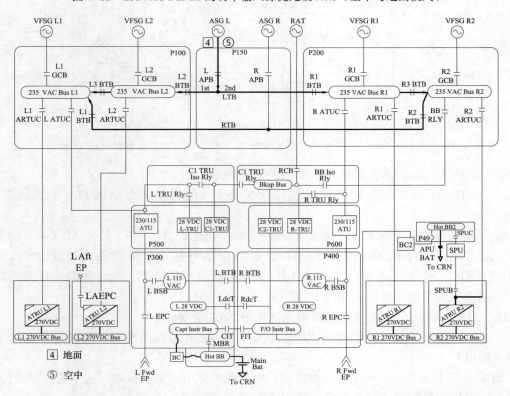

图 4-16　235VAC Bus L 的功率输入源优先级 No.4 和 No.5（空中与地面模式 ASG L）

当功率输入源为 VFSG R2 时，也对应两条功率传输子路径，一条途经 R2 GCB、235VAC Bus R2、R2 BTB、L1 BTB，最后抵达目的地；另一条途经 235VAC Bus R2、R3 BTB、235VAC Bus R1、R1 BTB、L2 BTB、235VAC Bus L2、L3 BTB，最终抵达 235VAC Bus L1。同样，根据路径最短的原则，第一条路径优先级高，第二条路径优先级低。两个子优先级在图 4-17 中以 1st 和 2nd 标识。

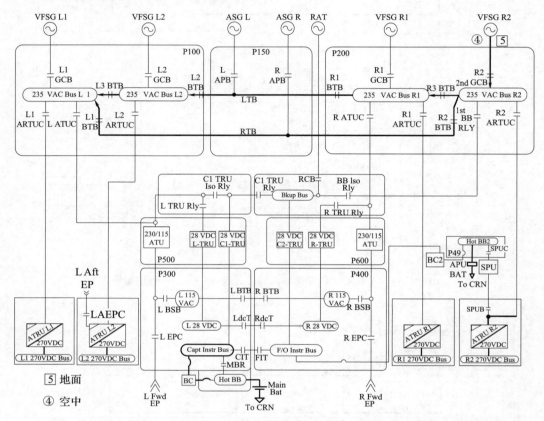

图 4-17　235VAC Bus L 的功率输入源优先级 No.4 和 No.5（空中与地面模式 VFSG R2）

4.1.5.5　235VAC Bus L1 汇流条功率输入优先级 No.6

235VAC Bus L 汇流条功率输入优先级 No.6 是 VFSG R1，在地面和空中的优先级相同。

这种优先级下又对应两条功率传输路径，第一条途经 R1 GCB、235VAC Bus R1、R1 BTB、L2 BTB、235VAC Bus L2 和 L3 BTB，最终抵达目的地；第二条途经 R3 BTB、R2 BTB、L1 BTB，最终抵达 235VAC Bus L1。根据路径最短的原则，第一条路径优先级高，第二条路径优先级低，在图 4-18 中，以 1st 和 2nd 标识。

4.1.5.6　235VAC Bus L1 汇流条功率输入优先级 No.7 至 No.10

L 235VAC Bus 汇流条功率输入优先级 No.7 至 No.10 是地面电源，分别是 L FWD EP 和 R FWD EP。

地面电源也分为地面和空中两种情形，由于此时是地面电源供电，这里的"空中"指的是飞机在地面维护时，由吊车吊起时的情形。

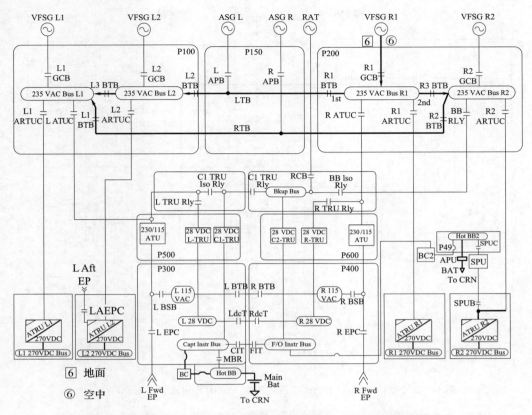

图 4-18　235VAC Bus L 的功率输入源优先级 No.6（空中与地面模式）

在采用地面电源时，又分为地面操作（Ground Operation，GO）和地面处理（Ground Handling，GH）。这里地面操作（GO）指的是为飞机重要负载提供地面电源，包括燃油加注，电子 CB（SSPC）复位等；而地面处理（GH）指的是常规的地面服务操作，如飞机起飞前的卫生打扫，需要给地面服务汇流条提供电力（在波音 787 上没有专门的地面服务汇流条，该汇流条是虚拟的，用 GH 模式来识别）。

L Fwd EP 电源对应地面操作（GO）的 No.7 优先级，地面处理的 No.9 优先级；R Fwd EP 电源对应地面操作（GO）的 No.8 优先级，地面处理的 No.10 优先级。

此外，每个外部电源接入时，又对应两条功率传输路径，对 L Fwd EP 而言，路径一途经 L EPC、ATU L、L ATRUC，最后到达 235VAC Bus L1；路径二途经 L 115VAC Bus、L BTB、R BTB、R 115VAC Bus、R ATU、R ATUC、235VAC Bus R1、R1 BTB、L2 BTB、235VAC Bus L2，以及 L3 BTB，最后抵达 235VAC Bus L1。这两条路径根据路径长短设定优先级，在图 4-19 中以 1st 和 2nd 标识。

由于地面电源的电压是 115VAC，所以，两条功率传输路径在抵达 235VAC Bus L1 之前，都需要经过 ATU，将电压抬升到 235VAC。

类似地，图 4-20 示出了 R Fwd EP 作为功率源时的两个功率传输路径，途经左侧 ATU 的优先级高，途经右侧 ATU 的优先级低。

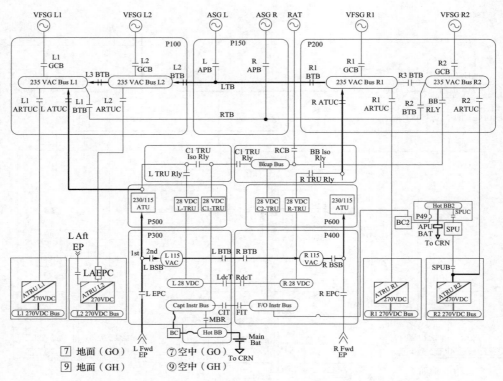

图 4-19　235VAC Bus L1 地面电源优先级（空中与地面模式 L FWD EP）

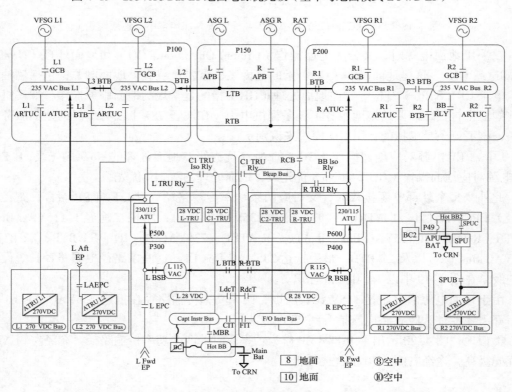

图 4-20　235VAC Bus L1 地面电源优先级（空中与地面模式 R FWD EP）

4.1.6 GCU 的保护功能

GCU 的保护功能所涵盖的对象有 VFSG、ASG、235VAC 汇流条、连接汇流条、馈线及地面电源 L AFT EP。

对发电机及馈线的保护通过监控以下故障而实现（见图 4–21）：

①励磁驱动故障；

②过压（Over Voltage，OV）；

③欠压（Under Voltage，UV）；

④交流电流的直流分量（DC Content，DCC）；

⑤相序故障（Phase Sequence，PS）；

⑥过频（Over Frequency，OF）；

⑦欠频（Under Frequency，UF）；

⑧缺相（Open Phase，OP）；

⑨差动保护（Differential Protection，DP）；

⑩并联馈线开路（Parallel Feeder Open，PFO）；

⑪旋转整流器短路（Shorted Rotated Diode，SRD）；

⑫GCU 处理器故障。

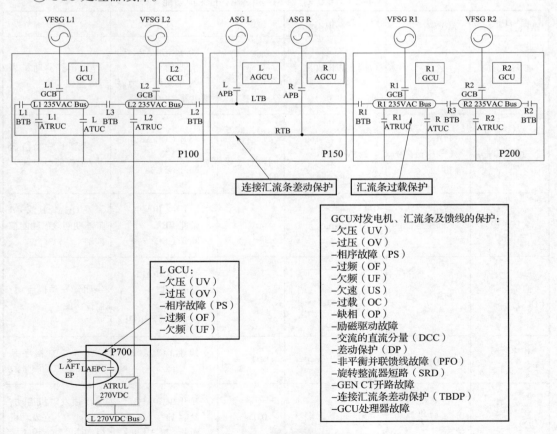

图 4–21　GCU 对各元件实施的保护

GCU 对主汇流条的保护是过载保护，而对连接汇流条的保护则是差动保护，此外，L GCU 还对地面电源 L AFT EP 接触器及馈线提供保护，其保护范围包括：

①过压（OV）；

②欠压（UV）；

③相序故障（PS）；

④过频（OF）；

⑤欠频（UF）。

GCU 对 VFSG 和 ASG 的保护功能需要监控以下信息：

①调节点（POR）处的电压监控；

②外部功率源就绪逻辑；

③发电机及馈线的电流互感器输入；

④DC 电流分量监控；

⑤GCU 的失效安全控制逻辑；

⑥接触器辅助触点状态的监控。

GCU 对 VFSG 和 ASG 的保护实施细节、采集点、阈值、延迟、相应的保护动作及其说明，如表 4-2 所示。

表 4-2　GCU 对 VFSG 和 ASG 的保护功能

保护功能	采集点	阈值	延迟	动作	备注
励磁驱动故障	POR	满足 VR 故障条件	最小 50s	断开 GCB/APB 禁能 VR 断开发电机励磁继电器 3（GEC3）	保留了发动机启动/监控能力
过压（OV）	POR（电压最高的那相）	245Vrms	过压越严重，保护时间越短（反时限）	断开 GCB/APB 禁能 VR 断开 GEC3	保留了发动机启动/监控能力
欠压（UV）	POR（电压最低的那相）	214.5Vrms	0.5s	断开 GCB/APB 禁能 VR 断开 GEC3	在 OC、UF 或 VR 禁能期间该项功能被抑制
直流分量（DCC）	POR	50A	0.175s	断开 GCB/APB 禁能 VR 断开 GEC3 闭锁相应的 BTB	闭锁发动机启动/监控功能
相序故障（PS）	POR	相序不为 A-B-C	N/A	禁能 GCB/APB 的闭合	A-B-C 的相序是相对中性点而测量的
差动保护（DP）	发动机每相电流与线路电流之差	30Arms	0.05s	断开 GCB/APB 禁能 VR 断开 GEC3	闭锁发动机启动/监控能力，在发动机启动期间禁能该功能

表 4–2（续）

保护功能	采集点	阈值	延迟	动作	备注
连接汇流条差动保护（TBDP）	连接汇流条每相的 CT 输入	30Arms	0.05s	断开并闭锁 BTB	闭锁发动机启动 / 监控能力
主馈线接地故障保护	主馈线接地故障 CT 输入	15Arms	0.05s	断开 GCB/APB 禁能 VR 断开 GEC3	闭锁发动机启动 / 监控能力
旋转整流器故障（SRD）	发电机励磁机 DC 输入	在给定发电机转速下电压 > 额定值	0.07s	断开 GCB/APB 禁能 VR 断开 GEC3	闭锁发动机启动 / 监控能力；只在发电机模式下激活；在空中若只有一台 VFSG 在运行则抑制该功能
缺相（OP）	发电机的每相电流	最低相 <10Arms，次低相 <55Arms	4s	断开 GCB/APB 禁能 VR 断开 GEC3	闭锁发动机启动 / 监控能力
非平衡并联馈线电流	每相线路电流	一个并联馈线的相电流与另一个馈线之差大于 45Arms	2.75s	断开 GCB/APB 禁能 VR 断开 GEC3	闭锁发动机启动 / 监控能力
接触器闭合故障	GCB/APB	无效的辅助触点状态	立即	取消输出命令	
GCU 处理器故障	GCU 处理器	关键电路异常	立即		GCU 处理器或存储器异常时会进入失效安全状态
发电机 CT 开路	GCU 的 CT 输入	从主馈线测得的发电机电流绝对值小于 11A	0.07s	禁能电压调节功能	
DC 励磁监控	电压调节的处理器	PMG 频率大于 1065Hz，整流后的 DC 电压小于等于 90VDC	0.5s	禁能电压调节逻辑，闭锁 GEC3 励磁继电器输出	仅在地面状态使能该保护

这里需要特别提及的是"励磁驱动故障""旋转整流器故障""DC 励磁监控"，这三种保护都与 GCU 的励磁驱动功能有关，其中，"励磁驱动故障"是 GCU 对自身励磁驱动电路的监控，当监测到故障时实施保护；"旋转整流器故障"用于判断励磁机转子整流桥的二极管是否出现短路，当二极管短路时，励磁机三相输出出现相间短路，对励磁机而言，负载加大，电枢反应去磁效应增强，同时主发电机励磁减小，发电机 POR 处电压下降，为此，GCU 会抬高励磁输出 DC 电压以维持 POR 处电压恒定。当 DC 电压超过一定阈值后，GCU 会实施保护；"DC 励磁监控"用于判断来自 PMG 的功率输入是否正常，若否，则实施保护。

VFSG 保护跳闸如图 4–22 所示。

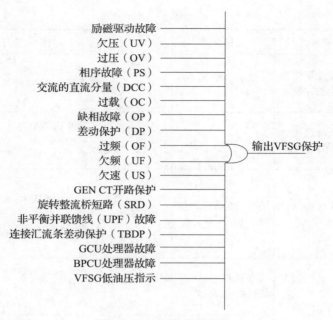

图 4-22　VFSG 保护跳闸

　　VFSG/ASG 在故障保护后会闭锁跳闸后的接触器，可以在维护模式下通过驾驶舱的机上维护界面对闭锁后的接触器进行复位。除非另有说明，GCB/APB 的保护跳闸不会妨碍 VFSG、ASG 及其对应的 GCU 进行发动机启动 / 监控功能。

　　ASG 保护跳闸如图 4-23 所示。

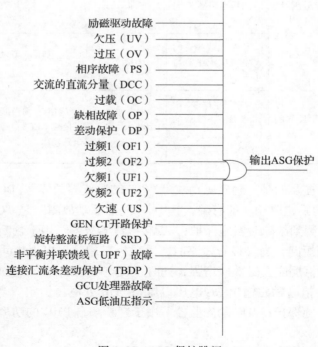

图 4-23　ASG 保护跳闸

GCU 的保护功能会与位于电源系统下游的保护装置进行配合，通常在出现故障时，都是位于下游的保护装置先动作，清除故障。在下游装置保护失败后，才触发 GCU 的保护。

VFSG 和 ASG 的保护跳闸逻辑分别如图 4-22 和图 4-23 所示。

ASG 的频率保护与 VFSG 的不同之处是对过频和欠频进行了二次细分，划分为 OF1、OF2、UF1 和 UF2，详见本书 4.1.15 节。

4.1.7　GCU 的电压保护功能

GCU 的电压保护包括 VFSG/ASG 励磁驱动保护、过压（OV）保护、欠压（UV）保护和相序保护。GCU 在实施这些保护时，电压采集点如图 4-24 所示，其保护的设定阈值、动作条件等（见表 4-3）。

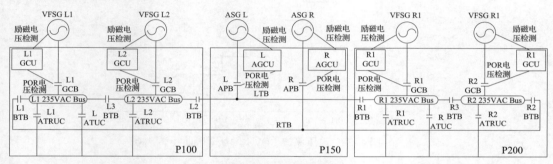

图 4-24　电压保护信息采集点

表 4-3　电压保护的采集点、跳闸阈值、复位条件、动作及说明

保护功能	采集点	跳闸阈值	复位条件	动作	说明
励磁驱动故障	POR 及励磁电路监控	满足 VR 故障条件，最大 0.05s	非 VR 故障条件	断开 GCB/APB 禁能 VR 断开 GEC3	保留发动机启动/监控能力；这是首要的 OV 保护功能
过压保护（OV）	POR（最高相）	>240Vrms	≤ 239Vrms	断开 GCB/APB 禁能 VR 断开 GEC3	保留发动机启动/监控能力
欠压保护（UV）	POR	<216Vrms，持续 4.5s	≥ 222 Vrms	断开 GCB/APB 禁能 VR 断开 GEC3	在 OC、UF、US 或 VR 禁能期间该保护被抑制
相序故障（PS）保护	POR	相序不为 A-B-C	相序恢复为 A-B-C	抑制 GCB/APB 的闭合	相序应相对于中性点来测量

4.1.7.1　VFSG/ASG 励磁驱动保护

GCU 在探测到电压调节器（Voltage Regulator，VR）输出故障时，会触发励磁驱动保护，以防止发电机输出过压（OV）故障。GCU 的处理器会在 10ms 内将励磁驱动电流输出调到 0，同时在 50ms 内将 GEC3、GCB/APB 断开并闭锁。

励磁驱动故障条件为真的前提是该故障条件持续时间为 15ms。若 VR 使能命令为假，则 VFSG/ASG 励磁驱动故障保护会被抑制。

4.1.7.2 过压（OV）保护

GCU 会实时采集调节点（POR）处的电压信息以执行过压保护功能，当电压最高的那一相超过 240Vrms 时，就会触发 GCU 的过压（OV）保护。

发生过压时，GCU 会禁能 VR，断开并闭锁 GEC3、GCB/APB，断开和闭锁的时间与电压的关系满足图 4-25 的反时限要求。

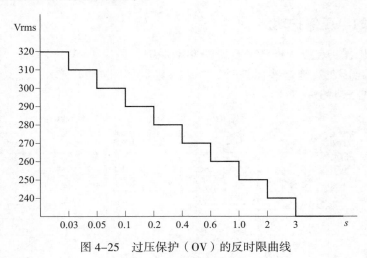

图 4-25　过压保护（OV）的反时限曲线

在非平衡负载的条件下，不会触发过压保护跳闸。

4.1.7.3 欠压（UV）保护

GCU 会实时采集调节点（POR）处的电压，以获取欠压保护所需的电压信息。三相输出电压的每一相都会进行采集，当其中最低的一相电压小于 216Vrms 时，GCU 会在 4.5s 的延时后触发欠压保护，禁能 VR，同时将 GEC3 和 GCB/APB 禁能。

VFSG/ASG 欠压保护会在下述情况下被抑制：

①发电机出现过载条件，VFSG 单相电流大于 558A，ASG 单相电流大于 355A；

②欠速故障条件为真；

③VR 使能命令为假。

在最低相电压大于或等于 222 Vrms 时，欠压保护的延时时间会复位（只有电压持续 4.5s 低于 216Vrms 才会触发欠压保护）。

这里提到的"欠速故障条件"是从 PMG 频率获取的信息，详见本书第 4.1.14.3 节和 4.1.15.5 节。

4.1.7.4 相序故障（PS）保护

GCU 在上电时会实时采集 POR 处的电压（相角），以实施必要的相序保护。相序保护是功率就绪逻辑的一部分，当采集到的相序不是 A-B-C 时，GCU 会将功率就绪条件置为假，从而抑制 GCB/APB 的闭合，延迟时间为 100ms。

相序保护在每次初始上电时监控，后续的 VFSG/ASG 相序保护条件会被忽略，直至处理器重新冷启动。

在以下任一条件满足时，相序保护都会被抑制：

①VFSG/ASG 电能质量不合格；

②功率就绪条件为真；

③VR 使能为假。

4.1.8　GCU 的电流保护功能

GCU 的电流保护功能包括 DC 分量保护和过载保护，其中直流分量检测的信息采集点为 POR 处的电流，过载保护的信息采集点如图 4-26 所示，其保护的设定阈值、动作条件等（见表 4-4）。

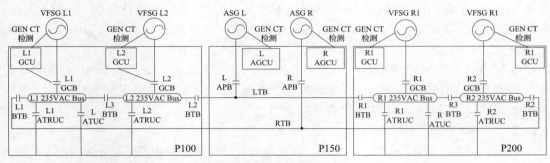

图 4-26　过载保护的信息采集点

表 4-4　电流保护的采集点、跳闸阈值、复位条件、动作及说明

保护功能	采集点	跳闸阈值	复位条件	动作	说明
直流分量保护	POR	任一相 DC 电流 >50A，持续 0.175s	所有相的 DC 电流 ≤ 32A	断开相应的 BTB/ATUC；断开 GCB/APB、断开 GEC3，禁能 VR	抑制 GEN CT 开路保护和 DP 保护；如果 VR 使能命令为假，则抑制 DC 分量保护功能；抑制 / 闭锁发动机启动能力
VFSG 过载（OC）	GEN CT	最高相电流 >375A，按反时限条件保护，最小 5.1s，最大 330s	最高相电流 ≤ 360A	断开相应的 BTB；断开相应的 ATUC、ATRUC；断开 GCB、GEC3；禁能 VR	断开接触器以隔离故障；对接触器进行重新配置，以最大限度地驱动未故障汇流条；若 VR 禁能则抑制该功能；若 OC ≥ 620A 则抑制 UV 保护；若 OC ≥ 444A 则抑制 UPF 和 GEN CT 开路保护；故障完全隔离之前抑制功率传输逻辑
ASG 过载保护	GEN CT	ASG 最高相电流 >340A，按反时限保护，最短 5.1s，最长 330s	最大 ASG 相电流 ≤ 325A	断开相连的 BTB；断开 APB；禁能 VR；断开 GEC3	断开接触器以隔离故障；对接触器重新配置以最大限度驱动非故障汇流条；如果 VR 禁能则抑制该保护功能；如果 OC ≥ 399A，则抑制 UV、UPF 和 GEN CT 开路保护功能；在故障完全清除之前抑制功率转换逻辑

4.1.8.1 DC 分量保护

DC 分量保护会检测发电机馈线上的 DC 电流，以防止 DC 电流在线路上出现。DC 分量的出现会带来以下几个方面的危害：

①DC 电流会导致 CT 的饱和，从而导致电流幅值监测异常；

②如果 CT 饱和，会导致差动保护或过载保护功能的丧失；

③如果不同的 CT 饱和点不同，则可能出现差动保护的误动作。

如果发电机馈线上检测到的 DC 分量超过 50A 绝对值，则 DC 分量故障条件满足，GCU 会在 0.175s 内触发 DC 分量保护条件，这时 GCU 会禁能 VR，切断 GEC3、GCB/APB，以及对应连接汇流条（L BTB 或 R BTB），还有相应的 ATUC（L ATUC 或 R ATUC）。

在检测到 DC 分量故障时，发电机 CT 开路及 DP 保护会被抑制。如果 VR 使能命令为假，则相应的 VFSG/ASG 的 DC 分量保护也会被抑制。在出现 DC 分量保护跳闸后，对应的 VFSG/ASG 的发动机启动功能也会遭抑制。

4.1.8.2 VFSG 过载（OC）保护

VFSG GCU 会采集发电机 CT 电流，以获取过载保护所需的必要信息，发电机 CT 的三相电流及中性点电流都需要监测。若最大的一相电流大于 375A，则 GCU 会按照反时限的逻辑触发过载保护，最短延时 5.1s，最长延时 330s。在触发保护后，GCU 会禁能 VR，断开 GEC3 和 GCB，以及对应的 BTB、ATUC 和 ATRUC。GCU 还会启动故障重构逻辑来隔离故障，在故障完全隔离后，方可重新配置汇流条，以最大限度地对非故障汇流条进行供电。

由于 VFSG 的三相额定功率为 250kVA，额定电压为 235VAC，因此每相的额定电流为：$250 \times 1000/235/3 \approx 354A$，当过载电流为 375A 时，对应的过载倍数为 $375/354 \approx 1.05$，即 105% 过载。VFSG 的通常过载运行条件是：125% 过载时，可以持续 5min，最大过载倍数为 175%，持续时间 5s。OC 保护延时时间范围为 5.1 ~ 330s，即最大 5.5min，这与表 4-1 中的 VFSG 运行参数是匹配的。

4.1.8.3 ASG 过载（OC）保护

ASG GCU 会采集发电机 CT 电流，以获取过载保护所需的必要信息，发电机 CT 的三相电流及中性点电流都需要监测。若最大的一相电流大于 340A，则 GCU 会按照反时限的逻辑触发过载保护，最短延时 5.1s，最长延时 330s。在触发保护后，GCU 会禁能 VR，断开 GEC3 和 GCB，并通知 L/R GCU 来断开对应的 BTB、ATUC 和 ATRUC。GCU 还会启动故障重构逻辑来隔离故障，在故障完全隔离后，方可重新配置汇流条，最大限度地对非故障汇流条进行供电。

4.1.9 缺相及差动保护

缺相及差动保护的信息采集点如图 4-27 所示，保护触发的阈值及动作条件如表 4-5 所示。

4.1.9.1 缺相保护（OP）

缺相保护用于确定发电机的 AC 三相是否与中性点断开，或者与三相 AC 负载断开，以保护飞机上那些接在 AC 汇流条上的用电设备。GCU 会采集发电机 CT 上的电流以获取

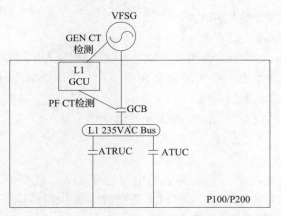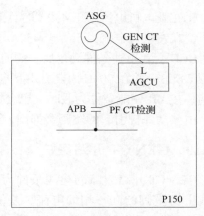

图 4-27　缺相及差动保护的信息采集点

表 4-5　缺相及差动保护的采集点、跳闸阈值、复位条件、动作及说明

保护功能	采集点	跳闸阈值	复位条件	动作	说明
VFSG/ASG 缺相故障	GEN CT	最低相电流 ≤ 11A，且次低相电流比最低相大 55A，持续时间 4s	最低相电流 >20A，或者次低相电流 <45A	断开 GCB/APB；禁能 VR；断开 GEC3	若 VR 使能命令为假，则抑制该保护功能；在 OC 条件下抑制该功能；抑制/闭锁发动机启动能力；UV 的保护跳闸应与 OP 保护跳闸相协调
VFSG/ASG 差动保护（DP）	GEN CT 及并联馈线 CT（即 PF CT）	在发电机电流 <405A 时，若任一相发电机电流与同一相的并联馈线电流之差 ≥ 30A；或者在发电机电流 >450A 时，二者之差 ≥ 45A，持续时间为 30ms	在发电机电流 <450A 时，任一相发电机电流与同相的 PF 电流之差 <10A；或者在发电机电流 >450A 时，任一相发电机电流与同相的 PF 电流之差 <15A	断开 GCB/APB；禁能 VR；断开 GEC3	若 VR 使能命令为假，则抑制该功能；在有 DC 分量保护时抑制该功能；抑制/闭锁发动机启动能力

缺相保护所需的必要信息。当最低相的电流小于 11A，而次低相的电流比最低相大 55A 时，缺相保护会在 4s 内动作，禁能 VR，断开 GEC3，以及断开 GCB/APB。

若 VR 使能命令为假，或者过载条件为真，则缺相保护被抑制。缺相保护跳闸后，会抑制/闭锁对应 VFSG/ASG 的发动机启动能力。

4.1.9.2　差动保护（DP）

差动保护会监测发电机的输出电流是否大于同一相的 AC 馈线电流，从而防止在馈线或者连接器上出现短路。发电机的每相电流和馈线的每相电流都需要采集，当发电机的电流比对应相的并联馈线（两根并联）电流之和大于如下数值时，则差动保护动作：

①在发电机电流小于 450A 时，前者比后者大 30A；

②在发电机电流大于等于 450A 时，前者比后者大 45A。

GCU 会在上述条件满足后，延时 30ms 触发保护动作，此时，GCU 会禁能 VR、断开 / 闭锁 GEC3，并在 70ms 内断开并闭锁 GCB/APB。差动保护会在检测到 DC 分量条件时被抑制，在 VR 使能条件为假时，也会抑制差动保护功能。

由差动保护引起的跳闸会抑制 / 闭锁对应 VFSG/ASG 的发动机启动能力。

4.1.10 GEN CT 开路保护

GEN CT 开路故障的检测条件为：发电机某一相采集到的电流小于 11A，且小于 AC 馈线上测量到的同一相的电流，差值达到 30A 以上。GEN CT 开路故障保护可以防止发电机 CT 到 GCU 接口电路的线路断线。在检测到该故障条件后，软件会在 30ms 延时后动作，即禁能 VR、断开 GEC3，同时在最大 70ms 延时后断开 GCB/APB。

在下述情况下，GEN CT 开路保护会被抑制：

①检测到 DC 分量条件；

②VR 使能命令为假；

③出现了大于 444A（VFSG）或 399A（ASG）的过载条件。

在 GEN CT 开路故障跳闸后，会抑制 / 闭锁对应 VFSG/ASG 的发动机启动能力。

GEN CT 开路故障保护的信息采集点如图 4-28 所示，跳闸阈值和复位条件等信息详见表 4-6。

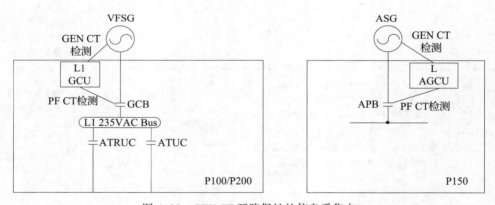

图 4-28　GEN CT 开路保护的信息采集点

表 4-6　GEN CT 开路保护的采集点、跳闸阈值、复位条件、动作及说明

保护功能	采集点	跳闸阈值	复位条件	动作	说明
GEN CT 开路故障保护	GEN CT 及并联馈线 CT	任一相发电机电流 <11A，且本相电流与同相的并联馈线电流之差 >30A，持续时间 30ms	发电机相电流 >20A，或发电机电流与并联馈线电流之差 <20A	断开 GCB/APB；禁能 VR；断开 GEC3	在 VR 使能命令为假时抑制该功能；在 OC 条件下抑制该功能；在 DC 分量条件满足时抑制该功能；发电机 CT 开路保护后会抑制 / 闭锁发动机启动能力

4.1.11　旋转整流器短路保护（SRD）

当全波整流的一个二极管发生短路时，会导致电源短路和负载被旁路。如图 4-29 所示，4 个二极管构成了单相全波整流电路。假设二极管 D1 短路，则当输入电压为负半波时，电流从 D3 二极管流入，会直接从 D1 返回电源正端，而不会经过负载 Load，再经过二极管 D2 返回电源正端。

这种情况，就等价于电源短路，同时负载被旁路，功率不会从电源输出到负载端。

三相全波整流的二极管短路故障情形是类似的，如图 4-30 所示，假设二极管 D1 短路，则当 B 相电压比 A 相高时，电流会从二极管 D2 流出，从短路的二极管 D1 流回到电源 A 相。此时，对电源而言，相当于相间短路，而对负载而言，相当于负载被旁路，功率无法输出。

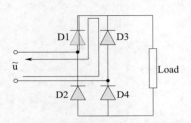

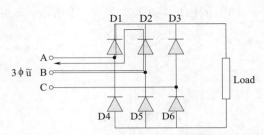

图 4-29　单相全波整流的二极管短路故障　　图 4-30　三相全波整理的二极管短路故障

旋转整流器是三相全波整流电路，当出现二极管短路时，电枢电流急剧增大，电枢反应去磁效应增强，同时旋转整流器输出电流减小，这两个因素都会导致 POR 处电压的降低。为维持 POR 处电压恒定，励磁调节器会加大励磁机的直流励磁电压，在特定转速下，当励磁电压超出预设的范围时，可以判定为旋转整流器故障。

主发电机的磁场由励磁机的输出控制，后者经旋转整流器整流（由 6 个二极管组成）而产生。如果这些二极管有一个短路，其效果会反映在励磁机的输入电压上，导致其超过阈值。GCU 会监控励磁机输入电压的幅值，在超过阈值时执行旋转整流器短路保护功能。SRD 短路条件在下述情况下为真：励磁输入电压高于 800VDC，GCU 会实施该保护，在 7s 内禁能 VR，断开 GEC3，以及 GCB/APB。在 VR 使能命令为假的情况下，VFSG/ASG 的旋转整流器保护功能被抑制。

在出现旋转整流器短路保护跳闸后，会抑制 / 闭锁相关的 VFSG/ASG 发动机启动能力，见表 4-7。

表 4-7　旋转整流器短路保护（SRD）的采集点、跳闸阈值、复位条件、动作及说明

保护功能	采集点	跳闸阈值	复位条件	动作	说明
旋转整流器短路保护（SRD）	励磁机的励磁电压	励磁电压大于 800VDC，持续时间 7s		断开 GCB/APB；禁能 VR；断开 GEC3	如果 VR 使能命令为假则抑制该功能； 保护动作后抑制 / 闭锁发动机启动能力； 如果在空中模式下，VFSG/ASG 为唯一的在线功率源，则抑制该功能

4.1.12 非平衡并联馈线（UPF）保护

非平衡并联馈线保护决定了是否存在如下情况：每相中的两个发电机 AC 馈线中有断路，或者在发电机端子与相应的 GCB 之间存在着非平衡阻抗。该保护可以防止一路馈线持续承载超过其额定值的电流。GCU 为此会采集并联馈线 CT 的电流，所有 6 路并联馈线电流都会同时采集。如果任一相的两路馈线电流之差超过了 45A，GCU 会在 2.75s 内触发保护，即禁能 VR，断开 GEC3，以及断开 GCB/APB。

在下述条件下，非平衡并联馈线保护会被抑制：

①VR 使能命令为假；

②出现了大于 444A（VFSG）或 399A（ASG）的过载条件。

非平衡馈线保护（UPF）跳闸会抑制/闭锁相应的 VFSG/ASG 发动机启动能力。

UPF 的信息采集点如图 4–31 所示，其跳闸阈值、复位条件等信息详见表 4–8。

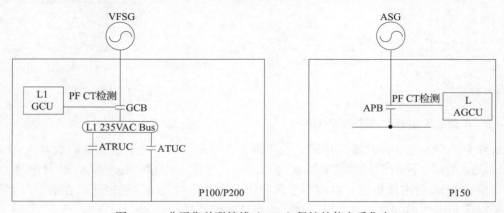

图 4–31　非平衡并联馈线（UPF）保护的信息采集点

表 4–8　非平衡并联馈线保护的采集点、跳闸阈值、复位条件、动作及说明

保护功能	采集点	跳闸阈值	复位条件	动作	说明
非平衡并联馈线保护（UPF）	并联馈线（PF）CT	同一相的两个并联馈线 CT 的电流之差 >45A，持续时间为 2.75s	同一相的两个 PF CT 电流值≤ 17A	断开 GCB/APB；禁能 VR；断开 GEC3	如果 VR 使能命令为假则抑制该功能；在 OC 条件下抑制该保护功能；保护动作后抑制/闭锁发动机启动能力

前面提到了"6 路并联馈线"，由于发电机输出为三相，所以"6 路并联馈线"意味着每相有 2 路并联馈线。另外，前已述及，VFSG 的额定电流为每相 355A，因此，444A 的电流对应 125% 过载。

4.1.13 连接汇流条差动保护（TBDP）

有三套 CT 用于监视和保护连接汇流条，分别放置在 P100、P200 和 P150 配电盘箱中。来自三个 CT 的输出会接在一个电阻上，正常情况下，一个配电盘箱的输出电流与另外两个配电盘箱的输入电流之和为零，从而在电阻上产生的差动电压为 0。

当一个 CT 采集的电流比另外两个 CT 电流之和大 30A 以上时，则连接汇流条差动保护（TBDP）动作：

①左右主通道 GCU 会断开 L/R BTB；

②A GCU 会在 250ms 内禁能 VR，断开 GEC3 和 APB。

L/R GCU 的软件延时可以设置为 210ms，即当差动保护条件持续 210ms 后动作。

TBDP 的信息采集点如图 4-32 所示，跳闸阈值、复位条件等信息如表 4-9 所示。

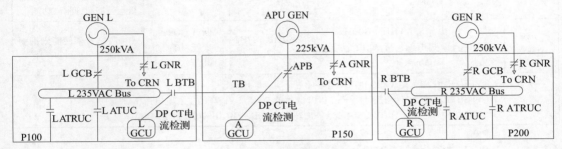

图 4-32　连接汇流条差动保护的信息采集点

表 4-9　连接汇流条差动保护的采集点、跳闸阈值、复位条件、动作及说明

保护功能	采集点	跳闸阈值	复位条件	动作	说明
连接汇流条差动保护（TBDP）	差动保护电流互感器（DPCT）	任一相中一个 DPCT 与另两个 DPCT 之差 ≥ 30A，持续时间 210ms	同一相中一个 DPCT 与另两个 DPCT 的差值 <20A	VFSG GCU：断开 BTB；ASG GCU：断开 APB；禁能 VR；断开 GEC3	如果从一个配电盘箱输出的电流等于另外两个配电盘箱的输入电流之和，则不存在 TBDP 条件；在满足 DC 分量条件下，抑制该保护功能

4.1.14　VFSG 频率保护

VFSG 频率保护的信息采集点如图 4-33 所示，其跳闸阈值、复位条件等信息如表 4-10 所示。

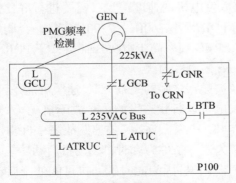

图 4-33　VFSG 频率保护的信息采集点

表 4–10 VFSG 频率保护的采集点、跳闸阈值、复位条件、动作及说明

保护功能	采集点	跳闸阈值	复位条件	动作	说明
欠速（US）	PMG	<1080Hz（360Hz POR），最大持续时间 70ms	1095Hz（365Hz POR），持续 150ms	断开 GCB	未禁能发动机启动能力；抑制相应的 UV 保护
欠频（UF）	PMG/CDN 信号	US 故障条件为真且发动机转速在怠速或以上，持续时间 4.0s	无 US 故障条件，且发动机转速在怠速或以上	断开 GCB；禁能 VR；断开 GEC3	在发动机转速低于怠速时，抑制该功能；闭锁发动机启动能力；在发动机启动或作为电机运行期间抑制该功能
过频（OF）	PMG	>2400Hz（800Hz POR），持续时间 100ms	≤ 2391Hz（797Hz POR）	断开 GCB；禁能 VR；断开 GEC3	如果 VR 未使能则抑制该功能

注：（1）VFSG PMG 频率是 VFSG POR 频率的 3 倍；
（2）VFSG 旋转速度在数值上是 VFSG POR 频率的 20 倍（VFSG 的主发电机为 3 对极）；
（3）ENGINE_AT_OR_ABOVR_IDLE 条件出现在 1110Hz PMG（370Hz POR）。

4.1.14.1 VFSG 过频保护（OF）

GCU 通过采集 VFSG PMG 频率来执行过频保护功能，PMG 频率（1080～2400Hz）是 POR 频率（360～800Hz）的 3 倍。当 VFSG PMG 频率高于 2400Hz 时，保护会禁能 VR，在 100ms 内断开 GEC3 和 GCB。在 VR 使能命令为假时，会禁能过频保护功能。

4.1.14.2 VFSG 欠频保护（UF）

GCU 会采集对应的来自通信总线的"ENGINE_AT_OR_ABOVE_IDLE"信号，以执行 VFSG 欠频保护功能。若"ENGINE_AT_OR_ABOVE_IDLE"信号为真，且 VFSG 欠速故障条件为真，则保护会在 4s 内动作，禁能 VR、断开 GEC3 及 GCB。

若发动机启动模式为真，或者"ENGINE_AT_OR_ABOVE_IDLE"信号无效，则 VFSG 欠频保护会被抑制。

在发生 VFSG 欠频保护跳闸后，GCU 会抑制 / 闭锁相应 VFSG 的发动机启动能力。

4.1.14.3 VFSG 欠速保护（US）

GCU 通过采集 VFSG PMG 频率来获取执行 VFSG 欠速保护功能所需的信息。PMG 频率（1080～2400Hz）是 POR 频率（360～800Hz）的 3 倍，而发电机转速在数值上是其频率的 20 倍，因此，要获取发电机的速度信息，需要进行等比例的转换。在 VFSG PMG 频率小于 1080Hz（等效于 POR 频率 360Hz，7200r/min），会闭锁 VFSG 欠速故障，GCB 会在 70ms 内断开。在 VFSG PMG 频率高于 1095Hz（等效于 POR 频率 365Hz，7300r/min），则 VFSG 欠速故障会在 150ms 内设置为假。

注意区分"欠速"与"欠频"之间的关系，"欠速"可能是因为发电机处于启动状态，而"欠频"是 VFSG 处于发电机运行状态下的一种故障情况。"欠频"只有在发动机转速大于怠速时才有效，当发电机"欠频"时，"欠速"故障条件肯定为真，反之则不然。当发动机转速小于怠速，且"欠速"条件为真时，发动机启动功能是不会被禁能的。在这种条件下只会禁能"欠压 UV"保护，因为此时发动机可能处于启动期间，未进入正常运行区间（即未进入发电机模式）。

4.1.15　ASG 频率保护

ASG 频率保护的信息采集点如图 4–34 所示，跳闸阈值和复位条件等信息如表 4–11 所示。

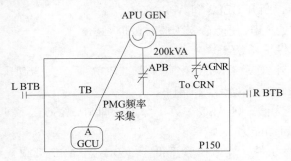

图 4–34　ASG 频率保护的信息采集点

表 4–11　ASG 频率保护的采集点、跳闸阈值、复位条件、动作及说明

保护功能	采集点	跳闸阈值	复位条件	动作	说明
欠速（US）保护	APU RTL 信号	APU 转速 <95% 最大运行速度	APU 转速 ≥ 95% 最大运行速度，持续时间 2s	断开 APB	不禁能 APU 启动能力
过频 1（OF1）	PMG	>1980Hz（440Hz POR），持续 2.1s	≤ 1971Hz（438Hz POR）	断开 APB；禁能 VR；断开 GEC3	
过频 2（OF2）	PMG	>2070Hz（460Hz POR），持续 100ms	≤ 2052Hz（456Hz POR）	断开 APB；禁能 VR；断开 GEC3	
欠频 1（UF1）	PMG RTL 信号	<1620Hz（360Hz POR），持续 1.5s	≥ 1638Hz（364Hz POR）	断开 APB；禁能 VR；断开 GEC3	禁能 / 闭锁 APU 启动能力；在 APU 启动 / 电动机运行模式期间禁能该功能
欠频 2（UF2）	PMG RTL 信号	<1575Hz（350Hz POR），最大 200ms	≥ 1539Hz（354Hz POR）	断开 APB；禁能 VR；断开 GEC3	禁能 / 闭锁 APU 启动能力；在 APU 启动 / 电动机运行模式期间禁能该功能

注：（1）A GCU 通过总线从 APU 获取带载就绪（Ready To Load，RTL）信息，在 APU 转速大于等于 95% 最大运行速度，持续时间 2s 时为真；
（2）ASG PMG 频率是 VFSG POR 频率的 4.5 倍。

4.1.15.1　ASG 过频 1 保护（OF1）

GCU 会采集 ASG PMG 频率来执行 ASG 过频 1 保护功能，PMG 频率（1620 ~ 1980Hz）是 POR 频率（360 ~ 440Hz）的 4.5 倍。在 ASG PMG 频率 ≥ 1980Hz（等效于 440Hz POR 频率）时，保护会禁能 VR，在 2.1s 内断开 GEC3 和 APB。

若 VR 使能命令为假，则 ASG 过频 1 保护被抑制。

4.1.15.2　ASG 过频 2 保护（OF2）

在 ASG PMG 频率大于等于 2070Hz（等效于 POR 频率 460Hz）时，ASG 过频 2 保护会在 100ms 内禁能 VR，断开 GEC3 和 APB。

ASG 过频 2 保护会在 VR 使能命令为假时被抑制。

4.1.15.3　ASG 欠频 1 保护（UF1）

在 ASG PMG 频率小于等于 1620Hz（等效的 POR 频率为 360Hz）时，ASG 欠频 1 保护会在 1.5s 内禁能 VR，断开 GEC3 和 APB。

如果 VR 使能命令为假，则 ASG 欠频 1 保护被抑制。ASG 欠频 1 保护跳闸会抑制/闭锁相应的 ASG 发动机启动能力。

欠频 1 保护的触发条件：发电机频率低于 360Hz，"APU 带载就绪"信号为真。由于"APU 带载就绪"信号是 ASG 欠速条件的判断依据，若 ASG 欠速条件为假（转速正常），且频率低于阈值，则 ASG 欠频 1 保护可以被激活。

4.1.15.4　ASG 欠频 2 保护（UF2）

在 ASG PMG 频率 ≤ 1575Hz（等效的 POR 频率为 350Hz）时，ASG 欠频 2 保护会在 200ms 内禁能 VR，断开 GEC3 和 APB。

如果 VR 使能命令为假，ASG 欠频 2 保护会被抑制，ASG 欠频 2 保护跳闸后会抑制/闭锁对应 ASG 的发动机启动能力。

欠频 2 保护会在发电机频率低于 350Hz，且"APU 带载就绪"信号为真时激活。如果 ASG 欠速条件为假（转速正常）且频率低于 350Hz，则 ASG 欠频 2 保护会激活。

ASG 的输出频率范围是（360 ~ 440Hz），在进行频率保护时，当频率低于 360Hz 就认为是欠频了。

4.1.15.5　ASG 欠速保护（US）

A GCU 会采集来自 APUC 的"APU 带载就绪"信号，来执行 ASG 欠速保护功能。"APU 带载就绪"信号会在 APU 达到 95% 的最大运行转速 2s 后置为真，APU 控制器会将"APU 带载就绪"信号通过通信总线发送出去。

若"APU 带载就绪"信号为假，则 ASG 欠速故障会闭锁为真，A GCU 会在 70ms 内断开 APB。

在"APU 带载就绪"信号为真时，VFSG 欠速故障会在 150ms 内复位。

在欠速条件为真时，APU 启动能力是不被抑制的。但在发电机运行期间，若检测到欠频 1 或欠频 2 故障，则会抑制 APU 启动能力。

4.1.16　GCU 失效安全保护

在 GCU 的处理器出现故障时，它在内部采取了相应的措施，以对电源通道提供失效安全保护。

在上电自检过程中，如果 GCU 检测到引脚编程无效（见本书 4.1.1.1 节），则 GCU 也会进入失效安全模式。

GCU 处理器故障定义为其微处理器或任意外围电路的故障，在失效安全模式下，GCU 会：

①断开与接触器对应的固态继电器（SSR）驱动；

②断开并闭锁与接触器对应的线圈驱动；

③禁能远程滑油传感器；

④禁能 VR；

⑤禁能输出电流源电路；

⑥将失效安全离散量设置为活动状态；

⑦停止与外界的通信功能。

失效安全电路有专用的供电电源，失效安全条件可以通过驾驶舱内的 GCS 开关手动复位。

4.1.17　L AFT EP 保护

L GCU 为 235VAC 地面电源 AFT EP 插座提供了保护功能，其保护逻辑如图 4-35 所示。

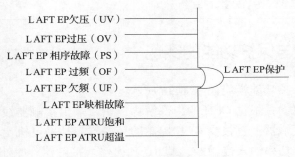

图 4-35　L AFT EP 保护逻辑

地面电源是 115VAC/400Hz 恒频输入，RTCA DO-160G 第 16 章电源输入对这类电源的特性要求是：电压范围 100 ～ 122VAC，频率范围 390 ～ 410Hz。超出这个电压、频率范围时，GCU 会实施 UV、OV、UF 或 OF 保护。

此外，L GCU 还会实施 AFT EP 接触器闭合故障（AFT EPC FTC）保护，以及 AFT EP DC 分量（AFT EP DCC）保护。

在 L AEPC 接触器闭合命令发出以后，如果以下条件满足，则定义为 L APEC 闭合故障：

①L AEPC 的辅助触点为断开状态；

②在发出闭合命令 150ms 后，EP 的相电流小于 10A。

在 GCU 检测到 L AFT EP 的馈线上 DC 分量超过 50A，持续时间 175ms 时，就判断为 DC 分量条件满足。

AFT EP DCC 保护跳闸后，会抑制和闭锁发动机启动能力。

AFT EP DCC 保护可以防止 ATRU 下游产生的 DC 分量流向发电机汇流条。

AC 电流传感器在设计时并没有考虑 DC 分量的情况，出现 DC 分量时，会导致 CT 的饱和，从而失去监控电流幅值的能力：

①DC 分量的出现会导致差动保护（DP）和过载保护的失效；

②分布在配电盘箱各处的 CT 饱和程度各不相同，DC 分量会导致这些 CT 的 DP 保护误动作；

③故障情况下 DC 电流可能会超过 1000A，会对设备造成危害。

因此，DC 分量保护是十分必要的。

AFT EP 接触器闭合故障（L AEPC FTC）和 DC 分量保护（AFT EP DCC）的采集点、跳闸阈值等信息，如表 4-12 所示。

表 4-12　AFT EP 闭合故障 &DC 分量保护的采集点、跳闸阈值、动作及说明

保护功能	采集点	跳闸阈值	复位条件	动作	说明
AFT EP 接触器闭合故障（L AEPC FTC）	L AEPC 闭合命令；L AEPC 辅助触点；EP 相电流	<10A，持续 150ms	—	L GCU 取消 L AEPC 保持命令	在 L AEPC 辅助触点闭合或任意相电流 ≥ 10A 时，该保护功能被抑制
AFT EP DC 分量保护（AFT EP DCC）	EP 馈线 HES，AFT EP 馈线上的 DC 电流	>50A，持续时间 175ms	—	L GCU 断开 L AEPC	抑制并闭锁发动机启动能力
注：此处 "HES" 是霍尔效应传感器的缩写。					

4.2　GCU 控制与保护功能的实现

GCU 的控制与保护功能模块如图 4-36 所示。

①接触器线圈驱动：根据 GCU 的内部解算逻辑，输出接触器线圈的控制电压，用于接通、断开相应的接触器。直接受 GCU 控制的接触器包括发电机出口断路器、左右汇流条连接接触器、ATU 功率输入接触器、ATRU 功率输入接触器。此外，与励磁调节相关的继电器，也受 GCU 的控制，其中包括 GEC1、GEC2 和 GEC3，中性点继电器 GNR，以及发动机启动接触器 SC。GCU 在输出接触器线圈驱动时，要保证足够的驱动功率，使得接触器主触点在最短的时间内可靠接通。

②离散量检测：用于检测接触器或继电器的辅助触点状态，以判断主触点是处于接通位置还是断开位置。此外，其他的离散输入，包括 ID 识别信号，也通过这个模块来进行信号转换。

③电流检测：接收电流互感器 CT 的电流信号，进行 DC 分量保护、过载保护或差动保护。相应的电流检测分为两种，第一种是绝对（单点）电流检测，用于 DC 分量保护和过载保护，这两种保护复用相同的硬件电路，A、B、C 三相每相都布置有 CT，CT 二次电流值在采样电阻上的压降，可用于过载条件判断和直流分量检测；第二种是相对电流检测，多个 CT 的电流信号汇总到一个负载电阻上，以检测是否存在差动电流。

④电压检测：检测 POR 处的三相交流电压，用于判断是否需要实施过压保护。由于交流电压有效值计算需要时间，会导致额外的保护延时，所以有效值用 Clarke 变换通过软件计算，以实时捕捉电压有效值。

⑤频率检测：频率检测与电压检测共用相同的检测点，即二者都来自 POR 处的电压。电压频率的大小是通过计算单位时间内电压过零的次数而得到的。

⑥旋转整流器故障检测：该模块以励磁驱动电压为输入，判断驱动电压是否在正常范围内，当超过预设的阈值时，则判定为旋转整流器故障。

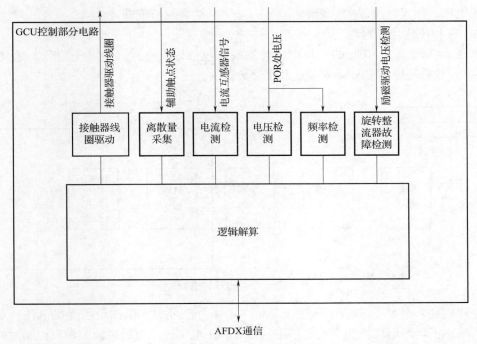

图 4-36　GCU 控制功能汇总

　　下述章节分别对这 6 个功能模块的实现方式进行详细阐述。

4.2.1　接触器线圈控制

　　如图 4-37 所示，接触器线圈驱动电路包括 3 个部分，微处理器 uP、驱动放大和主功率管。微处理器 uP 的驱动能力有限，所以其 I/O 输出的控制信号要经过驱动放大（常用的驱动，如 FAN3100CSX），再驱动功率管（常用功率 MOSFET）。功率管从 28VDC Bus 获取功率输入，为接触器线圈提供 28VDC 功率输入。

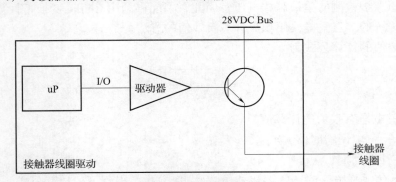

图 4-37　接触器线圈驱动电路

4.2.2　电压检测

　　电压检测有两种用途，一种是正常情况下的电压检测，即在发电机稳态运行时检测三相平均电压，作为励磁调节器的输入，用于将 POR 处电压维持在恒定值；另一种是检测

177

最高相电压，用于过压保护。

4.2.2.1 三相平均电压检测

如图 4-38 所示，GCU 的平均电压检测模块包括分压电路、负电平抬升、滤波调理、AD 采样和数据还原与 Clarke 变换这几个部分。

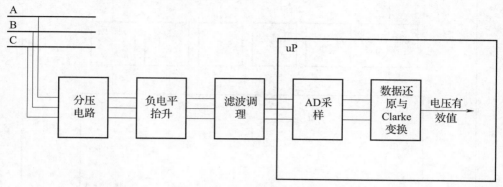

图 4-38 平均电压检测原理

分压电路将外部 115VAC（或 235VAC）电压分压成数字电路可承受的电压，负电平抬升电路将正负两个极性的交流电压统一抬升为正电平，之后经过滤波调理电路滤除高频噪声后输入给 uP 的 AD 采样口。AD 采样将模拟信号转化为数字信号，去掉之前抬升的直流电平后，数字信号被还原成三相交流电压所对应的值，后者经过 Clarke 变换即可计算有效值。

经过计算后的有效值与预设的阈值相比较，可以作为过压保护条件的判断依据。

在 Clarke 变换后，如果三相电压是对称的，则只有 α、β 分量，没有 0 分量；如果三相电压不对称，则 Clarke 变换后还有 0 分量。在进行过压保护条件判断时，要采用传统的积分运算求出当前的最高相电压有效值。

4.2.2.2 最高相电压检测

由于过压保护检测的是最高相电压，因此，不能再利用 Clarke 变换来计算有效值。为此，需要用传统的多点采样，用积分计算有效值的方法。

电压有效值的计算公式为

$$V_{\mathrm{rms}} = \sqrt{\frac{1}{T} \int_0^T u^2(t)\,\mathrm{d}t}\qquad(4-1)$$

式中：V_{rms}——电压有效值的计算值，V；

$u(t)$——电压瞬时值，V；

T——计算周期，s。

在用到数值采样方法时，需要将式（4-1）离散化，得到下述计算公式

$$V_{\mathrm{rms}} = \sqrt{\frac{\Delta t}{T} \cdot \sum_{i=0}^N u_i^2}\qquad(4-2)$$

式中：Δt——采样间隔，s；

u_i——当前采样点的电压瞬时值，V；

N—— 一个计算周期内的采样点数。

由式（4-3）决定

$$N = \frac{T}{\Delta t} \tag{4-3}$$

由于发电机的频率是变化的，且不能事先预知。我们需要评估不同频率下，不同采样时间对测量误差的影响。

由 4.1.7.2 节的过压保护反时限曲线可知，过压保护的最快保护时间为 30ms，对应的电压为 320Vrms。因此，为满足过压保护实时性的要求，电压采样的计算时间不能超过 30ms，我们取最大的计算周期为 10ms。

考虑到额定工作频率为 400Hz，即对应 2.5ms，我们分别取计算周期为 2.5ms、3ms、5ms、8ms 和 10ms，来评估在这些不同的计算周期下，不同工作频率下的计算误差。

在相同的计算周期下，不同的采样周期对计算误差也有影响，我们先假定采样周期为 1μs，即 2.5ms 的工频周期下的采样点数为 2500 点。

在 Matlab 中，我们输入下述代码。

```
Vpk=235*sqrt(2);
deltaT=[1 2 5 10 20 50 100];%不同的采样周期，单位 μs
f=[360 400 450 500 550 600 650 800];%不同的工作频率，单位 Hz
calcT=[2.5 3 5 8 10];%不同的计算周期，单位 ms
calcV=zeros(5,8);%计算不同排列组合下的有效值
errorV=zeros(5,8);
for i=1:8 %8 种不同的采样频率，注意 matlab 数组下标从 1 开始
    for k=1:5 %5 种不同的计算周期
     T=calcT(k)*1000/deltaT(1);%对应 5 种不同采样周期下的采样点数
     sampleV=zeros(T);
     for j=1:T %同一频率下的采样点数
            t=j*deltaT(1)*1e-6;%计算一个周期内的当前采样时刻点
            sampleV(j)=Vpk*sin(2*pi*f(i)*t);%计算当前频率下当前时刻
                                    的采样值
        calcV(k,i)= calcV(k,i)+sampleV(j)*sampleV(j);% 计算平方和的
                                             累加值
     end
    plot(sampleV);
    calcV(k,i)=calcV(k,i)/T;%在周期 T 内取平均
    calcV(k,i)=sqrt(calcV(k,i));%计算累加和的平方根
    errorV(k,i)=1-calcV(k,i)/235;
    end
end
```

运行的结果汇总如表4–13所示，表中分别评估了360Hz、400Hz、450Hz、500Hz、550Hz、600Hz、650Hz和800Hz工作频率下对应的电压有效值的计算值，其中，额定电压为235Vrms。

表4–13　不同计算周期对电压有效值（单位：V）计算结果的影响

计算周期	360Hz	400Hz	450Hz	500Hz	550Hz	600Hz	650Hz	800Hz
2.5ms	244.6969	235.0000	226.5606	235.0470	241.7274	235.0000	229.1978	235.0000
3ms	227.5821	230.4106	241.5223	235.0000	229.5735	238.0687	237.8054	238.6898
5ms	238.0547	235.0000	235.0235	235.0000	235.0235	235.0000	235.0235	235.0000
8ms	238.2250	233.2896	232.5218	235.0000	237.0175	236.1554	233.9540	236.3904
10ms	232.5208	235.0000	235.0000	235.0000	235.0000	235.0000	235.0000	235.0000

从表4–13可知，当计算周期为发电机半工作周期的整数倍时，有效值的计算值为235Vrms，即计算误差为0。比如，当计算周期为2.5ms时，400Hz（对应半工作周期为1.25ms，为半工作周期的2倍）、600Hz（对应半工作周期为0.83ms，为半工作周期的3倍）和800Hz（为半工作周期的4倍）下的计算值为235Vrms，没有计算误差。

同理，当计算周期为3ms时，500Hz下的计算值为235Vrms，计算误差为0，此时，计算周期3ms对应半工作周期（1ms）的3倍。其他的依次类推。

当计算周期不是半工作周期的整数倍时，均会产生计算误差，其误差的大小如表4–14所示。

表4–14　不同计算周期下的电压误差值

计算周期	360Hz	400Hz	450Hz	500Hz	550Hz	600Hz	650Hz	800Hz
2.5ms	−0.04	0.00	0.04	0.00	−0.03	0.00	0.02	0.00
3ms	0.03	0.02	−0.03	0.00	0.02	−0.01	−0.01	−0.02
5ms	−0.01	0.00	0.00	0.00	0.00	0.00	0.00	0.00
8ms	−0.01	0.01	0.01	0.00	−0.01	0.00	0.00	−0.01
10ms	0.01	0.00	0.00	0.00	0.00	0.00	0.00	0.00

从表4–14可知，当计算周期为2.5ms时，360Hz下的计算误差为4%。随着计算周期的拉长，采样误差会随之减少。在计算周期增加到5ms以上时，计算误差可以控制在1%以下，对应的误差绝对值是2.35V。这个误差对过压保护而言是可以接受的。

从表4–14还可以看出，当计算周期为5ms时，所有的8个频率点的计算误差都小于1%，因此，设置5ms的计算周期可以满足过压保护的要求。

在5ms的计算周期下，由于采样周期为1μs，则对应的一个计算周期的采样点数为5000点，这会带来比较大的计算资源占用。为此，我们需要评估一下不用采样周期对计算结果的影响，在满足计算精度的要求下，力求节省计算资源。

我们在Matlab下输入以下代码，用于评估采样周期加长对计算结果的影响。

```
Vpk=235*sqrt(2);
deltaT=[1 2 5 10 20 50 100];%不同的采样时间，单位μs
f=[360 400 450 500 550 600 650 800];%不同的工作频率，单位Hz
calcT=5;%取计算周期为5ms
calcV=zeros(7,8);%计算不同采样周期组合下的有效值
errorV=zeros(7,8);%计算不同采样周期组合下的计算误差
for i=1:8 %8种不同的采样频率，注意matlab数组下标从1开始
    for k=1:7 %7种不同的采样周期
    T=calcT*1000/deltaT(k);%对应7种不同采样周期下的采样点数
    sampleV=zeros(T);
    for j=1:T %同一频率下的采样点数
        t=j*deltaT(k)*1e-6;%计算一个周期内的当前采样时刻点
        sampleV(j)=Vpk*sin(2*pi*f(i)*t);%计算当前频率下当前时刻的
                                        采样值
        calcV(k,i)= calcV(k,i)+sampleV(j)*sampleV(j);%计算平方和
                                                    的累加值
    end
    plot(sampleV);
    calcV(k,i)=calcV(k,i)/T;%在周期T内取平均
    calcV(k,i)=sqrt(calcV(k,i));%计算累加和的平方根
    errorV(k,i)=1-calcV(k,i)/235;
    end
end
```

上述代码的运行结果如表 4-15 所示，采样周期的加长会带来有效值计算误差的增加，其中，误差比较大的是低频，即 360Hz 频率点。

表 4-15　不同采样周期下的电压有效值计算（单位：V）

采样周期	360Hz	400Hz	450Hz	500Hz	550Hz	600Hz	650Hz	800Hz
1μs	238.0547	235	235.0235	235	235.0235	235	235.0235	235
2μs	238.0757	235	235.0470	235	235.0470	235	235.0470	235
5μs	238.1385	235	235.1175	235	235.1175	235	235.1175	235
10μs	238.2430	235	235.2349	235	235.2349	235	235.2349	235
20μs	238.4510	235	235.4695	235	235.4695	235	235.4695	235
50μs	239.0679	235	236.1721	235	236.1721	235	236.1721	235
100μs	240.0719	235	237.3384	235	237.3384	235	237.3384	235

表 4-16 给出了相对误差值，在 20μs 的采样周期下，不同频率点的采样误差均能控制在 1% 以内，因此，选择 20μs 的采样周期。对应 5ms 的计算周期，20μs 采样周期下的采样点为 250，相对 1μs 的 5000 个采样点，极大地降低了对计算资源的需求。

表 4–16　不同采样周期下的电压有效值计算误差

采样周期	360Hz	400Hz	450Hz	500Hz	550Hz	600Hz	650Hz	800Hz
1μs	−0.01	0.00	0.00	0.00	0.00	0.00	0.00	0.00
2μs	−0.01	0.00	0.00	0.00	0.00	0.00	0.00	0.00
5μs	−0.01	0.00	0.00	0.00	0.00	0.00	0.00	0.00
10μs	−0.01	0.00	0.00	0.00	0.00	0.00	0.00	0.00
20μs	−0.01	0.00	0.00	0.00	0.00	0.00	0.00	0.00
50μs	−0.02	0.00	0.00	0.00	0.00	0.00	0.00	0.00
100μs	−0.02	0.00	−0.01	0.00	−0.01	0.00	−0.01	0.00

4.2.3　电流检测

GCU 的电流检测分为两种，分别是单点电流检测和差动电流检测。

单点电流检测原理如图 4–39 所示，在电流采集处，A、B、C 每相都串接了一个 CT，分别采集每相的电流值。CT 的二次侧接到图 4–39 中电流转电压的模块，将电流信号转换为电压信号。交流电流有正有负，对应转换后的电压也有正、负双极性。负电平抬升模块可以将双极性的电压信号统一抬升为正电平，以便于数字电路对其进行处理。

经过抬升后的电压信号输入给滤波调理模块，滤除高频噪声后再输入给微处理器 uP 的 AD 采样口，将模拟量转换为数字量。后者经过数据还原和 Clarke 变换后可以得到电流的有效值。

与计算电压有效值类似，若 Clarke 变换结果出现了 0 分量，则表明 A、B、C 三相不平衡，或者 A、B、C 三相中出现了 DC 分量。Clarke 变换的结果可用于 DC 分量检测。

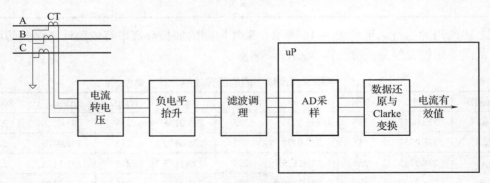

图 4–39　单点电流检测原理

与单点电流检测不同，电流差动保护检测需要在不同的汇流条上分别布置传感器。如图 4–40 所示，汇流条 1 和汇流条 2 对应相（此处为 A 相）的互感器 CT1 和互感器 CT2 的二次侧接到同一个负载电阻上。

正常情况下，由于流入电流的值与流出电流的值大小相等，方向相反，所以负载电阻上的压降为 0V。在二者不相等的情况下，负载电阻上会有压降。该电压降经过滤波调理和负电平抬升后，输入给微处理器 uP 的 AD 采样口。

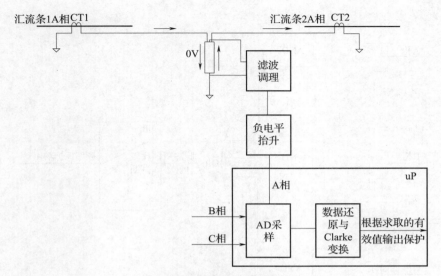

图 4–40　电流差动保护检测原理

　　B 相和 C 相的负载电阻压降也经过同样的处理后输入给微处理器 uP 的 AD 采样器，三相的电压采集值经过数据还原与 Clarke 变换后可以求取负载电阻上压降的有效值。根据设定阈值的大小，可以决定是否需要输出差动保护。

4.2.4　频率检测

　　如图 4–41 和图 4–42 所示，频率检测的基本原理是生成三相电压的过零点脉冲，在一个周期内计算过零点脉冲的次数，从而推导出当前的电压频率值。

　　三相交流电压每个周期有 6 个过零点，过零点和电压频率之间的关系由式（4–4）决定

$$f = \frac{1}{6 \cdot \Delta T} \tag{4-4}$$

　　在电路设计时，过零点的产生通过比较器生成，电压信号分别与正负阈值 V_{ref+} 与 V_{ref-} 比较，当电压位于二者之间时，则认为是过零点，A 相、B 相和 C 相每个周期各有 2 个过零点，这些过零点经过或门后输入给微处理器 uP 的脉冲计数单元，以决定当前频率是多少。再根据当前的频率决定是否要进行过频、欠频等保护输出。

　　在 400Hz 情况下，一个周期为 2.5ms。若计数周期为 50ms，则在一个计数周期内，会收到 20 × 6=120 个计数脉冲。

　　在 800Hz 下，频率加倍，计数脉冲也加倍，50ms 的计数周期内有 240 个计数脉冲。50ms 的计数值大于 240 个，则表明目前有过频故障。

　　依次类推，可以确定欠频故障。

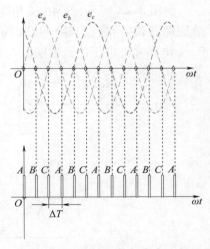

图 4–41　三相过零点脉冲生成

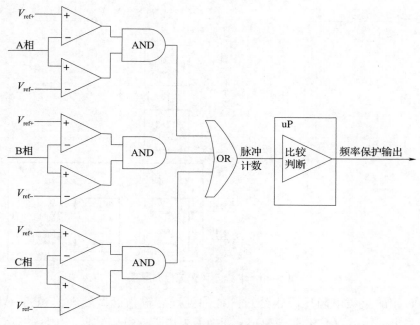

图 4-42　通过过零点计数计算频率

4.2.5　旋转整流器短路检测

旋转整流器短路后，相当于整流器的交流侧，即励磁机的输出端被短路，励磁机输入功率需求加大，在励磁调节器的作用下，Buck 电路的 PWM 占空比加大，Buck 电路输出电压随之增大。

GCU 会监控励磁机输入电压、即 Buck 电路输出电压的幅值，当其超过阈值时执行旋转整流器短路保护功能。SRD 短路条件在下述情况下为真：励磁输入电压高于 800VDC，GCU 会实施该保护，在 7s 内禁能 VR，断开 GEC3，以及 GCB/APB。在 VR 使能命令为假的情况下，VFSG/ASG 的旋转整流器保护功能被抑制。

如图 4-43 所示，PMG 输出电压经过三相全波整流后，作为 Buck 电路的输入电压，微处理器 uP 会根据当前的励磁机输入电压需求调节 Buck 电路的 PWM 驱动占空比，使 Buck 电路输出电压达到预期值。

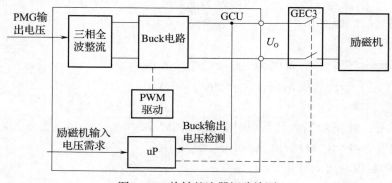

图 4-43　旋转整流器短路检测

微处理器 uP 会实时监测 Buck 电路输出电压，当其超过规定的阈值时，uP 会直接断开 GEC3，给励磁机灭磁。

4.2.6 离散信号检测

辅助触点及其他离散量输入的检测电路，如图 4-44 所示。外部离散信号经过光电隔离和阈值比较后，输入给微处理器 uP，用于检测外部离散量的状态。

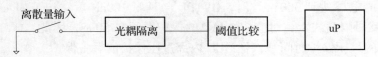

图 4-44 辅助触点及其他离散量输入检测

外部离散量检测电路会用到"湿电流"的概念，所谓湿电流（Wetting Current）是指能够通过维持一定的小电弧清理触头表面的尘垢和腐蚀以保持触头状态良好的最小电流值。当外部离散量输入信号开关处于闭合状态时，光耦的隔离驱动电路要保证最小的"湿电流"，以保证离散量开关触头的良好接触。

"湿电流"的数值一般在几毫安到十几毫安的范围，如图 4-45 所示，在设计图 4-44 的"光耦隔离"电路时，要考虑"湿电流"的影响，即在选择上拉电阻 R_b 时，数值不能太大，否则"湿电流"太小，不能保证触头的有效导通；R_b 也不能太小，否则光耦驱动部分的功耗太大，电路的可靠性会降低。

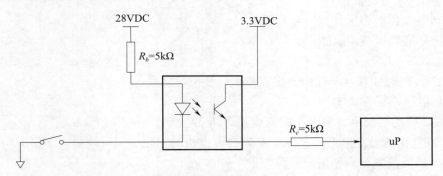

图 4-45 光耦驱动电路要保证最小的湿电流水平

比较合理的取值是将"湿电流"设定在 5mA 左右，据此可选择 R_b 为 5kΩ，对应的"湿电流"为 5.6mA。

4.3 瞬态过压保护单元

4.3.1 OPU 原理

瞬态过压保护单元（OPU，又称为 OVTPU）可以防止 235VAC 汇流条上的电压过高，因为相对传统的 IDG 发电机，VFSG 可能会以更快的速度进入过压状态。这种过压有两种可能的原因，一种是由于发动机转速的突然增大而引起的输出电压的增大；还有一种情况发生在负载短路清除后，因负载瞬间大幅降低而导致发电机端电压的升高。

OVTPU 模块又称为 "crowbar"（撬棍）。

OVTPU 会采集过电压条件，将三相线路短路 200ms，然后再自动释放。这时，GCB 处在闭合状态，如果在 60s 内 2 次出现这种情况，或者在一次飞行中出现 3 次这种情况，则 GCB 会跳闸并置为故障闭锁状态。

波音 787 飞机上每个 VFSG 都有对应的 OVTPU，分别安装在 P100 和 P200 配电盘箱中。

当 POR 处的电压达到 300VAC 时，OVTPU 会延时 100ms 后动作（如 4.1.7.2 节所示，在过压保护的反时限曲线上，对应 300VAC 的保护时间是 50ms，因此，OVTPU 的保护时间比 GCU 内部的过压保护时间慢，是 GCU 内部过压保护的后备保护）。

在 OVTPU 触发保护后：

①POR 处的电压会接近 0V。

②发电机电流会有瞬间的过冲，然后衰减到正常稳态电流，大约 35A。

③OVTPU 之后会通过离散信号将以下信号发送给 GCU：

a. OVTPU 功率正常；

b. OVTPU 已触发跳闸（该信号通知 GCU 切断励磁）。

④在 OVTPU 触发跳闸后，以下故障保护会被抑制：

a. 差动保护；

b. DC 分量保护；

c. 发电机 CT 开路故障；

d. 旋转整流器短路保护；

e. 持续并联馈线短路故障；

f. 欠压故障。

在下述条件满足时，OVTPU 会在 200ms 后复位，之后：

①POR 电压恢复为 235VAC；

②在无负载的情况下，发电机电流重新回到 0A。

在 OVTPU 保护触发退出后，GCU 会恢复发电机的励磁，同时恢复以下保护功能：

①10ms 以后恢复旋转整流器短路保护（SRD）；

②立即恢复差动保护（DP）；

③100ms 后恢复欠压保护。

若 GCU 在一个航段中检测到 3 次 OVTPU 保护触发事件，则对应的 VFSG 会跳闸，被置为离线状态。

OVTPU 的保护原理如图 4-46 所示，在线路出现过电压时，将发电机馈线三相短路，然后再自动释放，同时通知 GCU 降低发电机励磁。如图 4-47 所示，短时过电压可能出现的时机，即发生在负载短路故障引起 CB 跳闸，发电机瞬间遭遇轻载的情形。

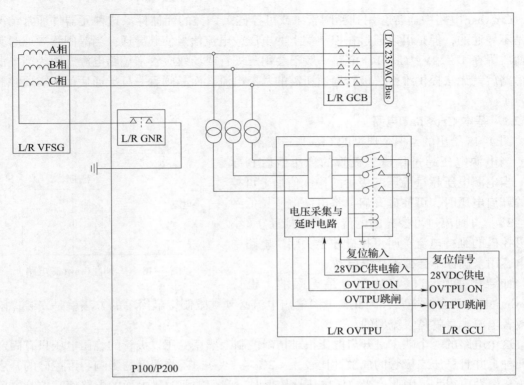

图 4-46　OVTPU 的保护原理

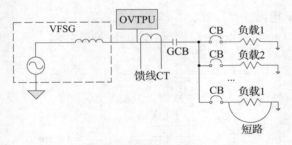

图 4-47　在切除短路负载时会出现瞬间过电压

4.3.2　Crowbar 电路

前文提及了过压保护电路，即 Crowbar 电路，这里再引申一下这个话题，在数字和模拟电路设计过程中，也会用到 Crowbar 电路。

Crowbar 电路是一种过电压保护电路。这种电路的设计思想是当电源电压超过预定值时将电源短路，通过短路将电源电压硬生生地拉下来。这时电源通路上的保险丝等过电流保护设备会起作用——切断电源——以防止损坏电源。从这种机制可以看出，这个电路要求电源能够承受短时间的短路状态而不损坏，否则虽然保护了后端设备但却牺牲了电源设备。

Crowbar 中文含义是撬棍，所谓 Crowbar 电路，其实好像将一个撬棍（或其他的粗的导电的棍子）扔到电源导线上将其短路。

Crowbar 电路中通常会用到晶闸管（或可控硅）一类的元器件。这种元器件通常情况下是不导通的，但是可以通过在控制端上的电压或电流信号使其导通。当晶闸管导通时其导通压降在 1 ~ 2V。Crowbar 电路一般不会用三极管或场效应管来短路电源，因为当电源被短路后就无法提供维持三极管导通所需的基极电流。而晶闸管一旦导通后就不需要控制信号了。

4.3.2.1 基本 Crowbar 电路

图 4–48 给出的是一个典型的 Crowbar 电路。

当电源电压超过稳压二极管的稳压值后 D 导通。当电源电压超过稳压二极管的稳压值加上可控硅的开启电压时，可控硅开启，将电源电压拉低到 1 ~ 2V。直到流过可控硅的电流减小到接近 0（小于可控硅的维持电流）时可控硅才会关闭。电路中的电容用来确保不会被干扰误启动。

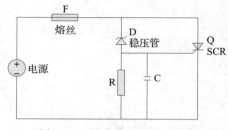

图 4–48　基本的 Crowbar 电路

如果电源输出电流的能力是无限的，很快 Crowbar 电路就会被烧毁，因此，电源输出电流必须被限制，最简单的方法就是安装保险丝或者电源本身就是限流型的。

这个电路的一个缺点是开启电压很难精确控制，毕竟稳压二极管的稳压电压只有固定的几种，并且稳压二极管的离散性比较大（2% ~ 5%），还受温度的影响。可控硅的开启电压离散性也很大。因此，当电源电压比较低时，我们需要改进上面的电路使其控制电压更精确一些。

4.3.2.2 精确 Crowbar 电路

图 4–49 是精确的 Crowbar 电路，其开启电压要准确得多。

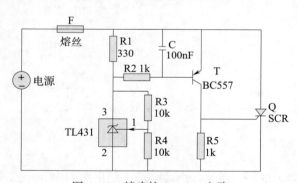

图 4–49　精确的 Crowbar 电路

TL431 是个廉价的电压源芯片，可以输出 2.5 ~ 36V 的电压。用它可以解决稳压二极管离散性大的缺点，同时电压稳定度也比稳压二极管好得多。

三极管 T 用来解决可控硅开启电压离散性大的问题。当 V_{be}>0.6V 时，三极管导通，可控硅开启。由于三极管的放大作用使得电源电压很小的变化就可以产生可控硅控制端较大的电压变化。虽然三极管也受温度影响，但是整个电路开启电压的稳定度比原来的电路好得多。

TL431 的基准电压是 2.5V，所以上面电路中 TL431 的输出电压是 5V，Crowbar 电路的开启电压在 5.6 ～ 6.0V。这个电路可以保护 5V 供电的设备。

图 4-48 和图 4-49 的 Crowbar 电路主要用于保护数字电路，经过适当的适配后，也可用于 VFSG 的过压保护的 Crowbar 电路设计。这里的电源电压就是图 4-46 中经过变压器分压和三相全波整流后的电压，相应的后端晶闸管的栅极驱动电压也要根据全波整流后的电压值进行适配。

第 5 章　VFSG 的启动功能

VFSG 有两种工作模式，一种是发电机工作模式，另一种是电动机工作模式（又称为启动模式）。在发电机工作模式下，VFSG 从发动机获取机械动力，将机械能转化为电能输出，为飞机电网输出三相交流电。在电动机工作模式下，VFSG 可用于启动主发动机，此时，它从外部（地面电源或 APU 电源）获取启动电源，将电能转化为机械能，为发动机提供所需的启动转矩，带动发动机旋转。在发动机达到启动转速时，发动机喷油点火，之后发动机进入自持运行阶段，VFSG 也由启动状态进入发电机工作状态，向飞机电网输出电能。

本章讲述了变频启动发电机的运行条件和运行模式。在启动模式下，VFSG 要经历恒转矩运行阶段、恒功率弱磁运行阶段和恒功率增磁运行阶段。在不同的阶段，在应用 SVPWM 进行控制时，要采用不同的控制策略，同时还要考虑转速变化对励磁的影响。为提高可靠性，航空工业界一直在探索不借助传感器来检测转子位置的方法，在高转速下，可以用滑膜控制器来推算转子产生的反电动势，进而计算出转子位置角。在低转速下，转子旋转产生的反电动势太微弱，不易识别，可以采用高频信号注入的方法来检测转子位置。为避免在转子位置计算时用到反正切函数，通常采用锁相环 PLL 技术，用迭代的方法求取转子位置角。

这一章建立了启动模式下的 Matlab 仿真模型，还简要介绍了 APU 发电机的启动模式和 270VDC 发电机的启动模式。

需要补充说明的是，波音 787 发电机转子的位置检测采用的是带传感器的方法，即用旋转变压器来检测转子位置角。

5.1　变频启动发电机 VFSG

5.1.1　变频启动发电机的运行条件

波音 787 共装有 4 台变频启动发电机，每两台一组安装在左右两台发动机的齿轮箱上。VFSG 由齿轮箱直接驱动，不带速度调节，因此，启动发电机的输出电压为变频交流电。

波音 787 飞机电源系统的 VFSG 是一个 6 极、无刷三相、Y 形连接的变频交流同步发电机，额定容量为 250kVA，额定输出电压为三相 235VAC 交流电，频率范围为 360 ~ 800Hz。这 250kVA 的额定容量是在调节点（POR）处持续工作的输出功率，对应的负载功率因数范围是 0.85 ~ 1 滞后。在发动机启动期间，VFSG 可以作为启动电机运行（VFSG 的启动模式），VFSG 运行条件如表 5-1 所示。

表 5-1　VFSG 运行条件

VFSG 额定容量	持续时间	频率范围	电压范围
250kVA	连续	360 ~ 800Hz	233 ~ 238VAC
312.5kVA（125%）	5min	370 ~ 800Hz	232 ~ 239VAC
312.5kVA（125%）	10s	360 ~ 370Hz	232 ~ 239VAC
437.5kVA（175%）	5s	370 ~ 800Hz	220 ~ 240VAC

5.1.2　VFSG 的运行模式

VFSG 有以下 4 种运行模式：

①停机模式：在停机模式下 VFSG 处于非活动状态，既不发电也不消耗功率。

②启动模式：在发动机启动期间，VFSG 由外部电源供电，通过发动机附件齿轮箱为发动机启动提供转矩。在启动模式下，每台 VFSG 可以提供 407N·m 的转矩（或扭矩）。

③电动机模式：在电动机模式下，VFSG 由外部电源供电，在发动机多次启动之间的冷却期或者在发动机维护时，借助附件齿轮箱的接口为发动机提供转矩。在电动机运行模式下 VFSG 能提供 203N·m 的转矩。

④发电机模式：在发电机模式下，VFSG 在 339Hz（6780r/min）频率下达到地面怠速运行条件时即可为飞机汇流条提供功率。

VFSG 的启动冷却周期如图 5-1 所示，如果在 30min 冷却期间驾驶员又操作了发动机启动开关，将位于飞机驾驶舱内的发动机启动旋钮开关由 NORM 位置扳回到 START 位置，则会在冷却期间重新进入启动序列，VFSG 以电动机模式运行，能提供正常启动的 50% 转矩，这时 VFSG 的损坏风险会加大。

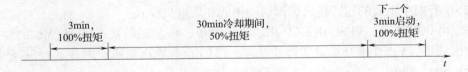

图 5-1　VFSG 启动冷却周期

所谓的电动机模式，实际上是降额的启动模式。共用马达驱动器 CMSC 会记录 VFSG 的启动冷却周期，并根据当前收到的发动机启动指令所处的时间周期，来设定不同的启动转矩（100% 还是 50%）。

波音 787 上每台 CMSC 重 54kg，还有安装附件 14kg，额定功率为 110kW，即功率密度接近 2kW/kg。如图 5-2 所示，发动机的启动分为两个阶段，先是恒转矩启动，当发动机转速达到临界值时，受制于 CMSC 输出功率的限制，VFSG 以恒功率方式启动发动机，直至达到怠速运行的转速 6780r/min。

恒转矩与恒功率转速的分界点由式（5-1）确定

$$T = \frac{P}{\omega} = \frac{60P}{2\pi \cdot n} \tag{5-1}$$

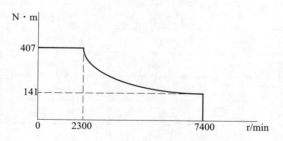

图 5-2　发动机启动过程（从恒转矩到恒功率）

式中：T——VFSG 向发动机输出的转矩，N·m；

　　　P——VFSG 输出的电磁功率，W；

　　　n——发动机当前转速，r/min。

考虑到 CMSC 的额定输出功率为 110kW，而 VFSG 在作为电动机运行时有损耗，所以取 P 为 100kW，在 T 为 407N·m 恒转矩运行情况下，所能达到的最大转速为

$$n = \frac{60 \times P}{2\pi \cdot T} = \frac{60 \times 100 \times 1000}{6.28 \times 407} = 2347 \text{（r/min）} \tag{5-2}$$

所以，在恒转矩启动期间，发动机所能达到的最大转速约为 2300r/min，之后，CMSC 进入恒功率运行方式，直至达到怠速 6780r/min。在这个过程中，VFSG 所能提供的转矩与转速成反比，在 6780r/min 下对应的转矩为

$$T = \frac{60 \times P}{2\pi \cdot n} = \frac{60 \times 100 \times 1000}{6.28 \times 6780} = 141 \text{（N·m）} \tag{5-3}$$

在这个运行点之后，VFSG 进入发电机运行模式。

5.1.2.1　VFSG 启动模式下的转矩

VFSG 有两个主要的运行模式，即启动模式和发电机模式。

在发电机模式下，VFSG 由 GCU 提供直流励磁，该励磁的功率源于 PMG 的输出。但在启动模式下，VFSG 刚开始处于静止状态，PMG 没有输出电压，因此，VFSG 的励磁功率不能从 PMG 获得，而是从外部功率源获取。

如图 5-3 所示，在启动模式下，VFSG 的励磁机从 235VAC 汇流条获取电力，为励磁机提供三相交流励磁。注意这里是三相交流励磁，不是直流励磁。因为在发动机刚启动时，发电机转子处于静止状态，若定子侧提供的是直流励磁，则由于定转子之间没有相对运动，因此，能量不能从定子传递到转子。

为此，需要为励磁机提供三相对称的交流励磁，以便在空间形成旋转的磁场。励磁机当前处于静止状态的转子就有了相对旋转磁场的运动速度，从而切割磁力线产生电动势，输出三相交流电。励磁机输出的三相交流电，经过旋转整流部件，进行全波整流后，给主发电机的转子提供 DC 励磁。

励磁机定子通以对称三相交流，从而形成旋转磁场的原理可以用图 5-4 来说明。励磁机的定子侧有三个线圈 AX、BY 和 CZ，它们的轴线在空间彼此相隔 120°。三相绕组接 235VAC 对称三相交流电，流过如下电流

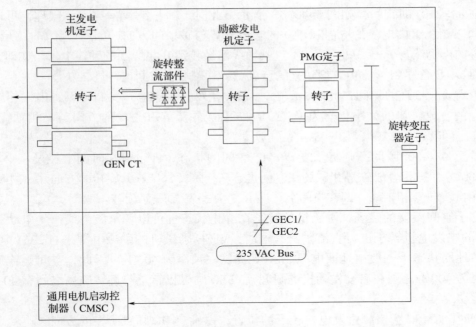

图 5–3　VFSG 的启动模式

$$i_A = I_m \sin\omega t$$
$$i_B = I_m \sin(\omega t - 120°)$$
$$i_C = I_m \sin(\omega t + 120°)$$

（5–4）

我们可以通过几个特定的瞬间来考察它产生的磁场。

先看 $\omega t = 90°$ 的瞬间，由式（5–4）可知，在此瞬间，$i_A = I_m$，$i_B = i_C = -I_m/2$。因此，假定 i_A 由 X 流入，从 A 流出，根据右手螺旋定则产生的磁势如图 5–4（a）所示，与 A 轴线同向，用 F_A 表示。此时，i_B 和 i_C 都是负的，因此，电流从 B、C 流入，从 Y、Z 流出，其磁势矢量分别用 F_B 和 F_C 表示，模（幅值）为 F_A 的 1/2。

若用 F_Φ 表示电流幅值 I_m 流过一相线圈产生的磁势幅值，此时，三相绕组建立的合成磁势 F，根据矢量相加的结果，其模为（3/2）F_Φ。该磁势的轴线正与 AX 轴线重合，图 5–4 中用 F 和 N、S 表示该磁势和磁场的方向。

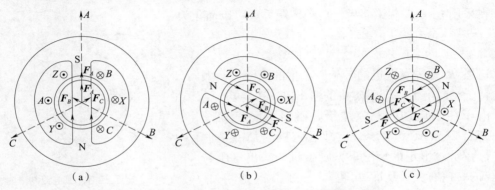

图 5–4　在定子侧输入三相交流电以形成旋转磁场

在 ωt=210° 的瞬间，如图 5-4（b）所示，此时，$i_B=I_m$，$i_A=i_C=-I_m/2$。同理，可以得到该瞬间三相绕组内电流的取向和建立的合成磁势与磁场的方向，如图 5-4（b）所示。合成磁势的模仍然为 F=（3/2）F_Φ，不过其轴线已经转到 B 相线圈的轴线上了。亦即，电流在时间 ωt 上经过 210°，由它们建立的合成磁势和磁场在空间也转过 210°。

再看 ωt=330° 的瞬间，此时，$i_C=I_m$，$i_A=i_B=-I_m/2$。同样地，我们可以看出三相绕组此时建立的合成磁势的大小仍然为（3/2）F_Φ，合成磁势 F 和磁场的方向与 C 相轴线重合。即又在空间转过了 120°，如图 5-4（c）所示。

若至 ωt=450° 瞬间，则将重复 ωt=90° 瞬间的状态，即电流在时间上经过一个周期 T（ωt=360°），三相合成磁势和磁场在空间也旋转一周（360°），旋转的方向从 A 相轴线转向 B 相再转向 C 相轴线，即在空间上按照 A → B → C 的顺序旋转。

有了空间旋转的磁场，励磁机的转子在静止状态也可以切割磁力线产生电动势，对 VFSG 的主发电机转子进行直流励磁。这时，VFSG 励磁机的励磁电源来自 235VAC 汇流条，在地面状态下一般由地面电源或 APU 提供，频率为 400Hz，因此，空间旋转磁场的频率也为 400Hz。则在启动发动机的瞬间，VFSG 励磁机转子与旋转磁场之间有 400Hz 的相对运动。

这时，CMSC 会检测主发电机转子的位置，以确定 DC 励磁所在的方向，也就是转子 d 轴所在的方向。CMSC 会根据当前转子 d 轴所在的位置，确定 park 变换的 θ 角，再通过 SVPWM 矢量控制方法，生成三相电流，使得三相电流经 park 变换后 i_{sd}=0，i_{sq} 达到最大值，即定子电流全部用于产生转矩，见图 5-5。

VFSG 在启动期间的转矩方程可以表述为

$$T_e = \frac{3}{2}p\left[\varPsi_f i_{sq} + (L_d - L_q)i_{sd}i_{sq}\right] \tag{5-5}$$

式中：T_e——VFSG 提供的电磁转矩，N·m；

$\quad\quad p$——VFSG 主发电机转子极对数；

$\quad\quad \varPsi_f$——VFSG 主发电机转子励磁磁链，Wb；

$\quad\quad i_{sq}$——定子电流折算到转子交轴分量的电流（也就是 park 变换后的交轴电流），A；

$\quad\quad i_{sd}$——定子电流折算到转子直轴分量的电流（也就是 park 变换后的直轴电流），A；

$\quad\quad L_d$——直轴电感，H；

$\quad\quad L_q$——交轴电感，H。

在采用 i_{sd}=0 控制策略后，启动转矩方程可以简化为

$$T_e = \frac{3}{2}p\varPsi_f i_{sq} \tag{5-6}$$

这里 $\varPsi_f$ 是主发电机的转子所产生的磁链，其大小由转子励磁电流，即励磁机的输出电压决定。

由于在刚启动时，施加给励磁机的是三相励磁（来自 235VAC 汇流条），即励磁机的励磁是恒定的，在励磁恒定的情况下，励磁机的输出电压与 VFSG 的转速有关，从而 $\varPsi_f$ 也与 VFSG 的转速相关，不是恒定值。因此，为了维持恒定的电磁转矩 T_e，

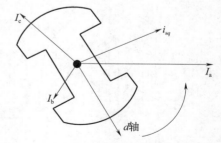

图 5-5　定子三相合成电流与 d 轴垂直，以产生最大的启动转矩

CMSC 要根据当前转速动态地调整 i_{sq} 的参考值。

在发动机启动至怠速后，VFSG 会从启动模式转换到发电机模式。在启动期间，旋转变压器会采集 VFSG 转子的位置，并反馈给 CMSC，CMSC 利用这个位置信息来调节定子绕组的电流。

在发动机启动期间，在低转速下（小于 700r/min），CMSC 会采集旋转变压器的输入信号来判断发电机转子的位置。在高转速下，CMSC 会用 VFSG 转子产生反电动势来判断转子位置。

5.1.2.2　启动模式下 VFSG 励磁机的励磁方式

由式（5-6）可知，VFSG 输出的电磁转矩与主发电机的励磁 Ψ_f 成正比，与定子电流的 q 轴分量成正比。为尽量减小 CMSC 的输出电流，降低发热量，需要增大主发电机的励磁 Ψ_f。

在低转速下（小于 4000r/min，另见 4.1.1.4 节 GEC1 控制逻辑，GEC1 在大于 4000r/min时为 OPEN 状态），励磁机采用三相励磁，励磁机的定子通过 A、B、C 三相对称电流，在空间形成旋转的磁场，励磁机转子与该旋转磁场有相对运动，从而切割磁力线产生电动势，对主发电机转子提供励磁电流。

励磁机的转子输出电压有效值由式（5-7）决定

$$V_f = 4.44 \Phi_m f_r \tag{5-7}$$

式中：V_f——励磁机转子输出的电压有效值，V；

$\quad\Phi_m$——励磁机定子电流在空间产生的磁链，Wb；

$\quad f_r$——励磁磁场与转子之间的相对旋转频率，Hz。

在三相励磁的情况下，则励磁磁场的旋转频率为 $f_0=400Hz$，设转子旋转速度为 n，则对应的旋转频率为

$$f = \frac{n}{60} \tag{5-8}$$

式中，n 为转子旋转速度，单位为 r/min。

若磁场旋转方向与转子同向，则二者的相对频率为

$$f_r = f_0 - f \tag{5-9}$$

反之，若励磁磁场与转子异向，则二者的相对频率为

$$f_r = f_0 + f \tag{5-10}$$

显然，为了产生最大的励磁电压，应该将励磁磁场转动方向与转子转向相反，如图 5-6 所示，可改变 A、B、C 的相序，使得旋转磁场的转向为逆时针，则刚好与顺时针旋转的转子转向相反。在这种情况下，励磁电压最大，如图 5-6 所示。

定义 n_r 为转子相对励磁磁场的转速

$$n_r = \frac{f_r}{f_0} = \frac{f_0 + f}{f_0} = 1 + \frac{\dfrac{n}{60}}{400} \tag{5-11}$$

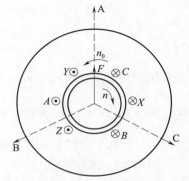

图 5-6　将励磁机定子三相相序反接，以产生和转子旋转逆向的磁场

则励磁机的励磁输出电压为

$$V_f = 4.44 n_r \Phi_m f_0 \qquad (5-12)$$

恒转矩下的最大运行速度为 2300r/min，则对应的相对转速为

$$n_r = 1 + \frac{2.3}{24} \approx 1.1 \qquad (5-13)$$

即在恒转矩运行期间的末期，励磁电压增大为静止时的 1.1 倍，为保证恒转矩运行，定子电流的转矩分量 i_{sq} 要减小到原来的 90%。考虑到电压实际增量也不大，在工程应用中，可以不对转矩分量参考电流做修正。

当发动机转速提高到 4000r/min 后，励磁机的励磁电源由三相励磁，改为两相交流励磁（通过断开励磁接触器 GEC1），即由 A、B 两相通以交流电励磁，如图 5-7 所示。

这时，相电压 U_{AB} 加在 A、B 两相线圈上，二者呈串联关系，即电流从 A 相流入，从 B 相流出，A 相和 B 相的电流不再像三相励磁那样呈现 120° 的相位差，而是呈现 180° 的相位差。当 A 相电流为正，则 B 相电流为负，反之亦然。

如图 5-8 所示，在 A、B 两相交流励磁的情况下，设某一瞬间，电流从 A 相流入，从 X 端流出，再从 Y 端流入，最后从 B 端流出，回到励磁电源。根据空间电流的分布，可以看出在 A、B 两相励磁时，空间磁势 F 的方向位于 C 相轴线垂直的方向。由于 A、B 相流过的是交流电流，所以励磁电流会经历正→0→负→0 的交替变化过程，从而磁势 F 也会经历正→0→负→0 的交替变化过程，即磁势是位于 C 相轴线垂线上的脉振磁势。

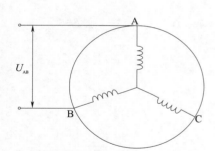

图 5-7　在发动机启动超过 4000r/min 后
采用 A、B 两相励磁

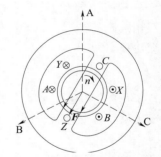

图 5-8　A、B 两相交流励磁所产生的磁
势位于 C 相轴线垂线上，为脉振磁势

形式为 $f(x,t) = F\cos\left(\dfrac{2\pi}{\lambda}\right) x \sin\omega t$ 的空间和时间函数，表达了一个驻波，它可以表示一个在空间按正弦规律分布，其轴线位置固定不变，在时间上按正弦规律变化的脉振磁势波。而形式为 $f(x,t) = F\sin\left[\omega t - \left(\dfrac{2\pi}{\lambda}\right) x\right]$ 的空间和时间函数，表达了一个行波。它所表示的是一个在空间按正弦规律分布，幅值不变的圆形旋转磁势波。

如式（5-14）所示，脉振磁势（驻波）可以表达为两个行波之和

$$F\cos\frac{2\pi}{\lambda}x\sin\omega t = \frac{1}{2}F\sin\left(\omega t - \frac{2\pi}{\lambda}x\right) + \frac{1}{2}F\sin\left(\omega t + \frac{2\pi}{\lambda}x\right) \qquad (5-14)$$

这里，λ 是驻波的波长，即相邻两个波腹距离（又称波节）的 2 倍。式中右端第一项表示了一个幅值为 $F/2$ 的正向旋转磁势波，第二项为幅值也是 $F/2$ 的反向旋转磁势波。由此可知，A、B 相绕组建立的脉振磁势基波可以分解为大小相等（波幅为 $F_{\Phi1}/2$）、转向相反、转速相同（$n_+ = n_- = 60f$），正弦分布的两个旋转磁势波。

上述分解也可以直观地用空间矢量图来表示。基波脉振磁势用空间矢量 F 表示，矢量 F 的位置在与 C 相绕组轴线垂直的方向上固定不变，只是矢量长度及取向随时间而变化。如图 5-9 的 F 矢量所示的箭头所示，其中画出了 7 个不同时刻的状态。F 在每一时刻可以分解为两个分量，一个沿顺时针方向旋转，一个沿逆时针方向旋转。这两个转向相反、大小相等的旋转矢量合成得到一个空间位置固定、上下伸缩交变的脉振矢量。

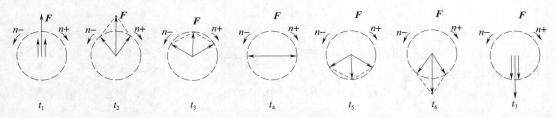

图 5-9　脉振磁势分解为两个旋转磁势

如图 5-10 所示，当转子旋转时，分别从正向和逆向两个方向切割两个分解磁场的磁力线，从而产生相应的电势。与正向磁场相切时，由于转子旋转速度小于磁场旋转速度，所以，二者之间的相对速度为逆时针方向，转速为 $60f_0-n$；与反向磁场相切时，磁场与转子之间的相对速度为顺时针，转速为 $60f_0+n$。

由于两个方向切割磁力线所产生的磁势方向相反，所以在转子导体上，形成的电动势为两个感应电势之差

$$
\begin{aligned}
V_f' &= V_{f-} - V_{f+} = 4.44 n_{r-} \Phi_m' f_0 - 4.44 n_{r+} \Phi_m' f_0 \\
&= 4.44 (n_{r-} - n_{r+}) \Phi_m' f_0 \\
&= 4.44 \left(\frac{f_0 + f}{f_0} - \frac{f_0 - f}{f_0} \right) \Phi_m' f_0 \qquad (5\text{-}15) \\
&= 4.44 \frac{2f}{f_0} \Phi_m' f_0 \\
&= 4.44 \times 2f \Phi_m'
\end{aligned}
$$

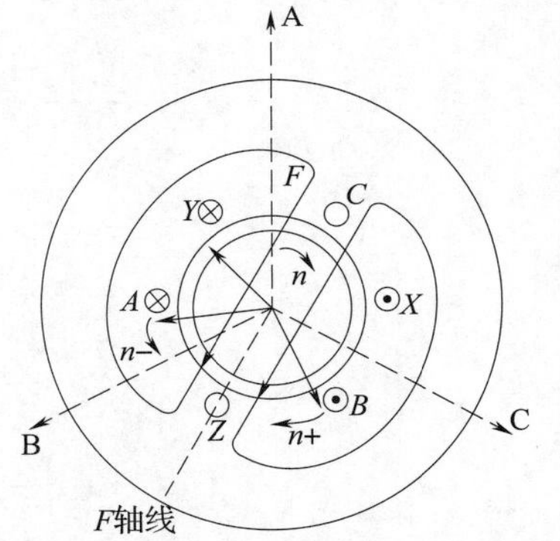

图 5-10　励磁机转子分别切割两个反向旋转磁势所形成的磁场

式中，f 为对应励磁旋转速度 n 的频率，Hz；

Φ_m' 为 A、B 两相电流在转子绕组形成的磁链，在三相励磁的情况下，Φ_m 为对应三相合成磁势（3/2）F_Φ 的磁链。当三相励磁改为两相励磁时，A、B 两相改为串联运行，加在 A、B 两相的电压由相电压改为线电压，即提高为相电压的 $\sqrt{3}$ 倍。与此同时，A、B 两相绕组串联导致回路阻抗增加 1 倍，因而每相电流变为原来的 $\sqrt{3}/2$。

在 A、B 两相励磁的情况下，二者电流相等，串联连接相当于励磁电流匝数加倍，即合成磁势变为 $\sqrt{3} F_\Phi$，而三相励磁的合成磁势为（3/2）F_Φ。因此，A、B 两相励磁所产生

的磁链为三相励磁情况下的 $2/\sqrt{3}$ 倍，即有

$$\Phi'_\mathrm{m} = \frac{2}{\sqrt{3}}\Phi_\mathrm{m}$$　　　　　　　　（5-16）

将式（5-16）代入式（5-15），有

$$V'_\mathrm{f} = 4.44 \times \frac{4}{\sqrt{3}} \times f\Phi_\mathrm{m}$$　　　　　　（5-17）

由于励磁机此时的转速在 4000r/min，对应的频率为 4000/60=66.7（Hz），乘以 $4/\sqrt{3}$ 的系数后为 154，则可以得到，在 4000r/min 转速下

$$V'_\mathrm{f} = 4.44 \times 154\Phi_\mathrm{m} = \frac{154}{400}V_\mathrm{f} = 0.385V_\mathrm{f}$$　　　　（5-18）

在三相励磁切换为两相励磁的瞬间，励磁机输出的励磁电压为三相励磁转子静止时的 0.385 倍。即由三相励磁切换为两相励磁时，励磁电压减小了将近 60%。

5.1.2.3　恒转矩控制方式

在转速 n 小于 2300r 时，CMSC 采用恒转矩的控制方式，即维持 VFSG 的输出转矩为 407N·m 恒定，见图 5-11。可以根据式（5-6）求得此时 q 轴的参考电流 i_sqref，在不考虑 VFSG 转速变化对转子磁链的影响时，输出转矩恒定即意味着 i_sqref 的恒定。

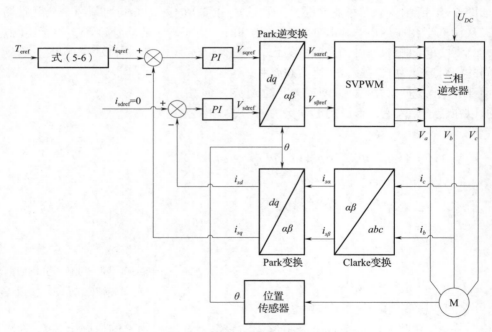

图 5-11　恒转矩模式下的控制方式

CMSC 的控制器会采集 CMSC 的输出相电流 i_c 和 i_b（在 a、b、c 三相对称的情况下，三相电流之和在任意瞬间均为 0，所以只有两相电流是独立的，只需要采集 b、c 两相电流），经过 Clarke 变换后，a、b、c 三相电流变成两相电流 $i_{s\alpha}$ 和 $i_{s\beta}$，之后再根据当前转子位置传感器采集到的位置 θ，进行 Park 变换，变成直轴电流 i_{sd} 和交流电流 i_{sq}。

转子当前位置 θ 除了用于 Park 变换外, 还可以用来做转速计算, θ 角对时间的倒数即为发电机转子当前的转速 n。

在恒转矩控制条件下, i_{sdref} 的参考值为 0, 即 VFSG 全部定子电流用于产生转矩。直流电流参考值与交轴电流参考值分别与当前值进行比较, 二者之差分别经过一级 PI 调节, 即得到所需的 d 轴与 q 轴电压, V_{dref} 和 V_{qref}, 再经过 Park 逆变换, 就得到了 V_{saref} 和 $V_{s\beta\text{ref}}$, 后者进行 SVPWM 矢量控制, 可以生成所需的逆变器开关信号, 如此形成恒转矩条件下的闭环控制。

5.1.2.4　恒功率控制方式

在转速 n 大于 2300r/min 时, CMSC 采用恒功率运行方式, 其控制框图如图 5–12 所示。这里直轴和交轴的参考电流 i_{sdref} 和 i_{sqref}, 由式 (5–32) 和式 (5–33) 决定 (见下文的推导), 具体采用哪个公式取决于当前的转速。

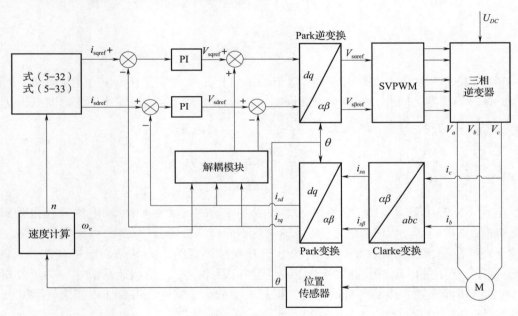

图 5–12　恒功率模式下的控制方式

在图 5–12 中, 还增加了解耦模块, 用于在高速情况下, 对 d 轴、q 轴的参考电压 V_{sdref} 和 V_{sqref} 进行补偿, 下面会对补偿的机理进行详细解释。

当 VFSG 在电动机模式下采用逆变器供电时, 电机的电枢电流 i_s 和端电压 u 要受逆变器直流母线最大电压 $u_{\max}$ (此处为 540VDC) 和逆变器的最大输出电流 $I_{\max}$ 的限制。

$$\begin{cases} i_s = \sqrt{i_d^2 + i_q^2} \leqslant I_{\max} \\ u = \sqrt{u_d^2 + u_q^2} \leqslant u_{\max} \end{cases} \tag{5-19}$$

由于 VFSG 在启动模式下, GCU 不参与励磁的调节, 只有通过调节定子电流, 即增加定子直轴的去磁分量 i_d, 减少交轴电流分量 i_q 来维持高速运行时电压的平衡, 达到弱磁扩速的目的。在弱磁调速过程中, 电机的电压保持在设定的最高值不变。

当直流母线电压为 U_{dc} 时, VFSG 可达到的最高基波峰值电压 $u_{\max}$ 为

$$u_{\max} = \gamma \cdot \frac{U_{dc}}{\sqrt{3}} \qquad (5\text{-}20)$$

式中，γ 为冗余系数，一般取 0.9。

对于 540VDC 的母线电压，VFSG 电机绕组能达到的最高基波峰值电压 $u_{\max}$ 为

$$u_{\max} = 0.9 \cdot \frac{540}{\sqrt{3}} = 280.6 \qquad (5\text{-}21)$$

即，当母线电压为 540VDC 时，最高基波峰值电压为 280.6V。

根据徐琼的《改善永磁同步电机驱动系统弱磁控制性能的方法研究》，在 d、q 坐标下，u_d 和 u_q 可以表述为

$$\begin{cases} u_q = R_s i_q + L_q \dfrac{\mathrm{d}i_q}{\mathrm{d}t} + \omega_e L_d i_d + \omega_e \varPsi_f \\[2mm] u_d = R_s i_d + L_d \dfrac{\mathrm{d}i_d}{\mathrm{d}t} - \omega_e L_q i_q \end{cases} \qquad (5\text{-}22)$$

考虑到 SVPWM 的开关管控制周期（10kHz 的开关频率对应 100μs 的开关周期）远小于 VFSG 转动周期，因此，在每个开关周期内，可以近似认为电机转速不变，即电机处于"稳态"运行，此时 $\dfrac{\mathrm{d}i_q}{\mathrm{d}t}$ 和 $\dfrac{\mathrm{d}i_d}{\mathrm{d}t}$ 均为 0。则式（5-22）可以简化为

$$\begin{cases} u_q = R_s i_q + \omega_e L_d i_d + \omega_e \varPsi_f \\[2mm] u_d = R_s i_d - \omega_e L_q i_q \end{cases} \qquad (5\text{-}23)$$

由式（5-23）可以看到，d 轴电压方程受到 q 轴磁链的影响；q 轴电压方程也受到 d 轴磁链的影响。于是，VFSG 的 d 轴、q 轴电流不能分别被各自的 d 轴、q 轴电压控制。或者说 VFSG 在交、直轴旋转坐标系下的电压方程是耦合的。尤其是当电机高速运行时，电流间耦合产生的电压对彼此的影响更为显著。因此，在矢量调速系统中，为了使得 d 轴、q 轴电压能够独立控制各自的电流，提高系统的动态响应，需要加入前馈解耦模块对 d 轴、q 轴的电压进行补偿，见图 5-13。

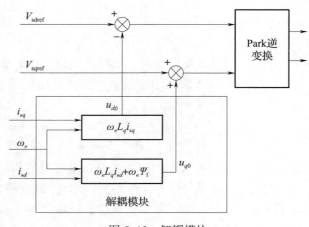

图 5-13　解耦模块

由式（5-23）可以得到 VFSG 电机定子电压表达式

$$u = \sqrt{(R_s i_d - \omega L_q i_q)^2 + (R_s i_q + \omega L_d i_d + \omega \Psi_f)^2} \qquad (5-24)$$

在恒功率模式下，由于 VFSG 电机运行速度较高，电阻远小于电抗，电阻上的电压降可以忽略，因此式（5-24）可简化为

$$u = \omega L_d \sqrt{(\rho i_q)^2 + (i_d + \Psi_f/L_d)^2} \qquad (5-25)$$

式中，$\rho = L_q/L_d$ 为永磁同步电机的凸极系数。

由式（5-25）可知，当电机电压达到逆变器所能输出的电压极限时，即当 $u = u_{max}$ 时，要继续升高转速只有靠调节 i_d 和 i_q 来实现。增加电机的直轴去磁电流分量 i_d 和减少交轴电流分量 i_q，以维持电压平衡关系，均可达到弱磁的效果。两种弱磁方式的能力分别与相应的直轴、交轴电感直接相关。为了保证电枢电流不超过电机相电流的极限值，增加直轴去磁分量，交轴电流分量就相应减小。

根据式（5-25），当电动机端电压和电流达到最大值，电流全部为直轴分量（负数值）时，电机可以达到的最高理想转速为

$$\omega_{max} = \frac{u_{max}}{\Psi_f - L_d I_{max}} \qquad (5-26)$$

VFSG 在 2300r/min 之前都维持恒转矩输出，随着转速的增大，VFSG 的输出功率也逐渐增大，在 2300r/min 时，输出功率达到最大值

$$P_{max} = T\omega = 407 \times 2\pi \times \frac{2300}{60} = 97.978 \qquad (5-27)$$

设此时 VFSG 定子电压到达最大值 u_{max}，则对于定子绕组 Y 形连接的电机而言，每相电流峰值 I_{max} 为

$$I_{max} = \frac{P_{max}}{3 \times \frac{u_{max}}{\sqrt{2}}} \times \sqrt{2} = \frac{97978}{3 \times \frac{280}{\sqrt{2}}} \times \sqrt{2} = 233.2 \qquad (5-28)$$

由于此时 $i_d=0$，对应的 i_q 此时达到最大值

$$i_{qmax} = I_{max} = 233.2 \qquad (5-29)$$

之后，i_d 增大，幅值为负值，对转子磁场弱磁，同时 i_q 减小，转矩减小，维持总的 I_{max} 不变，即电机输出功率不变，电机以恒功率运行。

在交轴电流为 i_{qmax} 的情况下，也可以反推此时的转子磁场 Ψ_f，根据式（5-6），对于极对数为 3 的转子，Ψ_f 由式（5-30）决定

$$\Psi_f = \frac{T_e}{\frac{3}{2}p i_q} = \frac{407}{1.5 \times 3 \times 233.2} = 0.3878 \qquad (5-30)$$

式（5-30）为 2300r/min 转速下的转子励磁磁场，此时，对应的相对转速系数 n_r 为 1.1，根据式（5-12），可以求得转子在静止状态下的磁链 Φ_m

$$\Phi_m = \frac{\Psi_f}{n_r} = 0.3525 \qquad (5-31)$$

之后，随着转速的上升，可以根据式（5-12）重新计算当前相对转速下的励磁磁链。在转速 4000r/min 以下，可以根据以下三式联立求得在弱磁状态下的 i_d 和 i_q 参考值

$$\begin{cases} T_{em} = \dfrac{P_{max}}{2\pi \cdot \dfrac{n}{60}} \\[4mm] T_{em} = \dfrac{3}{2}p(\varPhi_m \cdot n_r + L_d i_d)i_q \\[2mm] i_d^2 + i_q^2 = i_{max}^2 \end{cases} \tag{5-32}$$

超过 4000r/min 后，转子由三相励磁改为两相励磁，励磁磁链要乘以 0.385 的系数，之后可以根据下式求得在弱磁状态下的 i_d 和 i_q 参考值

$$\begin{cases} T_{em} = \dfrac{P_{max}}{2\pi \cdot \dfrac{n}{60}} \\[4mm] T_{em} = \dfrac{3}{2}p(0.385\,\varPhi_m n_r + L_d i_d)i_q \\[2mm] i_d^2 + i_q^2 = i_{max}^2 \end{cases} \tag{5-33}$$

借助 Matlab 计算工具可以发现，在 4000r/min 以上，由于此时的励磁由三相改为两相，要维持恒功率运行，d 轴的电流不是弱磁，而是增磁，即有 $i_d>0$，否则式（5-33）将得不到实数解。

5.1.2.5　无位置传感

在 VFSG 的转速低于 700r/min 时，CMSC 从 VFSG 的旋转变压器（Resolver）获取转子当前位置，当转速大于 700r/min 时，可以通过检测 VFSG 定子上的反电动势来判断转子位置，也就是无位置传感定位方式（Sensor-Less Rotor Position）。

5.1.2.5.1　Resolver 工作原理

旋转变压器（Resolver）是一种电磁式传感器，用来测量旋转物体的转轴角位移和角速度，由定子和转子构成。其中，定子绕组作为变压器的原边，接受励磁电压，采用的载波频率通常有 400Hz、3000Hz、5000Hz 及 10kHz 等。转子绕组作为变压器的副边，通过电磁耦合得到感应电压。

旋转变压器的工作原理和普通变压器类似，区别在于普通变压器的原、副边绕组是相对固定的，因此，输入、输出电压比为常数。而旋转变压器的原、副边绕组则随着转子的角位移而发生位置的改变，因而其输出电压的大小随转子角位移而发生变化，输出绕组的电压幅值与转子转角成正弦、余弦函数关系，或保持某一比例关系，或在一定转角范围内与转角呈线性关系。

旋转变压器在同步随动系统及数字随动系统中可用于传递转角或电信号；在解算装置中可作为函数的解算之用，故也称为解算器。

如图 5-14 所示，在变压器的原边通入正弦交流电，则在副边会感应出同频率的交流电压。原副边交流电压的幅值之比等

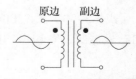

图 5-14　变压器工作原理

于原边和副边绕组的匝数比。

如果让变压器的副边旋转起来，在副边感应到的电压幅值不再恒定。如图 5-15 所示，在旋转角度为 0° 时，副边电压幅值与静止时相同；在旋转角度为 45° 时，副边电压幅值变为 0° 时的 $\frac{\sqrt{2}}{2}$ 倍；在 90°，由于原副边相互垂直，互感系数变为 0，因此，副边感应到的电压也为 0；经过 135° 时，副边电压又回到原值的 $\frac{\sqrt{2}}{2}$ 倍，但电压极性开始反向；在 180° 时，副边电压重新回到原值。

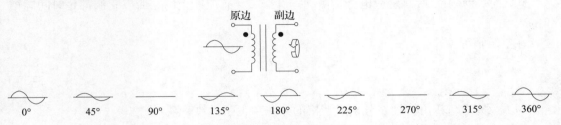

图 5-15　变压器副边旋转，电压幅值不再恒定

类似地，转子转过 225° 时，电压幅值再次降低为原值的 $\frac{\sqrt{2}}{2}$ 倍；在 270° 时，副边电压回到 0 值；到 315° 时，电压升到原值的 $\frac{\sqrt{2}}{2}$ 倍，但极性恢复到正极性；到 360° 时，电压重新回到原值。如此，周期往复。

因此，可以根据副边电压的幅值和极性，判断副边当前旋转的角度。这里存在一个问题，即同一个幅值和相位会对应两个角度，比如 45° 和 315° 时的幅值和相位相同，90° 和 270° 时的幅值和相位也相同等。

为了解决这个问题，可以在副边安置两个空间相互垂直的线圈，若其中一个线圈的电压幅值和相位按照正弦规律变化，则另一个线圈会按照余弦规律变化。

正、余弦旋转变压器的空载电路如图 5-16 所示，其中，f 表示励磁，q 表示交轴，c 表示余弦，s 表示正弦。

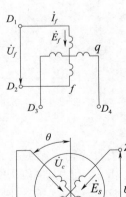

在图 5-16 中，正、余弦绕组和交轴绕组开路，只有励磁绕组外加交流电压 $\dot{U}_f$，建立沿励磁绕组轴线即直轴的脉振磁场，用 $\varPhi$ 表示。这磁场时间上以电源频率正弦变化，空间上也认为是正弦分布的。

脉振磁场 $\varPhi$ 在各绕组感应电势的大小与相应绕组轴线和直轴之夹角的余弦成正比，即电势有效值为

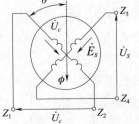

$$E_f = 4.44 f W_1 k_{w1} \varPhi_m$$
$$E_c = 4.44 f W_2 k_{w2} \varPhi_m \cos\theta \qquad （5-34）$$
$$E_s = 4.44 f W_2 k_{w2} \varPhi_m \sin\theta$$

式中，E_f、E_c 和 E_s——分别是励磁绕组空载电势、

图 5-16　空载工作的正余弦旋转变压器

余弦绕组空载电势和正弦绕组空载电势；

f——励磁电源电压的频率；

W_1 和 W_2——分别是励磁绕组、余弦绕组和正弦绕组的匝数；

k_{w1} 和 k_{w2}——分别是励磁绕组、余弦绕组和正弦绕组的绕组系数，它表示的是不同位置绕组因感应电势有相位差而在串联电势幅值相加时需要考虑的比例系数；

Φ_m——直轴脉振磁场的磁通最大值。

式（5-34）中，所有感应电势是由同一脉振磁场感应产生的，所以它们都是时间同相位的。

在空载情况下

$$U_c = E_c$$
$$U_s = E_s$$

（5-35）

即 U_c 和 U_s 与转角信号 θ 分别成严格的余弦和正弦函数关系。

正、余弦旋转变压器的负载电路如图 5-17（a）所示，设交轴绕组仍开路，输出绕组 Z_1Z_2 和 Z_3Z_4 上分别接有负载阻抗 Z_c 和 Z_s。励磁脉振磁场 Φ 作用在直轴。

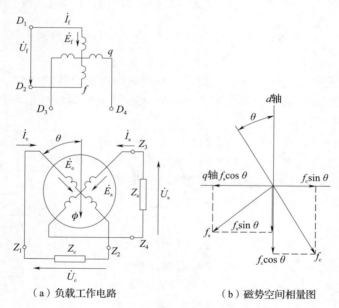

（a）负载工作电路　　　　　（b）磁势空间相量图

图 5-17　负载工作的正余弦旋转变压器

有负载时，正、余弦绕组流过电流 i_s 和 i_c，因此，分别沿正、余弦绕组轴线建立脉振磁势 f_s 和 f_c，如图 5-17（b）所示。f_s 和 f_c 可以分解为直轴和交轴分量，其中 $f_s\sin\theta$ 和 $f_c\cos\theta$ 作用于直轴，它们与励磁磁势共同作用建立直轴脉振磁场 Φ。与变压器一样，当副边负载电流变化时，原边电流 i_f 也自动变化，以保持 Φ 及 E_f 基本不变。

$f_s\cos\theta$ 和 $f_c\sin\theta$ 作用于交轴，而且方向相反。两磁势合成即为交轴脉振磁势，并产生交轴脉振磁通，它也会在正、余弦绕组中感应电势，这就造成了正、余弦绕组输出电压的函数误差。为消除交轴磁势，需要满足关系式（5-36）

$$f_s\cos\theta=f_c\sin\theta \tag{5-36}$$

即两磁势交轴分量大小相等、方向相反，互相抵消，这样式（5-34）的关系式依然成立。在忽略正、余弦漏感压降的情况下，式（5-35）也依然成立。即输出电压仍然为转角 θ 的正、余弦函数关系。

而式（5-36）成立的条件是负载阻抗相等，即

$$Z_s = Z_c \tag{5-37}$$

因为当负载阻抗相等时，正余弦绕组的电流就正比于电势，再考虑到式（5-35），可得

$$\frac{I_s}{I_c} = \frac{E_s}{E_c} = \frac{\sin\theta}{\cos\theta} \tag{5-38}$$

式（5-38）和式（5-37）是等价的，说明在负载阻抗相等时，交轴磁势得以相互抵消，从而避免了交轴磁场的存在而带来的正、余弦函数的误差。这种补偿方法称为副边补偿法。

实际应用中若负载是变动的，则采用副边补偿是难以实现的，绕组本身的不对称也会导致交轴磁场的存在，为此，常采用在原边增加补偿绕组，即图 5-16 的 q 绕组来补偿，称为原边补偿法。具体的补偿方法本书不做详细讨论（有兴趣的读者可以参考刘迪吉的《航空电机学》中关于旋转变压器的内容）。

5.1.2.5.2 无位置传感器工作原理

在低速时，采用旋转变压器来检测转子位置。在中高速运行时（VFSG 转速大于 700r/min），可以采用检测定子反电动势的方法来估算转子位置。

如图 5-18 所示，在一个周期内，转子旋转一周，在定子 A、B、C 三相上感应出正弦电压 e_a、e_b 和 e_c 也经历一个完整的周期，即每相均感应出反电动势，且呈正弦规律变化，三相感应电势彼此互差 120° 电角度。

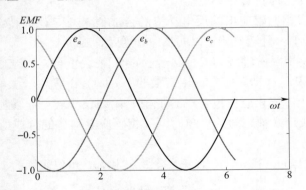

图 5-18 在一个周期内定子上感应到的反电动势

如图 5-19 所示，当转子直轴（d 轴）与 A 相定子绕组轴线垂直时（即 $\theta=90°$ 时），A 相定子绕组感应的电势 e_a 达到最大值。同样地，当转子直轴与 B 相定子绕组轴线垂直时（即 $\theta=210°$ 时），B 相定子绕组 e_b 感应的电势达到最大值。

A、B、C 三相上感应的正弦电压 e_a、e_b 和 e_c，已经包含了转子位置的信息，即 θ 角的信息。

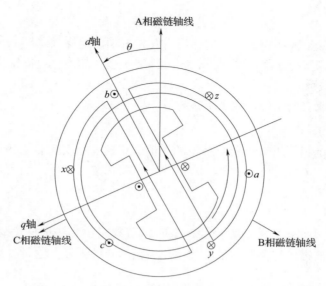

图 5-19　定子磁链正方向与转子直轴之间的关系

因此，我们可以根据三相感应电压 e_a、e_b 和 e_c，即反电动势的幅值和相位关系，来判断当前转子直轴所处的位置（θ 角）。

在求出 θ 角之后，即可进行 Park 变换和逆变换的操作。同时也可以根据转子位置计算出当前的转速，因为转速是转子位置对时间的导数。在工程上，通常用两次采样间隔的 θ 角变化来求转子当前转速。

如图 5-20（a）所示，设在某一瞬间，转子磁场在定子 A、B、C 三相上感应出的正弦电压分别为 e_a、e_b 和 e_c，这三者可以合成在空间旋转的定子电势 e_s。当 e_s 位于 A 相磁链轴线时，转子位于滞后 A 相磁链轴线 90° 的方向；当 e_s 位于 B 相磁链轴线时，转子位于滞后 B 相磁链轴线 90° 的方向；C 相亦然。

定子 A、B、C 三相上感应出的反电动势的合成值 e_s 总是超前转子 d 轴 90°，即合成反电动势 e_s 位于 q 轴上，且随着转子以同步速 n 逆时针旋转。

我们选择定子 A 相磁链轴线与 Clarke 变换的 α 轴线重合，则定子合成电动势 e_s，在 α，β 轴上的投影 e_α 和 e_β，即对应 Clarke 变换的 V_α 和 V_β 分量。

由于定子 A、B、C 三相感应电势的合成值 e_s 始终位于转子 q 轴上，因此，当转子位置 θ 角定义为 α 轴线与 d 轴之间的夹角时，三相感应电动势的合成值与 β 轴线的夹角也为 θ。如图 5-20（b）所示。

于是，合成电动势 e_s，在 α，β 轴上的投影 e_α 和 e_β，可以表示为

$$e_\alpha = e_s \sin\theta \tag{5-39}$$

$$e_\beta = e_s \cos\theta \tag{5-40}$$

$$\frac{e_\alpha}{e_\beta} = \frac{e_s \sin\theta}{e_s \cos\theta} = \tan\theta \tag{5-41}$$

从而，可以求出转子位置角 θ

$$\theta = \arctan \frac{e_\alpha}{e_\beta} \tag{5-42}$$

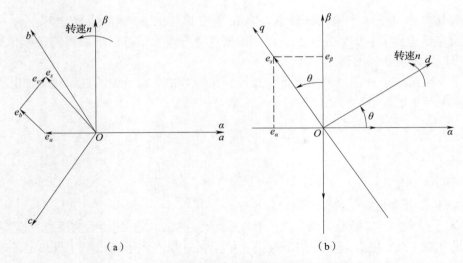

图 5-20　定子磁链正方向与转子直轴时间的关系

如果直接用（5-42）来求取转子位置角 θ，需要计算反正切函数，由于不能用四则运算直接求反正切函数值，在工程应用中，需要查反正切函数表。这会降低位置精度，尤其是在位置角接近 90° 时，正切值以较快的速度趋近无穷大，会带来较大的计算误差。

工程上通常用锁相环（Phase-Lock Loop，PLL）来间接求取位置角 θ。

在恒功率模式下，用位置估算器来求取转子位置角 θ 的原理框图，如图 5-21 所示。与图 5-12 的不同之处在于，此处用位置估算器代替了原来图中的位置传感器，同时取消了图 5-12 的速度计算环节。虽然图 5-20 用的是恒功率模式下的原理框图，在恒转矩模式，即低速模式下，在转速 700 ~ 2300r/min，位置估算器也适用。

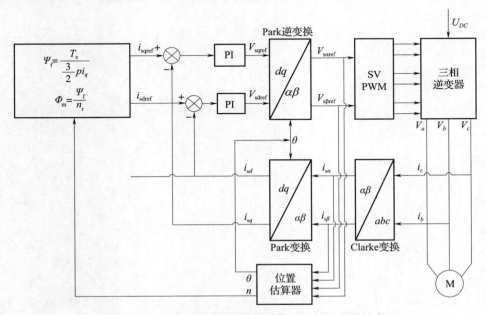

图 5-21　恒功率模式下用位置估算器计算转子位置角

207

位置估算器共有 4 个输入，分别是 Park 逆变换后的 α，β 轴参考电压 $V_{s\alpha ref}$ 和 $V_{s\beta ref}$，以及当前定子电流 α，β 轴分量 $I_{s\alpha}$，$I_{s\beta}$。根据这 4 个输入，可以求取当前转子位置角 θ，同时还可以输出转子当前转速 n。

在主发电机转子为隐极的情况下，直轴和交轴对称，定子侧的直轴和交轴电感相等，转子转动所产生的反电动势与外加定子电压满足如下关系式

$$E_{\alpha} = V_{s\alpha ref} - R_S \cdot I_{s\alpha} - L_S \frac{\mathrm{d}I_{s\alpha}}{\mathrm{d}t} \tag{5-43}$$

$$E_{\beta} = V_{s\beta ref} - R_S \cdot I_{s\beta} - L_S \frac{\mathrm{d}I_{s\beta}}{\mathrm{d}t} \tag{5-44}$$

式中，R_S 和 L_S 分别是定子每相的电阻和电感。

假定定子绕组以 Y 形连接，若定子形成三角形连接，则上述参数需要经过换算。

可见，在 VFSG 电参数已知的情况下，可以通过观测定子电压 V_{α}、V_{β} 和定子电流 I_{α}、I_{β} 来推测转子转动所产生的反电动势 E_{α}、E_{β}。

经过 Park 变换，可以将 α，β 坐标系下的反电动势 E_{α} 和 E_{β} 变换成 d、q 坐标系下的反电动势 E_d 和 E_q

$$E_d = E_{\alpha}\cos\theta_e + E_{\beta}\sin\theta_e \tag{5-45}$$

$$E_q = E_{\alpha}\sin\theta_e + E_{\beta}\cos\theta_e \tag{5-46}$$

式中，θ_e 为估算的转子位置角。

当估算的转子位置角 θ_e 与转子实际位置角 θ 相等时，转子旋转所产生的反电动势位于 q 轴上，即有

$$E_d = 0 \tag{5-47}$$

转子估算位置角 θ_e 大于实际角 θ 如图 5-22 所示。

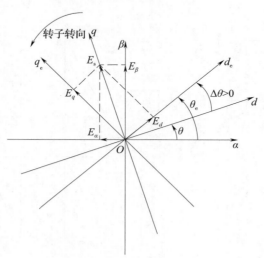

图 5-22　转子估算位置角 θ_e 大于实际角 θ

当估算位置角 θ_e 比实际位置角 θ 大时，即 $\Delta\theta=\theta_e-\theta>0$ 时，如图 5-21 所示，对应的反电动势的 d 轴分量 E_d 也大于 0。其具体推导过程：在根据观测定子电压 V_{α}、V_{β} 和定子

电流 I_α、I_β 求得反电动势 E_α、E_β 后，可以根据几何关系求得合成反电动势 E_S，E_S 所在的方向，即对应转子 q 轴的方向。假定此时的估算位置角 θ_e 比实际位置角 θ 大，则对应的估算 d 轴（图 5-23 中的 d_e 轴）和 q 轴（图 5-23 中的 q_e 轴）均超前实际的 d 轴和 q 轴 $\Delta\theta$ 角度。根据式（5-45）和式（5-46），合成反电动势 E_S 在 d_e 轴和 q_e 轴上的投影，即为 Park 变换的两个分量 E_d 和 E_q。由图 5-23 的几何关系可知，在 $\Delta\theta$ 大于零时，E_d 分量也大于零。

同样地，由图 5-23 可知，当 $\Delta\theta$ 小于零时，Park 变换的 d 轴分量 E_d 也小于零。因此，在迭代求解位置角 θ 时，可以用 E_d 进行修正。

估算位置角 θ_e 可用转速估算值 ω_e 的积分表示

$$\theta_e = \int \omega_e \mathrm{d}t \tag{5-48}$$

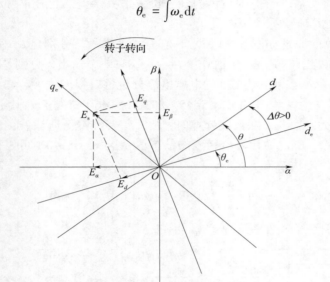

图 5-23　转子估算位置角 θ_e 小于实际角 θ

而转速估算值与反电动势的 q 轴分量有关

$$E_q = K_\Phi(\omega) \cdot \omega \tag{5-49}$$

式中，$K_\Phi(\omega)$ 是磁通系数。

由式（5-12）和式（5-18）可知，该系数本身也是转子转速的函数。

ω 是以电角度表示的转子转速（rad/s），它与以 r/min 表示的转速 n 存在以下关系

$$\omega = \frac{2\pi n}{60} \tag{5-50}$$

$$\text{或} n = \frac{60\omega}{2\pi} \tag{5-51}$$

式（5-49）可以写成如下形式

$$\omega = \frac{1}{K_\Phi(\omega)} \cdot E_q \tag{5-52}$$

式（5-52）可用于转子转速估算，用式（5-53）表示

$$\omega_e = \frac{1}{K_\Phi(\omega)}(E_q - \mathrm{sign}(E_q) \cdot E_d) \tag{5-53}$$

可见，在转子转速估算时，引入了$\mathrm{sign}(E_q) \cdot E_d$的修正项，因为在转子估算转速（位置）与实际转速（位置）相等时，E_d应为0。由前面的分析可知，当转子估算位置角比实际角大时，E_d的值为正，因此，需要将估算值往小的方向调，即减小估算转速ω_e，具体的做法是在当前E_q上减去当前的E_d计算值；反之当转子估算位置角比实际角大时，需要将位置估算值往大的方向调，这时，应该加上当前的E_d绝对值，即减去E_d。

在式（5-53）中，还有符号项$\mathrm{sign}(E_q)$，主要是考虑到转子有两种旋转方向，当转子沿逆时针方向旋转时，E_q为正；反之，当转子沿顺时针方向旋转时，E_q为负。当E_q为负值时，由于转向的关系，E_d值的正负与转子位置估算误差的符号正好相反，所以，在进行修正时，需要加入符号项$\mathrm{sign}(E_q)$。

转子位置估算的原理如图 5-24 所示，它有 4 个输入，分别是α、β轴参考电压$V_{s\alpha ref}$和$V_{s\beta ref}$，以及当前定子电流α、β轴分量$I_{s\alpha}$、$I_{s\beta}$；有 2 个输出，分别是转子当前位置角θ和转子当前转速n。从当前α、β轴的电压电流分量可以根据式（5-43）和式（5-44）计算出转子反电动势E_α、E_β。根据式（5-45）和式（5-46）进行 Park 变换，E_α、E_β可以变换成d、q轴的电势E_d、E_q。在数值计算时，E_d、E_q要经过低通滤波，滤除高频噪声，得到滤波后的分量E_{df}、E_{qf}。为计算电转速的估算值ω_e，式（5-43）可以稍作调整，即用滤波后的分量E_{df}、E_{qf}来代替E_d、E_q

$$\omega_e = \frac{1}{K_\Phi(\omega)}(E_{qf} - \mathrm{sign}(E_{qf}) \cdot E_{df}) \tag{5-54}$$

式中，E_{df}、E_{qf}分别是经过数字低通滤波器后的E_d、E_q分量。

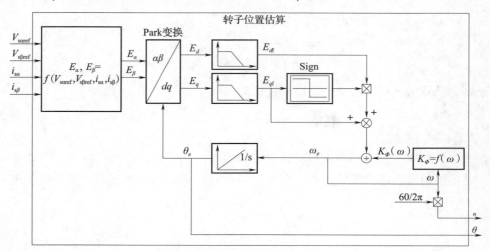

图 5-24 PLL 转子位置估算原理框图

在式（5-54）中，系数$K_\Phi(\omega)$不是常量，而是与电转速ω相关。可以通过测定 VFSG 某个转速点上的K_Φ值，再根据当前的转速，乘以一个修正系数，即得到当前转速下的$K_\Phi(\omega)$。

比如，可以测定主发电机转子在 700r/min 转速下的$K_{\Phi 0}$，具体做法如下：给 VFSG 励磁机通 3 相交流励磁，让 VFSG 主发电机转子运行在 700r/min，测得定子感应电压有效值 U_0，由于此时 VFSG 空载，因此，定子感应电压有效值即为转子旋转在定子上感应的电动势有效值 E_0，则有如下关系式

$$K_{\Phi 0} = \frac{U_0}{\omega} = \frac{U_0}{2\pi n/60} = \frac{60\,U_0}{2\pi 700} \qquad (5\text{-}55)$$

当转子转速为任意值 ω 时，可以在 $K_{\Phi 0}$ 基础上加一个修正系数。修正系数的大小可以分为两种情况，即低速（≤ 4000r/min）三相励磁，和高速两相励磁。

由于 $K_{\Phi 0}$ 在低速情况下通过测量求得，根据式（5-11），可以求取对应 700r/min 下的转子相对励磁磁场转速 n_{r700}

$$n_{r700} = 1 + \frac{n/60}{400} = 1 + \frac{700/60}{400} = 1.029 \qquad (5\text{-}56)$$

当转速为 4000r/min 时，相对转速为

$$n_{r4000} = 1 + \frac{n/60}{400} = 1 + \frac{4000/60}{400} = 1.167 \qquad (5\text{-}57)$$

当转速小于 4000r/min 时，即处于 700 ~ 4000r/min 时，可以用线性插值，即近似认为，相对转速在 700 ~ 4000r/min，按照线性规律变化，从而求得任意转速下的相对转速

$$n_r = \frac{1.167 - 1.029}{3300}(n - 700) + 1.029 = \frac{0.138}{3000}\left(\frac{60\omega}{2\pi} - 700\right) + 1.029 \qquad (5\text{-}58)$$

在图 5-24 的原理框图中，可以先给 K_Φ 赋初值 $K_{\Phi 0}$，之后，再根据当前的转速估算值 ω_e，对 K_Φ 进行如下修正

$$K_\Phi = \frac{n_r}{n_{r700}} \cdot K_{\Phi 0} = \left(\left(\frac{0.138}{3300}\left(\frac{60\omega_e}{2\pi} - 700\right) + 1.029\right)\Big/1.029\right)K_{\Phi 0} \qquad (5\text{-}59)$$

当转速大于 4000r/min 后，由于三相励磁改为了两相励磁，励磁减小了，因而对 K_Φ 要用新的公式进行修正。

由式（5-18）可知，在励磁由三相改为两相的瞬间，励磁电压幅值变成了转子静止时的 0.385 倍。而根据式（5-56），转速为 700r/min 时的转速系数为 1.029。因此，在三相励磁改为两相的瞬间，励磁电压相对于转子静止时的变化为

$$0.385 \times 1.029 = 0.396 \qquad (5\text{-}60)$$

因此，在转速大于 4000r/min 时，只需在式（5-59）的基础上，再乘以一个修正系数，即可得到当前的 K_Φ 值

$$K_\Phi = \frac{n_r}{n_{r700}} \cdot K_{\Phi 0} \cdot 0.396 = \left(\left(\frac{0.138}{3300}\left(\frac{60\omega_e}{2\pi} - 700\right) + 1.029\right)\Big/1.029\right) \cdot K_{\Phi 0} \cdot 0.396$$

$$n > 4000\text{r/min}$$

$$(5\text{-}61)$$

在图 5-24 中，不断用当前的转速估算值 ω_e 修正 K_Φ，进而在下一个循环中求取新的 ω_e。只要 E_{df} 不等于零，ω_e 的值就会不断被修正，进而转子位置角 θ 也会修正，直至 E_{df} 等于零，则迭代终止，可以输出稳定的转速 n（以 r/min 表示的转速 n 和以电角度表示的转速 ω 存在着对应的比例关系）和转子位置角 θ。

上述通过控制中间变量 E_{df} 趋于零，从而求取位置角 θ 的方法，称作锁相环技术（Phase-Lock Loop，PLL），只要 E_{df} 不等于零，则位置角 θ，也就是相位角 θ 会不断地被修正。当迭代终止时，θ 的估算值就与实际值相符，即所谓的相位被"锁住"。

5.1.2.5.3 数字低通滤波

图 5-24 中还提到了数字低通滤波，它主要用于滤除数字采样信号的高频噪声。4 个输入量，即 α、β 轴参考电压 $V_{s\alpha ref}$ 和 $V_{s\beta ref}$，以及当前定子电流 α、β 轴分量 $I_{s\alpha}$、$I_{s\beta}$；都是以远高于转子转速的频率采样和计算的，因此，在进行位置角 θ 计算时，要将这些高频噪声滤除，以免位置角 θ 的估算值频繁跳动。

因计算机数值采样而引入的高频噪声及滤除还原方式，如图 5-25 所示。在图 5-25 的（a）中，待采样的是一个正弦波，是连续的模拟量。而计算机不能处理连续信号，只能用一个个离散抽样点来采集连续的时域信号。假设采样周期为 T，则计算机每隔时间 T 采集一次当前正弦波的数值，在时间间隔 T 内，计算机内存储的数值维持不变，直至下一个采样周期的到来。因此，一个正弦波周期经若干次采样后，在计算机内复原的波形如图 5-25（b）所示，原来的平滑的正弦波变成了由一个个小"台阶"组成的准正弦波。

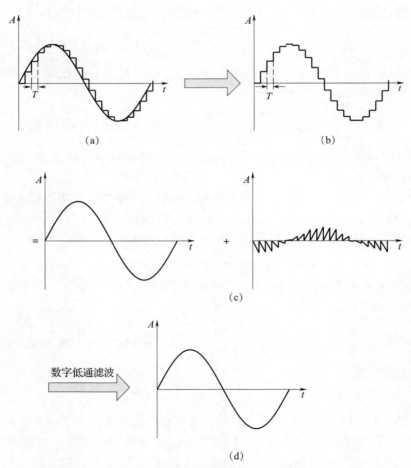

（a） （b）

（c）

数字低通滤波

（d）

图 5-25 因采样而引入的高频噪声通过数字低通滤波器滤除

如图 5-25（c）所示，这个由若干小"台阶"组成的准正弦波，可以分解为一个平滑的正弦波与一个不规整锯齿波的组合。其中，不规整锯齿波富含各种高次谐波，谐波的最低频次由采样频率，即采样周期的倒数决定。将这些高次谐波滤除，就可以得到原始的平滑的正弦波信号。

如图 5-25（d）所示，在经过一级数字低通滤波器之后，由若干小"台阶"组成的准正弦波，重新恢复成原来的平滑的正弦波。

数字低通滤波器是模拟低通滤波器的数字表示，模拟低通滤波器需要电阻电容这些模拟器件，而数字低通滤波器只有软件算法，没有额外的硬件开销。

如图 5-26（a）所示，常见的模拟低通滤波器是 RC 电路。根据基本的电路学知识，可以列出输入、输出之间的时域方程

$$u_\mathrm{i}(t) = RC \frac{\mathrm{d}u_\mathrm{o}(t)}{\mathrm{d}t} + u_\mathrm{o}(t) \tag{5-62}$$

对式（5-62）进行拉普拉斯变化，可以得到频率的传递函数

$$H(s) = \frac{u_\mathrm{o}(s)}{u_\mathrm{i}(s)} = \frac{1}{1 + RCs} \tag{5-63}$$

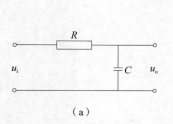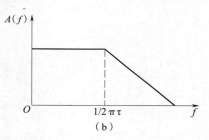

图 5-26　一阶阻容低通滤波

根据式（5-63）可以绘制出一阶低通滤波器的幅频特性，如图 5-26（b）所示，其截止频率 f_c 为 $1/2\pi\tau$，这里 τ 由下式决定

$$\tau = RC \tag{5-64}$$

在发动机启动阶段，转子所能达到的最大转速为 6780r/min，对应的频率为

$$f = \frac{n}{60} = \frac{6780}{60} = 113 \tag{5-65}$$

为有效滤除数字采样所带来高频噪声，同时又要让有用的信号复原，低通滤波的截止频率 f_c 要高于转子最大转速对应的频率，可以取 $f_\mathrm{c}=1\mathrm{kHz}$，以达到上述目的。

此时，对应的时间常数 τ 为

$$\tau = \frac{1}{2\pi f_\mathrm{c}} = \frac{1}{6.28 \times 1000} = 0.159 \tag{5-66}$$

在采用数字处理器的情况下，上述 RC 低通滤波由数字方式实现，为推导二者的对应关系，我们将式（5-62）的微分方程写成差分形式

$$u_\mathrm{i}(n) = RC \frac{u_\mathrm{o}(n) - u_\mathrm{o}(n - 1)}{\Delta t} + u_\mathrm{o}(n) \tag{5-67}$$

式中：$u_i(n)$——输入值的第 n 个采样点；

$u_o(n)$——第 n 个输出计算值；

$u_i(n-1)$——第 $n-1$ 个输出计算值；

Δt——两次计算采样的时间间隔。

为更直观地表达数字滤波输入与输出之间的关系，令

$$x(n) = u_i(n) \tag{5-68}$$

$$y(n) = u_o(n) \tag{5-69}$$

$$y(n-1) = u_o(n-1) \tag{5-70}$$

$$\Delta t = T \tag{5-71}$$

则式（5-67）可以写成

$$x(n) = RC \frac{y(n) - y(n-1)}{T} + y(n) \tag{5-72}$$

将式（5-72）的输入输出分开，化简可得

$$y(n) = \frac{T}{RC + T} x(n) + \frac{RC}{RC + T} y(n-1) \tag{5-73}$$

令

$$a = \frac{RC}{RC + T} \tag{5-74}$$

则

$$1 - a = \frac{T}{RC + T} \tag{5-75}$$

式（5-73）可以重新写成

$$y(n) = (1 - a) \cdot x(n) + a \cdot y(n-1) \tag{5-76}$$

式（5-76）是数字滤波器的表达式，它表明，数字低通滤波器的输出 $y(n)$ 是本次采样值 $x(n)$ 与上一次输出计算值 $y(n-1)$ 的加权平均。考虑到采样周期 T 很小，远小于 RC，则由式（5-74）可知，加权值 a 接近于 1。因此，滤波器前一次输出值在当前输出中占很大的比重，当前采样值只占很小的比值，正因为如此，低通滤波才能有效地滤除采样跳变对输出值的影响。

对于数字采样周期 T 的确定，主要考虑在低速情况下，即 700r/min 时，采样所引起的高频噪声能被式（5-76）的低通滤波器有效滤除。

700r/min 所对应的频率为

$$f = \frac{n}{60} = \frac{700}{60} = 11.67 \tag{5-77}$$

数字滤波的采样对象为 α、β 轴参考电压 $V_{s\alpha ref}$ 和 $V_{s\beta ref}$，以及当前定子电流 α、β 轴分量 $I_{s\alpha}$、$I_{s\beta}$，由本书第 2.8.2 节可知，在一个周期中，SVPWM 输出 24 个小扇区，在每个扇区，输出电压 $V_{s\alpha ref}$ 和 $V_{s\beta ref}$ 保持不变，进而两个被控量 $I_{s\alpha}$、$I_{s\beta}$ 也保持不变。在每个扇区内经过多次采样，经过图 5-24 的 PLL 迭代，最终收敛为本扇区内稳定的位置角 θ。

假定一个扇区内的采样次数为 20 次，则对应的高频谐波最低频率为

$$11.67 \times 24 \times 20 = 5.6 \tag{5-78}$$

而此时的低通滤波器的截止频率为 1kHz，因此，即使在低转速 700r/min 下，也能有效地滤除采样周期所带来的高频噪声。且随着转速的提高，谐波频率也相应提高，对应的高次谐波更容易滤除。

5.1.2.5.4　用滑膜观测器求取凸极转子的位置角

前面两节讲述了用锁相环求取隐极转子位置的方法，由于隐极机定子 d 轴和 q 轴的等效电感相同，因此，可以用式（5-43）和式（5-44）求取感应电势的 a 和 β 轴分量，进而用 Park 变换求取 d、q 轴的感应电势分量。

当 VFSG 的转子为凸极转子时，d 轴和 q 轴的电感不同，式（5-43）和式（5-44）不再适用，因为根据第 2.6 节式（2-81），当转子为凸极时，a 和 β 轴坐标系下的电感 L_s 不再为常数，而是随转子位置 θ 而变化的变量。

因此，需要采用不同的方法来求取凸极转子的位置角 θ。

根据式（2-108），我们有

$$\begin{cases} u_d = - ri_d + \dot{\varphi}_d - (1 + s)\varphi_q \\ u_q = - ri_q + \dot{\varphi}_q + (1 + s)\varphi_d \end{cases} \tag{5-79}$$

式中：u_d 和 u_q——逆变器施加在 VFSG 定子电压的 d 轴和 q 轴分量；

　　　r——定子每相的等效电阻；

　　　i_d 和 i_q——定子电流的 d、q 轴分量；

　　　φ_d 和 φ_q——d 轴和 q 轴的磁链；

　　　s——转差率。

这里 VFSG 的三相定子电流所形成的旋转磁势与转子转速相等，因此，转差率 $s=0$，根据 2.6.1 节的结论，（1+s）项是标幺值，在 $s=0$ 时，转速标幺值为 1，对应的有名值为电角速度 ω，于是式（5-79）又可以写成

$$\begin{cases} u_d = - ri_d + \dot{\varphi}_d - \omega\varphi_q \\ u_q = - ri_q + \dot{\varphi}_q + \omega\varphi_d \end{cases} \tag{5-80}$$

由式（2-110）可知

$$\begin{cases} \varphi_d = - L_d i_d + m_{af} i_f + m_{aD} i_D \\ \varphi_q = - L_q i_q + m_{aQ} i_Q \end{cases} \tag{5-81}$$

式中：L_d——定子的 d 轴等效电感；

　　　L_q——定子的 q 轴等效电感；

　　　m_{af}，m_{aD} 和 m_{aQ}——励磁绕组与定子绕组之间、d 轴阻尼绕组与定子绕组之间，以及
　　　　　　　　　　　　　　q 轴阻尼绕组与定子绕组之间的互感系数；

　　　i_D 和 i_Q——转子 d 轴和 q 轴阻尼绕组电流。

阻尼绕组在结构上相当于在转子励磁绕组和 q 轴上外加了一个短路鼠笼环，其作用相当于一个随转子同步转动的"鼠笼异步电动机"，对发电机的动态稳定起到调节作用。发

电机正常运行时，由于定转子磁场是同步旋转的，因此，阻尼绕组没有切割磁通，因而也没有感应电流。当发电机出现扰动使转子转速低于定子磁场的转速时，阻尼绕组切割定子磁通而产生感应电流。感应电流在阻尼绕组上产生的力矩使转子加速。二者转速差距越大，则此力矩越大，加速效应越强。反之，当转子转速高于定子磁场转速时，此力矩方向相反，使转子减速。因此，对于民用50Hz电网，由于电网的频率恒定不变，并网发电机的阻尼绕组有助于维持发电机转子转速运行在50Hz工作点下，对动态稳定有调节作用。

对于变频航空发电机，由于发电机转子的转速不恒定，也不存在多个发电机并网的问题，因此，我们在分析VFSG启动过程时，为简化分析，不考虑阻尼绕组的影响。这里设i_D和i_Q均为0。

i_f是励磁绕组的励磁电流，它由当前施加在转子绕组上的电压所决定，而转子绕组的电压又与当前转子的相对转速有关。由式（5-56）和式（5-57）可知，对应700r/min和4000r/min的相对转速系数分别为1.029和1.167，在这个转速区间，可以近似认为，转子励磁绕组的励磁电流为恒定。而在4000 ~ 6780r/min转速区间，励磁机的励磁由三相励磁改为两相励磁，转子励磁电流有个突降，即降低为700r/min时的0.396倍（如式（5-60））。

在没有d轴和q轴阻尼绕组的情况下，式（5-81）可以简化为

$$\begin{cases} \varphi_d = -L_d i_d + m_{af} i_f \\ \varphi_q = -L_q i_q \end{cases} \tag{5-82}$$

将式（5-82）代入式（5-80），有

$$\begin{cases} u_d = -r i_d - L_d \dfrac{di_d}{dt} + m_{af} \dfrac{di_f}{dt} + \omega L_q i_q \\ u_q = -r i_q - L_q \dfrac{di_q}{dt} - \omega L_d i_d + \omega m_{af} i_f \end{cases} \tag{5-83}$$

在运用式（5-83）时，可以对i_f分段处理，分为700 ~ 4000r/min和4000 ~ 6780r/min这两段，近似认为i_f为恒定，在第二个转速区间，励磁电流降低为第一个区间的0.396倍。于是式（5-83）中对i_f的导数项变为0。

从而有

$$\begin{cases} u_d = -r i_d - L_d \dfrac{di_d}{dt} + \omega L_q i_q \\ u_q = -r i_q - L_q \dfrac{di_q}{dt} - \omega L_d i_d + \omega m_{af} i_f \end{cases} \tag{5-84}$$

令

$$\Psi_f = m_{af} i_f \tag{5-85}$$

式中，Ψ_f为转子磁场匝链到定子绕组的磁链。

则式（5-85）可以写成

$$\begin{cases} u_d = - ri_d - L_d \dfrac{\mathrm{d}i_d}{\mathrm{d}t} + \omega L_q i_q \\[2ex] u_q = - ri_q - L_q \dfrac{\mathrm{d}i_q}{\mathrm{d}t} - \omega L_d i_d + \omega \varPsi_{\mathrm{f}} \end{cases} \tag{5-86}$$

注意：这里直轴电流 i_d 和交轴电流 i_q 及其微分量 $\dfrac{\mathrm{d}i_d}{\mathrm{d}t}$ 和 $\dfrac{\mathrm{d}i_q}{\mathrm{d}t}$ 前面都有负号，这跟我们电流取值的正方向有关，在有的文献中，电流以流入定子电流为正，即假定 VFSG 运行在电动机状态，所以式（5-86）中与直轴、交轴电流及其微分量有关的符号都要改变。

我们这里沿用了李光琦在《电力系统暂态分析》一书中的约定，即电流以流出定子绕组为正，即默认 VFSG 工作在发电机状态。其等效电路图，如图 5-27 所示。

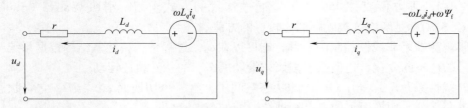

图 5-27　凸极转子的 d、q 轴等效电路

根据式（2-78），可以求得 Park 逆变换的公式

$$\begin{bmatrix} u_\alpha \\ u_\beta \end{bmatrix} = \begin{bmatrix} \cos\theta & -\sin\theta \\ \sin\theta & \cos\theta \end{bmatrix} \begin{bmatrix} u_d \\ u_q \end{bmatrix} \tag{5-87}$$

接下来，我们用式（5-87）对式（5-86）进行 Park 反变换。为方便在三角函数计算过程中约掉或合并同类项，我们将式（5-86）重写成如下形式

$$\begin{bmatrix} u_d \\ u_q \end{bmatrix} = \begin{bmatrix} -r & \omega L_q \\ -\omega L_q & -r \end{bmatrix} \begin{bmatrix} i_d \\ i_q \end{bmatrix} + \begin{bmatrix} -L_d p & 0 \\ 0 & -L_d p \end{bmatrix} \begin{bmatrix} i_d \\ i_q \end{bmatrix} + \begin{bmatrix} 0 \\ (L_d - L_q)(pi_q - \omega i_d) + \omega \varPsi_{\mathrm{f}} \end{bmatrix} \tag{5-88}$$

式中，p 为微分算子 $\dfrac{\mathrm{d}}{\mathrm{d}t}$，单独列出来方便矩阵乘法运算。

式（5-88）左边乘以 Park 逆变换矩阵（5-87），再将式（5-89）代入式（5-88）

$$\begin{bmatrix} i_d \\ i_q \end{bmatrix} = \begin{bmatrix} \cos\theta & \sin\theta \\ -\sin\theta & \cos\theta \end{bmatrix} \begin{bmatrix} i_\alpha \\ i_\beta \end{bmatrix} \tag{5-89}$$

化简合并，同时考虑到

$$\cos^2\theta + \sin^2\theta = 1 \tag{5-90}$$

则有

$$\begin{bmatrix} u_\alpha \\ u_\beta \end{bmatrix} = \begin{bmatrix} -r - L_d p & \omega(L_q - L_d) \\ -\omega(L_q - L_d) & -r - L_d p \end{bmatrix} \begin{bmatrix} i_\alpha \\ i_\beta \end{bmatrix} + \left[(L_d - L_q)(pi_q - \omega i_d) + \omega \varPsi_{\mathrm{f}}\right] \begin{bmatrix} -\sin\theta \\ \cos\theta \end{bmatrix} \tag{5-91}$$

定义扩展反电动势

$$\begin{bmatrix} E_\alpha \\ E_\beta \end{bmatrix} = [(L_d - L_q)(pi_q - \omega i_d) + \omega \Psi_f] \begin{bmatrix} -\sin\theta \\ \cos\theta \end{bmatrix} \tag{5-92}$$

则扩展反电动势 E_α，E_β 中包含了转子位置角的信息。

将式（5-92）和式（5-91）

$$\begin{bmatrix} u_\alpha \\ u_\beta \end{bmatrix} = \begin{bmatrix} -r - L_d p & \omega(L_q - L_d) \\ -\omega(L_q - L_d) & -r - L_d p \end{bmatrix} \begin{bmatrix} i_\alpha \\ i_\beta \end{bmatrix} + \begin{bmatrix} E_\alpha \\ E_\beta \end{bmatrix} \tag{5-93}$$

式中，u_α、u_β、i_α 和 i_β 这 4 个变量为已知量，E_α、E_β 为未知量，由于方程（5-93）为微分方程，不方便直接求解，可以通过迭代的方式求解。滑膜观测器（Slide Mode Observer，SMO）是解决这类问题的比较好的方法。

滑膜观测器是非线性控制的一种，它可以在动态过程中，将控制结构根据系统当前的状态有目的地不断变化，迫使系统按照"滑动模态"的状态轨迹运动。

在非线性系统 $\dot{x} = f(x)$，$x \in R^n$ 的状态空间中，有一个切换面 $s(x) = 0$，它将状态空间分成上下两部分。切换面上的点有 3 种情况，如图 5-28 所示。

通常点（A 点）——系统状态点运动到切换面 $S=0$ 附近时，穿越此点而过；

起始点（B 点）——系统状态点在切换面 $S=0$ 附近时，从此点离开；

终止点（C 点）——系统状态点运动到切换面 $S=0$ 附近时，趋向于此点。

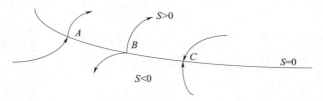

图 5-28　切换面上运动点的 3 种情况

在滑膜变结构中具有特殊意义的点是终止点，如果在切换面附近某一区域内所有的点都为终止点，则当运动点一趋近于该区域，就会被"吸引"到该区域运动。此时称在切换面 $S=0$ 上所有的运动点都是终止点的区域为滑膜区，如图 5-29 所示。

在图 5-29 中，从 M 点到 P 点为滑膜面外的趋近运动，从 P 点到 N 点为沿着滑膜面运动。

为了使系统状态能够在有限的时间内到达滑膜面，系统状态在切换面应满足

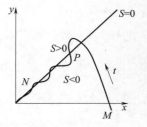

图 5-29　滑膜运动过程

$$\begin{cases} \lim\limits_{s(x) \to 0^+} \dot{s}(x,t) \leqslant 0 \\ \lim\limits_{s(x) \to 0^-} \dot{s}(x,t) \geqslant 0 \end{cases} \tag{5-94}$$

当系统从 $s(x,t) > 0$ 逼近滑膜面时，需有 $\dot{s}(x,t) \leqslant 0$；反之当系统从 $s(x,t) < 0$ 逼近滑膜面时，需有 $\dot{s}(x,t) \geqslant 0$。也就是说系统总会在滑膜面上往复穿梭，时刻满足 $s\dot{s} < 0$。

在确定滑膜面之后，需要求解控制函数。控制函数用如式（5-95）所示

$$u_i(x,t) = \begin{cases} u_i^+(x,t), s_i(x,t) > 0 \\ u_i^-(x,t), s_i(x,t) < 0 \end{cases} \quad i = 1,2,\cdots,m \quad （5-95）$$

为设计滑膜观测器，将式（5-93）整理成如下形式

$$\frac{d}{dt}\begin{bmatrix} i_\alpha \\ i_\beta \end{bmatrix} = A\begin{bmatrix} i_\alpha \\ i_\beta \end{bmatrix} - \frac{1}{L_d}\begin{bmatrix} u_\alpha \\ u_\beta \end{bmatrix} + \frac{1}{L_d}\begin{bmatrix} E_\alpha \\ E_\beta \end{bmatrix} \quad （5-96）$$

其中

$$A = \begin{bmatrix} -r & \omega(L_q - L_d) \\ -\omega(L_q - L_d) & -r \end{bmatrix}$$

系数矩阵 A 的参数中，电阻 r、电感 L_d、L_q 均为常数，转速 ω 虽然为变量，但在一个 SVPWM 控制矢量计算周期内，可以认为 ω 不变，即可以用上一个周期的 ω 估算值，计算本周期的转子位置角 θ，进而求取本周期的电转速估计值 $\hat{\omega}$。

为采用滑膜观测器估计扩展反电势，可以设计如下滑膜观测器

$$\frac{d}{dt}\begin{bmatrix} \hat{i}_\alpha \\ \hat{i}_\beta \end{bmatrix} = A\begin{bmatrix} \hat{i}_\alpha \\ \hat{i}_\beta \end{bmatrix} - \frac{1}{L_d}\begin{bmatrix} u_\alpha \\ u_\beta \end{bmatrix} + \frac{1}{L_d}\begin{bmatrix} z_\alpha \\ z_\beta \end{bmatrix} \quad （5-97）$$

式中：$\hat{i}_\alpha$、$\hat{i}_\beta$——在 α，β 坐标系下的电机定子电流观测值；

u_α、u_β——滑膜观测器的控制输入，也是 α，β 坐标系下的电机定子电压；

z_α、z_β——观测电流误差的开关信号。

将式（5-96）和式（5-97）相减，可以得到定子电流的误差方程

$$\frac{d}{dt}\begin{bmatrix} \tilde{i}_\alpha \\ \tilde{i}_\beta \end{bmatrix} = A\begin{bmatrix} \tilde{i}_\alpha \\ \tilde{i}_\beta \end{bmatrix} + \frac{1}{L_d}\begin{bmatrix} E_\alpha - z_\alpha \\ E_\beta - z_\beta \end{bmatrix} \quad （5-98）$$

其中，$\tilde{i}_\alpha = i_\alpha - \hat{i}_\alpha$，$\tilde{i}_\beta = i_\beta - \hat{i}_\beta$ 是电流观测误差。

以电流观测误差作为滑膜切换面 $s(x,t)$，保证系统在滑膜态下运动。定义滑膜切换函数为

$$s(x,t) = \begin{bmatrix} \tilde{i}_\alpha \\ \tilde{i}_\beta \end{bmatrix} = \begin{bmatrix} i_\alpha - \hat{i}_\alpha \\ i_\beta - \hat{i}_\beta \end{bmatrix} \quad （5-99）$$

在滑膜面上运动时，有 $s(x,t) = \dot{s}(x,t) = 0$，即有

$$\frac{d}{dt}\begin{bmatrix} \tilde{i}_\alpha \\ \tilde{i}_\beta \end{bmatrix} = A\begin{bmatrix} \tilde{i}_\alpha \\ \tilde{i}_\beta \end{bmatrix} = 0 \quad （5-100）$$

将式（5-100）代入式（5-98），有

$$\begin{bmatrix} E_\alpha \\ E_\beta \end{bmatrix} = \begin{bmatrix} z_\alpha \\ z_\beta \end{bmatrix} \quad （5-101）$$

由式（5-101）可知，可以通过观测电流误差开关信号 z_α、z_β 来估计扩展反电动势 E_α 和 E_β。

在经典的滑膜理论中，使用符号函数作为开关函数

$$\begin{bmatrix} z_\alpha \\ z_\beta \end{bmatrix} = \begin{bmatrix} k\mathrm{sgn}(\tilde{i}_\alpha) \\ k\mathrm{sgn}(\tilde{i}_\beta) \end{bmatrix} \tag{5-102}$$

当观测器状态达到滑膜面之后，将式（5-100）代入式（5-98），可以得到估计的扩展反电动势为

$$\begin{bmatrix} \hat{E}_\alpha \\ \hat{E}_\beta \end{bmatrix} = \begin{bmatrix} z_\alpha \\ z_\beta \end{bmatrix} = \begin{bmatrix} k\mathrm{sgn}(\tilde{i}_\alpha) \\ k\mathrm{sgn}(\tilde{i}_\beta) \end{bmatrix} \tag{5-103}$$

这里需要注意的是，虽然在滑膜面上，虽然误差量 $\tilde{i}_\alpha$、$\tilde{i}_\beta$ 及其微分量均为 0，但符号函数 $\mathrm{sgn}(\tilde{i}_\alpha)$ 及 $\mathrm{sgn}(\tilde{i}_\beta)$ 却是一过程量，它在 $\tilde{i}_\alpha$、$\tilde{i}_\beta$ 向滑膜面移动的过程中，符号在正负之间来回切换，是个高频开关函数。为求取反电动势，需要经过低通滤波，如图 5-30 所示。

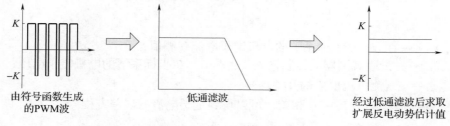

由符号函数生成
的PWM波 　　　低通滤波 　　　经过低通滤波后求取
扩展反电动势估计值

图 5-30　由符号函数生成的 PWM 方波经过低通滤波后求取反电动势

经过低通滤波后的反电动势估计值由下式表示

$$\begin{cases} \hat{E}_{\alpha\_filter} = \dfrac{\omega_c}{s + \omega_c} v_\alpha \\ \hat{E}_{\beta\_filter} = \dfrac{\omega_c}{s + \omega_c} v_\beta \end{cases} \tag{5-104}$$

比较式（5-104）和式（5-63）的低通滤波器，可以发现，这里

$$\omega_c = \frac{1}{RC} \tag{5-105}$$

由图 5-30 可知，由符号函数在迭代过程中生成的 PWM 波，经过低通滤波后，就得到了反电动势的估计值 $\hat{E}_\alpha$、$\hat{E}_\beta$。

对滤波后的估算扩展反电势进行反正切运算，就可以得到转子位置信息

$$\hat{\theta}_{eq} = -\arctan\left(\frac{\hat{E}_{\alpha\_filter}}{\hat{E}_{\beta\_filter}}\right) \tag{5-106}$$

由于引入了低通滤波器，经过低通滤波器的处理后，反电势的估计值会发生相位延迟。该延迟会直接影响转子位置估计的精度，因此，需要对转子位置进行补偿，补偿角由

输入信号的频率 ω 和滤波器的截止频率 ω_c 共同决定。对应的补偿角为

$$\Delta\theta_e = \arctan(\omega/\omega_c) \qquad (5\text{-}107)$$

因此，利用滑膜观测器估计得到的 VFSG 转子位置为

$$\hat{\theta}_e = \hat{\theta}_{eq} + \Delta\theta_e \qquad (5\text{-}108)$$

式（5-106）和式（5-107）会用到反正切函数，出于 5.1.2.5.2 节同样的考虑，要尽量避免使用反正切函数。为此，我们继续用锁相环 PLL 相位反馈控制来求取位置角 θ。

因此，我们需要将滑膜控制与锁相环结合起来，求取当前转子位置与角速度，其原理框图如图 5-31 所示。其中，滑膜观测器共有 5 个输入，分别是当前逆变器的控制电压 u_α、u_β，还有检测到的定子电流 I_α、I_β，以及上一个控制周期的估算角速度 $\hat{\omega}_e$。滑膜观测器的输出是经过滤波后的 α、β 轴的反电动势 $\hat{E}_{\alpha\_filter}$、$\hat{E}_{\beta\_filter}$。

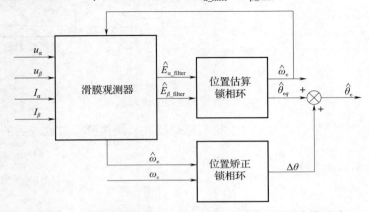

图 5-31　由滑膜观测器与 PLL 结合来求取转子位置与角速度

滤波后的反电动势 $\hat{E}_{\alpha\_filter}$、$\hat{E}_{\beta\_filter}$ 输入给位置估算锁相环，用于求取当前的电角速度估算值 $\hat{\omega}_e$ 和转子位置估算值 $\hat{\theta}_{eq}$。由于反电动势在经过滤波后有相位延迟，所以需要进行校正。

位置矫正锁相环的输入为上一个计算周期的电角速度估算值 $\hat{\omega}_e$ 和低通滤波的截止频率 ω_c，其输出的位置校正值 $\Delta\theta$ 与位置估算锁相环的估算角度 $\hat{\theta}_{eq}$ 之和，即得到当前的转子位置估算值 $\hat{\theta}_e$。

为运用滑膜观测器的方法求取反电动势估算值，需要对式（5-97）进行改写，即将微分量写成差分方程

$$\frac{1}{T_s}\begin{bmatrix} \hat{i}_\alpha(n+1) - \hat{i}_\alpha(n) \\ \hat{i}_\beta(n+1) - \hat{i}_\beta(n) \end{bmatrix} = A\begin{bmatrix} \hat{i}_\alpha(n) \\ \hat{i}_\beta(n) \end{bmatrix} - \frac{1}{L_d}\begin{bmatrix} u_\alpha \\ u_\beta \end{bmatrix} + \frac{1}{L_d}\begin{bmatrix} z_\alpha(n) \\ z_\beta(n) \end{bmatrix} \qquad (5\text{-}109)$$

式中：T_s——滑膜观测器内部的数据采样周期。

整理式（5-109），得

$$\begin{bmatrix} \hat{i}_\alpha(n+1) \\ \hat{i}_\beta(n+1) \end{bmatrix} = \begin{bmatrix} \hat{i}_\alpha(n) \\ \hat{i}_\beta(n) \end{bmatrix} + T_s A\begin{bmatrix} \hat{i}_\alpha(n) \\ \hat{i}_\beta(n) \end{bmatrix} - \frac{T_s}{L_d}\begin{bmatrix} u_\alpha \\ u_\beta \end{bmatrix} + \frac{T_s}{L_d}\begin{bmatrix} z_\alpha(n) \\ z_\beta(n) \end{bmatrix} \qquad (5\text{-}110)$$

在图 5-32 的滑膜观测器原理框图中，下标 s 代表 α 和 β。阴影部分的硬件模型表示的 SVPWM 的控制模型，在控制电压 u_s 的作用下，可以在定子侧观测到电流 i_s。观测值 i_s 与上一次的估计值 $\hat{i}_s(n)$ 之间的差值，经过符号函数的作用后，乘以增益 k，以得到当前误差反馈 $z_s(n)$。增益 k 的符号由符号函数的输出决定，若符号函数输出为正，则乘以 $+k$，反之则乘以 $-k$。反馈 $Z_s(n)$ 再输入给式（5-110），以求取当前的电流估算值 $\hat{i}_s(n+1)$。如此往复迭代，直至收敛。

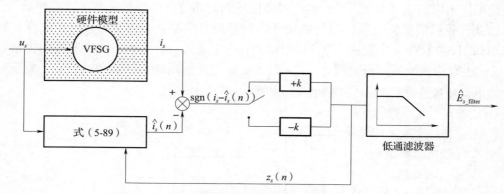

图 5-32　滑膜观测器的原理框图

在整个环路迭代结束后，对 $z_s(n)$ 进行低通滤波，则得到经过滤波后的反电势估计值 $\hat{E}_{s\_filter}$。

将式（5-92）写成下述形式

$$\begin{bmatrix} E_\alpha \\ E_\beta \end{bmatrix} = K \begin{bmatrix} -\sin\theta \\ \cos\theta \end{bmatrix} \qquad (5\text{-}111)$$

式中，$K = (L_d - L_q)(pi_q - \omega i_d) + \omega\Psi_f$。

考虑到在 $|\theta_e - \hat{\theta}_e| < \dfrac{\pi}{6}$，有下述关系成立

$$\sin(\theta_e - \hat{\theta}_e) \approx \theta_e - \hat{\theta}_e \qquad (5\text{-}112)$$

则可以推导如下关系式：

$$\begin{aligned} \Delta E &= -\hat{E}_{\alpha\_filter}\cos\hat{\theta}_e - \hat{E}_{\beta\_filter}\sin\hat{\theta}_e = K\sin\theta_e\cos\hat{\theta}_e - K\cos\theta_e\sin\hat{\theta}_e \\ &= K\sin(\theta_e - \hat{\theta}_e) \approx K(\theta_e - \hat{\theta}_e) \end{aligned} \qquad (5\text{-}113)$$

式中：$\hat{E}_{\alpha\_filter}$，$\hat{E}_{\beta\_filter}$——滑膜观测器滤波输出的反电动势值；

　　　θ_e——滑膜观测器输出的转子位置值；

　　　$\hat{\theta}_e$——锁相环输出的转子位置估计值。

则可以得到如图 5-33 所示的位置估算锁相环原理，经滤波后的反电动势估算值 $\hat{E}_{\alpha\_filter}$、$\hat{E}_{\beta\_filter}$，乘以正弦余弦系数后求差，可以得到误差信号 ΔE，后者经过一级 PI 调节，可以得到转速估算值 $\hat{\omega}_e$，经过一轮积分后，就可以得到位置估算值 $\hat{\theta}_e$。

注意这里的反馈机理，若 ΔE 为正，则由式（5-113）可知，位置估算值 $\hat{\theta}_e$ 小于实际值 θ_e，即估计值偏小，则经过 PI 调节后，会增大转速估计值 $\hat{\omega}_e$，进而增大位置估计值 $\hat{\theta}_e$；

相反，若 ΔE 为负，则估计值偏大，下一个循环会减小 $\hat{\omega}_e$ 和 $\hat{\theta}_e$。如此循环往复，直至 ΔE 趋近于 0，即达到锁相状态。

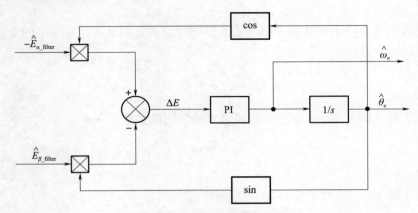

图 5-33　位置估算锁相环原理框图

同样地，我们可以构造关于 $\hat{\omega}_e$ 与 ω_e 的锁相环，用于求取位置矫正角 $\Delta \hat{\theta}_e$。

我们令

$$\begin{cases} \hat{\omega}_e = K_1 \sin \Delta \theta \\ \omega_e = K_1 \cos \Delta \theta \end{cases} \tag{5-114}$$

则有如下关系式成立：

$$\Delta \omega = \hat{\omega}_e \cos \Delta \hat{\theta}_e - \omega_e \sin \Delta \hat{\theta}_e = K_1 \sin \Delta \theta \cos \hat{\theta}_e - K_1 \cos \Delta \theta \sin \Delta \hat{\theta}_e$$
$$= K_1 \sin(\Delta \theta - \Delta \hat{\theta}_e) \approx K_1(\Delta \theta - \Delta \hat{\theta}_e) \tag{5-115}$$

式中：$\Delta \theta$——$\hat{\omega}_e$ 和 ω_e 所携带的位置矫正值；

$\Delta \hat{\theta}_e$——构造的锁相环输出的位置矫正估计值。

可见，只要把图 5-33 的 $-\hat{E}_{\alpha\_filter}$，$\hat{E}_{\beta\_filter}$ 替换成 $\hat{\omega}_e$ 和 ω_c，即可得到位置矫正锁相环的原理框图，见图 5-34。

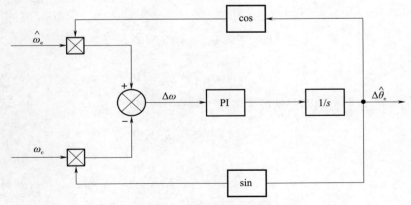

图 5-34　位置矫正锁相环原理框图

5.1.2.5.5　滑膜观测器增益的求解

滑膜观测器设计的一项重要工作是确定符号函数的增益 k，要设定足够的增益，以保证环路的稳定。

一般通过李雅普诺夫函数设计滑膜观测器的增益，我们首先建立如下的李雅普诺夫能量函数，即稳定性方程

$$V = \frac{1}{2} S^{\mathrm{T}} S = \frac{1}{2} (i_\alpha - \hat{i}_\alpha)^2 + \frac{1}{2} (i_\beta - \hat{i}_\beta)^2 \qquad (5-116)$$

则根据李雅普诺夫稳定性原理，系统渐近稳定需满足如下条件

$$\dot{V} = (i_\alpha - \hat{i}_\alpha) p (i_\alpha - \hat{i}_\alpha) + (i_\beta - \hat{i}_\beta) p (i_\beta - \hat{i}_\beta) < 0 \qquad (5-117)$$

式中，p 为微分算子。

根据式（5-99），将式（5-117）写成矩阵的形式

$$\dot{V} = s(x,t)^{\mathrm{T}} s(x,t) < 0 \qquad (5-118)$$

将式（5-98）代入式（5-118），有

$$\begin{bmatrix} \tilde{i}_\alpha & \tilde{i}_\beta \end{bmatrix} A \begin{bmatrix} \tilde{i}_\alpha \\ \tilde{i}_\beta \end{bmatrix} + \frac{1}{L_d} \begin{bmatrix} \tilde{i}_\alpha & \tilde{i}_\beta \end{bmatrix} \begin{bmatrix} E_\alpha - z_\alpha \\ E_\beta - z_\beta \end{bmatrix} < 0 \qquad (5-119)$$

将式（5-119）展开

$$- r \tilde{i}_\alpha^2 - r \tilde{i}_\beta^2 + \frac{1}{L_d} (E_\alpha - z_\alpha) \tilde{i}_\alpha + \frac{1}{L_d} (E_\beta - z_\beta) \tilde{i}_\beta < 0 \qquad (5-120)$$

由于 $- r \tilde{i}_\alpha^2$ 和 $- r \tilde{i}_\beta^2$ 都小于等于 0，为了使式（5-120）恒成立，则需要满足如下不等式

$$\begin{cases} (E_\alpha - z_\alpha) \tilde{i}_\alpha < 0 \\ (E_\beta - z_\beta) \tilde{i}_\beta < 0 \end{cases} \qquad (5-121)$$

将式（5-102）代入式（5-121），有

$$\begin{cases} (E_\alpha - \mathrm{ksgn}(\tilde{i}_\alpha)) \tilde{i}_\alpha < 0 \\ (E_\beta - \mathrm{ksgn}(\tilde{i}_\beta)) \tilde{i}_\beta < 0 \end{cases} \qquad (5-122)$$

分 $\tilde{i}_\alpha$、$\tilde{i}_\beta$ 取正值和负值两种情况来考虑，则有

$$\begin{cases} (E_\alpha - k) \tilde{i}_\alpha < 0, \tilde{i}_\alpha > 0 \\ (E_\alpha + k) \tilde{i}_\alpha < 0, \tilde{i}_\alpha < 0 \end{cases} \qquad (5-123)$$

$$\begin{cases} (E_\beta - k) \tilde{i}_\beta < 0, \tilde{i}_\beta > 0 \\ (E_\beta + k) \tilde{i}_\beta < 0, \tilde{i}_\beta < 0 \end{cases} \qquad (5-124)$$

根据式（5-123）和式（5-124）可知，只要满足下述关系式，

$$k > \max\{|E_\alpha|,|E_\beta|\} \tag{5-125}$$

则式（5-120）将永远满足。

5.1.2.5.6　启动阶段的无位置传感器检测

前面几节涉及的无位置传感器的检测原理依赖于反电动势，都只适用于转子中高速运行的情形，在转子静止或低转速运行时，由于反电动势幅值太低，不易观测，因此不再适用。

在启动阶段，即低转速情况下，要想运用无传感器的方法检测转子位置，就需要采用不同的方法。高频信号注入是比较常用的方法。

将特定的高频信号与基波信号叠加，同时注入 VFSG 定子绕组，之后用特定的方法提取携带转子位置的信息，经数字信号处理后，即可达到转子位置估计的目的。

在运用高频信号注入方法求取低转速下的转子位置时，通常作出如下假定：

①为便于分离高频信号和电机自身旋转频率的信号，一般选择注入高频信号的频率 ω_h 远高于电机的旋转角频率。700r/min 对应的频率 ω_r 为 11.6Hz，而高频信号的注入频率通常取值 500Hz 或更高。此时，电机绕组的阻抗主要是自感的感抗，可以忽略电机相绕组电阻 R_s 的影响。

②由于高频注入适用于零速和低速段，电机的旋转角频率非常小，电压方程中的反电动势项 $\omega_r \Psi_f$，以及交叉耦合项 $\omega_r L_q$ 和 $\omega_r L_d$ 均可忽略不计。此时，VFSG 在高频信号激励下的模型可以等效为纯电感模型，如图 5-35 所示。

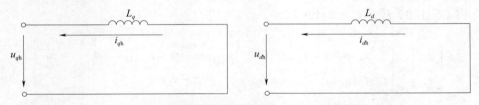

图 5-35　两相旋转坐标系下 VFSG 高频等效模型

$$\begin{cases} u_{dh} = -L_d \dfrac{\mathrm{d}i_{dh}}{\mathrm{d}t} \\[2mm] u_{qh} = -L_q \dfrac{\mathrm{d}i_{qh}}{\mathrm{d}t} \end{cases} \tag{5-126}$$

式中，u_{dh}、u_{qh}、i_{dh} 和 i_{qh} 分别代表 d 轴、q 轴下的高频注入电压及对应的高频电流。

设两相静止坐标系下注入的高频电压信号如下

$$\begin{bmatrix} u_{\alpha h} \\ u_{\beta h} \end{bmatrix} = U_{mh} \begin{bmatrix} \cos(\omega_h t) \\ \sin(\omega_h t) \end{bmatrix} \tag{5-127}$$

式中：$u_{\alpha h}$、$u_{\beta h}$——分别为两相静止坐标系下的高频注入电压信号；

　　　U_{mh}——高频注入电压信号的幅值；

　　　ω_h——高频注入电压信号的角频率。

两相旋转坐标系和两相静止坐标系之间的变换矩阵如下

$$\begin{bmatrix} u_{\alpha h} \\ u_{\beta h} \end{bmatrix} = T_{dq \to \alpha\beta} \begin{bmatrix} u_{dh} \\ u_{qh} \end{bmatrix} = \begin{bmatrix} \cos\theta & -\sin\theta \\ \sin\theta & \cos\theta \end{bmatrix} \begin{bmatrix} u_{dh} \\ u_{qh} \end{bmatrix} \tag{5-128}$$

将式（5-126）代入式（5-128），有

$$\begin{bmatrix} u_{\alpha h} \\ u_{\beta h} \end{bmatrix} = \begin{bmatrix} \cos\theta & -\sin\theta \\ \sin\theta & \cos\theta \end{bmatrix} \begin{bmatrix} L_d & 0 \\ 0 & L_q \end{bmatrix} \begin{bmatrix} -\dfrac{\mathrm{d}i_{dh}}{\mathrm{d}t} \\ -\dfrac{\mathrm{d}i_{qh}}{\mathrm{d}t} \end{bmatrix} \tag{5-129}$$

$$\begin{bmatrix} -\dfrac{\mathrm{d}i_{dh}}{\mathrm{d}t} \\ -\dfrac{\mathrm{d}i_{qh}}{\mathrm{d}t} \end{bmatrix} = \begin{bmatrix} -p & 0 \\ 0 & -p \end{bmatrix} \begin{bmatrix} i_{dh} \\ i_{qh} \end{bmatrix} = \begin{bmatrix} -p & 0 \\ 0 & -p \end{bmatrix} T_{\alpha\beta \to dq} \begin{bmatrix} i_{\alpha h} \\ i_{\beta h} \end{bmatrix} = $$

$$\begin{bmatrix} -p & 0 \\ 0 & -p \end{bmatrix} \begin{bmatrix} \cos\theta & -\sin\theta \\ \sin\theta & \cos\theta \end{bmatrix} \begin{bmatrix} i_{\alpha h} \\ i_{\beta h} \end{bmatrix} = \begin{bmatrix} \cos\theta & -\sin\theta \\ \sin\theta & \cos\theta \end{bmatrix} \begin{bmatrix} -p & 0 \\ 0 & -p \end{bmatrix} \begin{bmatrix} i_{\alpha h} \\ i_{\beta h} \end{bmatrix} = $$

$$\begin{bmatrix} \cos\theta & -\sin\theta \\ \sin\theta & \cos\theta \end{bmatrix} \begin{bmatrix} -\dfrac{\mathrm{d}i_{\alpha h}}{\mathrm{d}t} \\ -\dfrac{\mathrm{d}i_{\beta h}}{\mathrm{d}t} \end{bmatrix} \tag{5-130}$$

式中，$i_{\alpha h}$ 和 $i_{\beta h}$ 分别是静止坐标系下的高频电流分量。

将式（5-130）代入式（5-129），有

$$\begin{bmatrix} u_{\alpha h} \\ u_{\beta h} \end{bmatrix} = \begin{bmatrix} L_d\cos^2\theta + L_q\sin^2\theta & L_d\sin\theta\cos\theta - L_q\sin\theta\cos\theta \\ L_d\sin\theta\cos\theta - L_q\sin\theta\cos\theta & L_d\sin^2\theta + L_q\cos^2\theta \end{bmatrix} \begin{bmatrix} -\dfrac{\mathrm{d}i_{\alpha h}}{\mathrm{d}t} \\ -\dfrac{\mathrm{d}i_{\beta h}}{\mathrm{d}t} \end{bmatrix} \tag{5-131}$$

定义

$$L = \frac{L_d + L_q}{2} \tag{5-132}$$

$$\Delta L = \frac{L_d - L_q}{2} \tag{5-133}$$

则有

$$\begin{cases} L_d = L + \Delta L \\ L_q = L - \Delta L \end{cases} \tag{5-134}$$

则式（5-131）可以化简为

$$\begin{bmatrix} u_{\alpha h} \\ u_{\beta h} \end{bmatrix} = L_{\alpha\beta h} \begin{bmatrix} -\dfrac{\mathrm{d}i_{\alpha h}}{\mathrm{d}t} \\ -\dfrac{\mathrm{d}i_{\beta h}}{\mathrm{d}t} \end{bmatrix} \tag{5-135}$$

式中，$L_{\alpha\beta h} = \begin{bmatrix} L + \Delta L\cos(2\theta) & \Delta L\sin(2\theta) \\ \Delta L\sin(2\theta) & L - \Delta L\cos(2\theta) \end{bmatrix}$，它表示高频注入下的电感矩阵。

将 $L_{\alpha\beta h}$ 代入式（5-135），可以得到如下关系式

$$\begin{bmatrix} -\dfrac{\mathrm{d}i_{\alpha h}}{\mathrm{d}t} \\ -\dfrac{\mathrm{d}i_{\beta h}}{\mathrm{d}t} \end{bmatrix} = \begin{bmatrix} L + \Delta L\cos(2\theta) & \Delta L\sin(2\theta) \\ \Delta L\sin(2\theta) & L - \Delta L\cos(2\theta) \end{bmatrix}^{-1} \begin{bmatrix} u_{\alpha h} \\ u_{\beta h} \end{bmatrix} \tag{5-136}$$

化简后得到

$$\begin{bmatrix} -\dfrac{\mathrm{d}i_{\alpha h}}{\mathrm{d}t} \\ -\dfrac{\mathrm{d}i_{\beta h}}{\mathrm{d}t} \end{bmatrix} = \frac{1}{L^2 - \Delta L^2} \begin{bmatrix} L - \Delta L\cos(2\theta) & \Delta L\sin(2\theta) \\ \Delta L\sin(2\theta) & L + \Delta L\cos(2\theta) \end{bmatrix} U_{mh} \begin{bmatrix} \cos(\omega_h t) \\ \sin(\omega_h t) \end{bmatrix} \tag{5-137}$$

对式（5-137）两边进行积分，得到

$$\begin{bmatrix} i_{\alpha h} \\ i_{\beta h} \end{bmatrix} = \frac{1}{\Delta L^2 - L^2} \cdot \frac{U_{mh}}{\omega_h} \begin{bmatrix} (L - \Delta L\cos(2\theta))\sin(\omega_h t) + \Delta L\sin(2\theta)\cos(\omega_h t) \\ -\Delta L\sin(2\theta)\sin(\omega_h t) - (L + \Delta L\cos(2\theta))\cos(\omega_h t) \end{bmatrix} \tag{5-138}$$

将式（5-138）写成矢量的形式

$$\boldsymbol{i}_{\alpha\beta h} = \frac{1}{\Delta L^2 - L^2} \cdot \frac{U_{mh}}{\omega_h} \mathrm{e}^{\mathrm{j}\left(\omega_h t - \frac{\pi}{2}\right)} + \frac{-\Delta L}{\Delta L^2 - L^2} \cdot \frac{U_{mh}}{\omega_h} \mathrm{e}^{\mathrm{j}\left(\frac{\pi}{2} + 2\theta - \omega_h t\right)} \tag{5-139}$$

由式（5-139）可见，在静止坐标下的高频电流有正序分量（$\mathrm{e}^{\mathrm{j}\left(\omega_h t - \frac{\pi}{2}\right)}$ 部分）和负序分量（$\mathrm{e}^{\mathrm{j}\left(\frac{\pi}{2} + 2\theta - \omega_h t\right)}$ 部分）两部分组成。其中，正序分量不包含转子位置的信息，而负序分量含有转子位置的信息。

将式（5-139）顺时针转动 $\omega_h t$ 角度，即转动 $-\omega_h t$ 角度，则有

$$\boldsymbol{i}_{\alpha\beta h}\mathrm{e}^{-\mathrm{j}\omega_h t} = \frac{1}{\Delta L^2 - L^2} \cdot \frac{U_{mh}}{\omega_h} \mathrm{e}^{\mathrm{j}\left(-\frac{\pi}{2}\right)} + \frac{-\Delta L}{\Delta L^2 - L^2} \cdot \frac{U_{mh}}{\omega_h} \mathrm{e}^{\mathrm{j}\left(\frac{\pi}{2} + 2\theta - 2\omega_h t\right)} \tag{5-140}$$

这样，式（5-140）的第一项就变成了直流量，经过高通滤波器后，就只剩下 2 倍频的负序分量。这时，再逆时针转动 $2\omega_h t$，则式（5-140）的第二项也变成了直流量。该项含有转子位置信息，但角度为 $\left(\dfrac{\pi}{2} + 2\theta\right)$，所以有如下关系式

$$2\theta = \arctan\frac{i_{\beta(2\theta)}}{i_{\alpha(2\theta)}} \tag{5-141}$$

即

$$\theta = \frac{1}{2}\arctan\frac{i_{\beta(2\theta)}}{i_{\alpha(2\theta)}} \tag{5-142}$$

从高频电流分量过滤出转子位置信息的过程如图 5-36 所示，首先从定子 a、b 两相采

集电流，经过 Clarke 变换后变成 α、β 坐标下的电流 i_α，i_β。这两个电流有 3 个分量，分别是转子旋转所产生的反电动势，频率为 ω_r，还有两个分别是高频正序分量 ω_h，以及高频负序分量 $-\omega_h$。

这 3 个分量中，只有高频负序分量含有转子位置信息，所以我们需要逐步滤除另外两个分量。首先滤除的是转子的反电动势 ω_r 分量，这部分由于在低速情况下，幅值很小，所以，在前面的分析中，直接忽略了。在工程应用中，我们采用了一个高通滤波器来滤除 ω_r 分量。

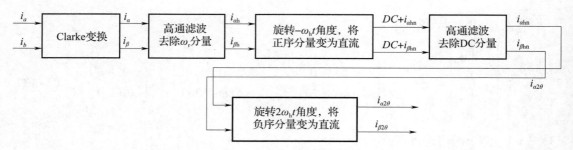

图 5-36　从高频电流分量过滤出转子位置信息

在滤除 ω_r 分量后，再将电流矢量旋转 $-\omega_h t$ 角度，以将正序分量转换成直流量，再经过一级高通滤波，就可以将直流量滤除。从而数字信号中，只包含负序分量。对负序分量再进行旋转变换，即旋转 $2\omega_h t$ 角度，则负序分量也变成直流量。α、β 坐标下这两个直流量 $i_{\alpha2\theta}$ 和 $i_{\beta2\theta}$ 含有转子位置信息 2θ，对二者用式（5-142）就可以求得转子位置角 θ。

用式（5-142）求位置角 θ 会用到反正切函数，为避免反正切函数的应用，可以参照前面的方法，采用锁相环技术，这里不再赘述。

在用式（5-142）求取转子位置角时，由于用到的 tan 函数是 2θ，考虑到

$$\tan2\theta = \tan(2\theta + 2\pi) = \tan2(\theta + \pi) \tag{5-143}$$

因而，θ 位置和 $\theta+\pi$ 位置在角度乘以 2 以后，对应的 tan 值是相同的，因此，同一个 tan 值对应有两个角度，一个是 θ，一个是 $\theta+\pi$。

在这种情况下，为确定转子的具体位置，还需要确定转子的 N、S 极。若转子位于 N 极区域附近，则转子位置角为 θ；反之，则当前转子位置角为 $\theta+\pi$。

可以利用电枢反应的增磁和去磁效应来判断 N、S 极。一般电机为了节省材料，一般都将工作点设置在饱和点附近。在此基础上，如果用电枢反应增加励磁，则磁极磁路会饱和，定子电枢反应电感会减小；反之，如果用电枢反应减小励磁，则磁路维持欠饱和状态，电感维持不变。

当外加电压不变时，电感的变化可以从定子电流上反映出来。增磁情况下电流大，去磁情况下电流小。当根据式（5-142）求出 θ 角之后，可以在 θ 角方向和 $\theta+\pi$ 方向分别施加固定电压幅值的高频电压，同时监测对应的电流。电流有效值大的方向为 S 方向，电流小的为 N 方向。如图 5-37 所示，图 5-37（a）是去磁电枢反应，电感量不变，监测到的电流相对较小；图 5-37（b）是增磁电枢反应，磁路开始饱和，电感量减小，监测到的电流相对较大。

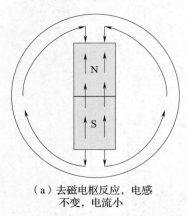
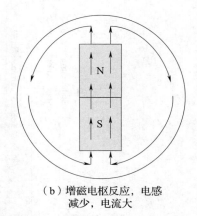

（a）去磁电枢反应，电感　　　　　　　　（b）增磁电枢反应，电感
　　　不变，电流小　　　　　　　　　　　　　减少，电流大

图 5-37　利用定子电枢反应确定转子 N、S 位置信息

5.1.2.6　VFSG 启动模式的仿真分析

因为没有波音 787 的 VFSG 技术手册，所以难以获知发电机的具体参数。在本节的仿真分析过程中，发电机的电感量等参数都是假定的。虽然与实际参数有差异，但分析的结论依然是适用的。

由 4.1.14 节可知，波音 787 的 VFSG 的主发电机为 3 对极，在本节的仿真模型中，也都假定 MG 的转子为 3 对极。

在进行仿真之前，首先要建立生成 SVPWM 开关矢量的数学模型，这里假定一个周期内，磁链圆周分为 6 个扇区。细分扇区（如一个周期 24 个扇区）可以减小电机的脉动，其分析的思路和 6 个扇区是类似的。

启动阶段的 Matlab/Simulink 仿真模型如图 5-38 所示，最左边的函数 fcn 用于求取不同转速下的 q 轴和 d 轴的电流参考值，二者经过一个 PI 调节器后输入给 Park 反变换模块，用于生成 α、β 坐标下的定子电压。SVPWM 模块用于生成逆变器的 6 桥臂驱动电压，逆变器的轨到轨电压为 +/270VDC，等效为 540VDC，这与 SVPWM 模块的输入电压相同。

Simulink 中，没有 VFSG 模型，只能用永磁同步电机近似，电机的负载转矩假定为 90N·m 恒定。Clarke 变换模块实时采集定子三相电流（只有两相电流是独立的），将其转换为 α、β 坐标下的定子电流。Clarke 模块从永磁同步电机获取转子位置角（为简化起见，这里没有用无位置传感的方法），将 α、β 坐标下的定子电流转换成 d、q 轴坐标下的电流，这两个电流分别与 d、q 轴的参考电压进行比较，作为两个 PI 调节器输入。

udc 和 uqc 是解耦模块，用于在高速情况下，对 d、q 轴的参考电压 V_{sdref} 和 V_{sqref} 进行补偿，其算式来自式（5-32）和式（5-33）。

图 5-38 中的增益 3 表示的是转子机械角速度和电角速度之间的比例关系，在 Matlab/Simulink 模型中，PMSM 模型输出的角速度为机械角速度，它与电角速度之间的比例关系为转子极对数，即模型中的增益 3。

下面的章节分别介绍仿真模型各个子功能模块的实现方式。

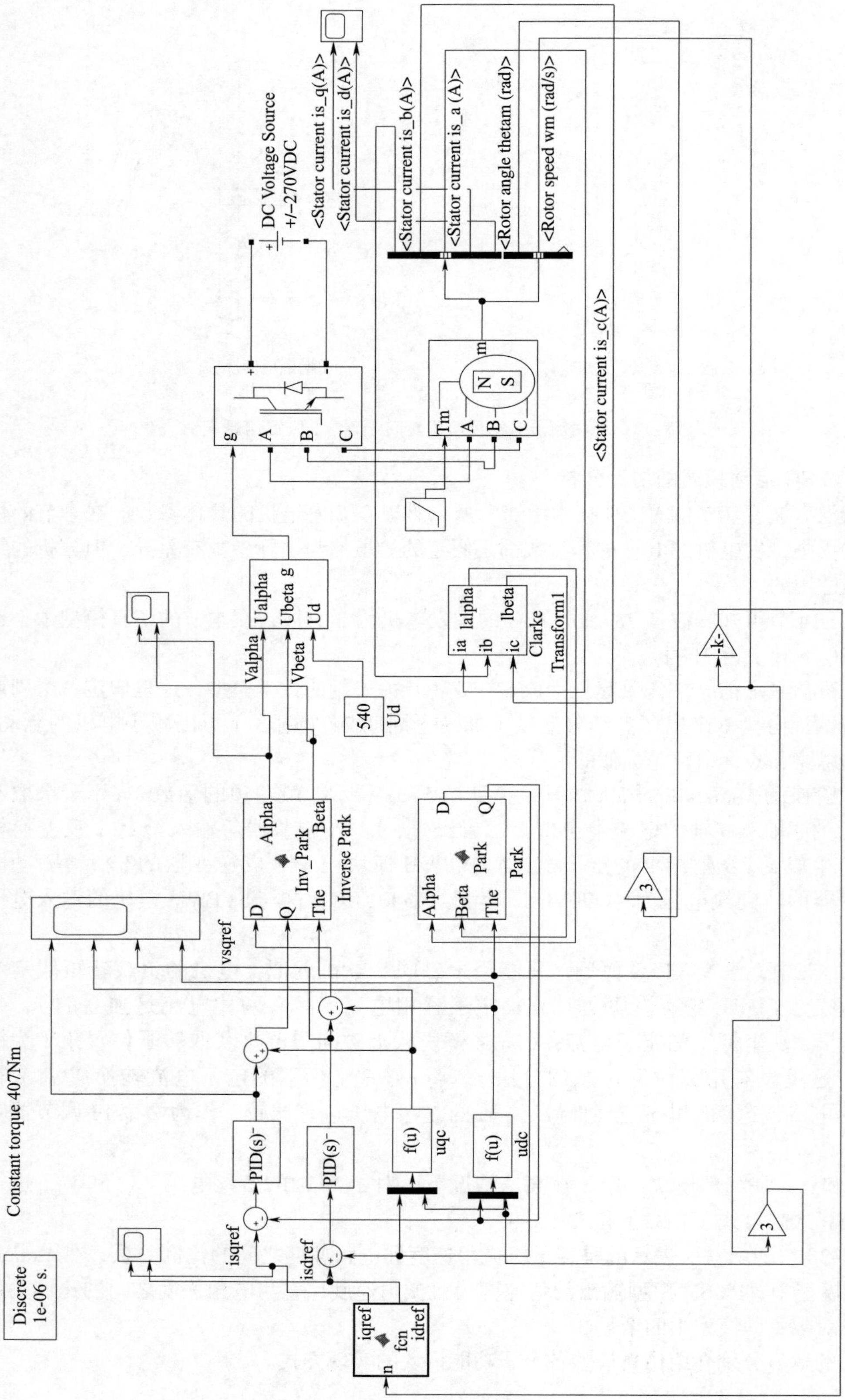

图 5-38　启动阶段的 Matlab/Simulink 仿真模型

5.1.2.6.1　仿真模型中各子功能块的实现方式

Clarke 变换用于实现从三相交流到两相交流的转换，Simulink 的实现方式如图 5–39 所示，它依据的是等幅值的 Clarke 变换公式，其中 u［1］、u［2］和 u［3］分别对应 ia、ib 和 ic。

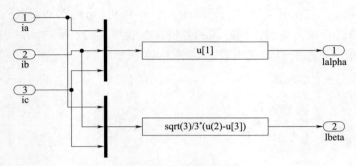

图 5–39　Clarke 变换的实现方式

Park 变换模块是用自定义函数实现的，如图 5–40 所示。

同样地，可以用自定义函数实现 Park 逆变换，如图 5–41 所示。

```
function [D,Q]=Park（Alpha,Beta,The）

  D=Alpha*cos（The）+Beta*sin（The）；
  Q=−Alpha*sin（The）+Beta*cos（The）；
```

图 5–40　Park 变换的实现方式

```
function [Alpha,Beta]=Inv_Park（D,Q,The）

  Alpha=D*cos（The）−Q*sin（The）；
  Beta=D*sin（The）+Q*cos（The）；
```

图 5–41　Park 逆变换的实现方式

与前面几个模块相比，SVPWM 脉冲生成模块要相对复杂些，如图 5–42 所示。SVPWM 模块的输入是 α、β 坐标下的电压和逆变器轨到轨的电压，SVPWM 要根据这 3 个输入生成 3 相逆变器 6 个功率管的驱动脉冲。

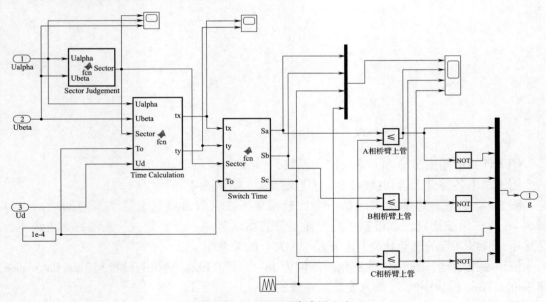

图 5–42　SVPWM 脉冲的生成

　　SVPWM 脉冲生成模块中有 3 个子模块，分别是 Sector Judgement，Time Calculation 和 Switch Time。其中，Sector Judgement 用于判别当前的输出电压矢量位于空间的哪个扇区，它根据式（2-163）和表 2-3 来判断。Time Calculation 用于计算中间变量 t_x 和 t_y，而 Switch Time 模块则用于生成 A、B、C 三相开关触发的起始时间。

　　中间变量 t_x 和 t_y，三相开关触发起始时间 S_a、S_b 和 S_c 的计算公式都已详细列在本书附录 B SVPWM 各扇区合成矢量的作用时间和各桥臂上管导通的切换时间的表格里。

　　其中，用于扇区判断的自定义函数，如图 5-43 所示。

```
function Sector = fcn(Ualpha,Ubeta)
U=zeros(3);%根据式（2-162）计算U1, U2, U3
U(1)=Ubeta;
U(2)=sqrt(3)/2*Ualpha - Ubeta/2;
U(3)=-1*sqrt(3)/2*Ualpha - Ubeta/2;
A=0;%初始化A, B, C
B=0;
C=0;
if U(1)>0
    A=1;
else
    A=0;
end
if U(2)>0
    B=1;
else
    B=0;
end
if U(3)>0
    C=1;
else
    C=0;
end
N=4*C+2*B+A;
Lookup_table=[3 1 5 4 6 2];%计算扇区与N之间的对应关系
for i=1:6
    if N==Lookup_table(i)
        break;
    end
end

Sector = i;
```

图 5-43　用于扇区判断的自定义函数

　　用于计算中间变量 t_x 和 t_y 的自定义函数，如图 5-44 所示。

　　用于求取各桥臂上管切换时间的自定义函数，如图 5-45 所示。

　　图 5-42 中最右边的功能块是一个比较模块，在求取各桥臂上管切换时间后，再与图 5-46 的三角波比较，就得到了逆变器上管的驱动脉冲。由于上、下桥臂的驱动脉冲始终互斥，所以下管的驱动脉冲与上管是"NOT"的关系。

　　值得一提的是，图 5-46 的三角波周期为 1e-4，即 0.1ms，这里的设置与 Time Calculation 和 Switch Time 模块中的 T_0 输入变量是一致的。

　　最后，q 轴和 d 轴电压的解耦表达式分别如图 5-47 和图 5-48 所示。

```
function [tx,ty] = fcn(Ualpha,Ubeta,Sector,T0,Ud)
tx=0;
ty=0;
switch Sector
    case 1
        tx=sqrt(3)*T0/Ud*(sqrt(3)/2*Ualpha-Ubeta/2);
        ty=sqrt(3)*T0/Ud*Ubeta;
    case 2
        tx=sqrt(3)*T0/Ud*(-1*sqrt(3)/2*Ualpha+Ubeta/2);
        ty=sqrt(3)*T0/Ud*(1*sqrt(3)/2*Ualpha+Ubeta/2);
    case 3
        tx=sqrt(3)*T0/Ud*Ubeta;
        ty=-1*sqrt(3)*T0/Ud*(1*sqrt(3)/2*Ualpha+Ubeta/2);
    case 4
        tx=-1*sqrt(3)*T0/Ud*Ubeta;
        ty=sqrt(3)*T0/Ud*(-1*sqrt(3)/2*Ualpha+Ubeta/2);
    case 5
        tx=-1*sqrt(3)*T0/Ud*(1*sqrt(3)/2*Ualpha+Ubeta/2);
        ty=-1*sqrt(3)*T0/Ud*(-1*sqrt(3)/2*Ualpha+Ubeta/2);
    case 6
        tx=sqrt(3)*T0/Ud*(sqrt(3)/2*Ualpha+Ubeta/2);
        ty=-1*sqrt(3)*T0/Ud*Ubeta;
end
```

图 5-44　用于求取中间变量 t_x 和 t_y 的自定义函数

```
function [Sa,Sb,Sc] = fcn(tx,ty,Sector,T0)
Sa=0;
Sb=0;
Sc=0;
switch Sector
    case 1
        Sa=(T0-tx-ty)/4;
        Sb=(T0+tx-ty)/4;
        Sc=(T0+tx+ty)/4;
    case 2
        Sa=(T0+tx-ty)/4;
        Sb=(T0-tx-ty)/4;
        Sc=(T0+tx+ty)/4;
    case 3
        Sa=(T0+tx+ty)/4;
        Sb=(T0-tx-ty)/4;
        Sc=(T0+tx-ty)/4;
    case 4
        Sa=(T0+tx+ty)/4;
        Sb=(T0+tx-ty)/4;
        Sc=(T0-tx-ty)/4;
    case 5
        Sa=(T0+tx-ty)/4;
        Sb=(T0+tx+ty)/4;
        Sc=(T0-tx-ty)/4;
    case 6
        Sa=(T0-tx-ty)/4;
        Sb=(T0+tx+ty)/4;
        Sc=(T0+tx-ty)/4;
end
```

图 5-45　用于求取各桥臂上管切换时间的自定义函数

233

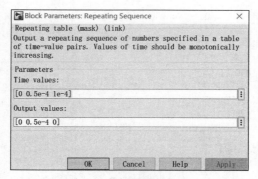

图 5-46　三角波的设定

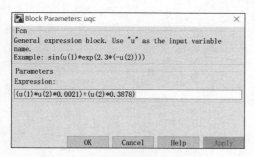

图 5-47　q 轴电压的解耦表达式

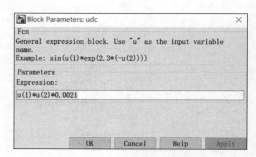

图 5-48　d 轴电压的解耦表达式

5.1.2.6.2　仿真结果汇总与分析

启动模式仿真过程中的参数汇总，如表 5-2 所示。

表 5-2　启动模式仿真的参数汇总

转子极对数	3
转子类型	Salient-pole（凸极）
定子 R_s（ohm）	0.331
定子电感 L_d（H），L_q（H）	2.1e-3，2.1e-3
转子磁链 Wb	0.3525
转子惯性 J/kg·m^2	2.52
转子黏滞阻尼 F/N·m·s	0.01
转子静态摩擦 T_f/N·m	0
初始条件［wm，thetam，ia，ib］	［0，0，0，0］
逆变器轨到轨电压 /V	540
SVPWM 开关周期 /s	1e-4
q 轴 PI 参数	8.46，1500
I_q 上下限	+/-280
q 轴 PI 参数	8.46，1500
I_q 上下限	+/-280
负载转矩	90N·m

为了求取 d 轴和 q 轴在不同转速下的参考电流，也需要用 Matlab 写一段程序，如图 5-49 所示。

```
function [iqref,idref] = SolveIdIq(n)
Imax =233.2;
Pmax =97978;
Phi_m =0.3878;%静止状态下的磁链
Tem = Pmax*30/(pi*n);
%nr = 1+n/24000;%相对转速系数
Ld = 2.1e-3;%电感量


coder.extrinsic('syms')
syms id iq;

if n<2300
    idref = 0;
    iqref = Imax;
elseif n<4000
    iq=vpasolve(4.5*(Phi_m-Ld*sqrt(Imax*Imax-iq*iq))*iq==Tem,iq);
    iqref =iq;
    idref =-1*sqrt(Imax*Imax-iq*iq);
    id=idref;
else
    iq=vpasolve(4.5*(Phi_m*0.385+Ld*sqrt(Imax*Imax-iq*iq))*iq==Tem, iq);
    iqref =iq;
    idref =sqrt(Imax*Imax-iq*iq);
    id=idref;
end
```

图 5-49　用于生成不同转速下 d 轴和 q 轴参考电流的 Matlab 程序

有了 Matlab 基础函数以后，就可以调用生成 d 轴和 q 轴参考电流的查找表，如图 5-50 所示。

```
function [id iq]=Create_table()

idref=zeros(1,8000);
iqref=zeros(1,8000);


for n=1:8000
    [iqref(1,n) idref(1,n)]=SolveIdIq(n);
end
id=idref;
iq=iqref;
```

图 5-50　调用函数生成不同转速下 d 轴和 q 轴参考电流查找表

仿真结果如图 5-51 所示，图中展示了输出转速、转矩和位置角随时间的变化关系。从图中可以看出，在刚启动时，即在静止状态下，VFSG 输出的转矩为 369.9N·m。该值由式（5-6）确定，注意，此时的输出转矩不是 407N·m，因为在表 5-2 的永磁同步电机设置中，转子磁链设置为 0.3525Wb，而由图 5-49 代码生成 d 轴和 q 轴参考电流时，在低转速下的 Id 值为 0，Iq 值为 Imax（233.3A），有了这两个参数，再根据式（5-6），即可求得 VFSG 的初始输出转矩为 369.9N·m。

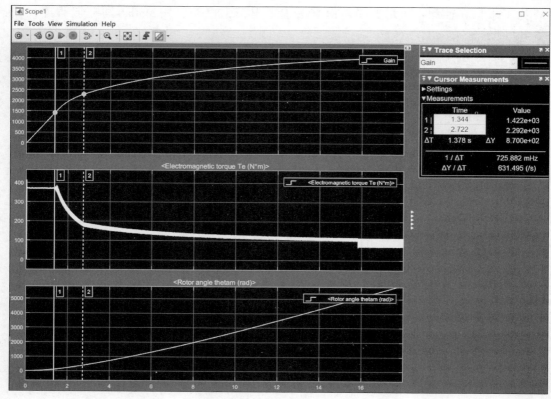

图 5-51　仿真结果：输出转速、转矩与位置角

造成这种结果的原因主要是 Matlab/Simulink 的永磁同步电机模型中，磁通设置为常数，不易调节。而对于 VFSG 而言，其转子的磁链是随着转速而变化的。在转子静止时，磁链为 0.3525，而在达到恒转矩运行的最大转速 2300r/min 时，对应的磁链为 0.3878Wb。在程序仿真过程中，不容易动态调节 PMSM 的磁链，所以在参数设置中，将 PMSM 的磁链统一设置为静止时的磁链 0.3525。

在 d 轴和 q 轴参考电流设置的计算程序中（见图 5-49），同样考虑到 PMSM 的磁链不易调节，所以一开始设置磁链时，设置的是对应 2300r/min 下的磁链 0.3878，这样在计算 2300r/min 转折频率处的 d 轴和 q 轴参考电流时，不至于产生差错。

在启动运行到 1.344s 时，达到恒转矩阶段的最大转速约 1500r/min。注意这里不是设定的 2300r/min，前述的 PMSM 磁场不能调节对此有较大的影响。因为输出转矩是 369.9N·m，而不是预期的 407N·m。输出转矩小了，转子启动的加速度就小了。此外，在仿真过程中，PI 调节的输出存在较大抖动，进而也影响到实际电流对参考值的跟踪程度。

PI 调节的参数设置与电机参数息息相关，由于没有波音 787 的 VFSG 电机真实参数，在仿真过程中，我们只能假设，这也在很大程度上影响了仿真结果的准确性。电机电感和电阻值影响了电流环的带宽和稳定性，电机的转动惯量，黏滞阻尼等参数也影响了启动加速度。

真正对应 2300r/min 转折速率的是 2.72s 时刻，此时的转速为 2292r/min。在这一速度下，PMSM 的输出转矩已经降低为 180N·m。之后，转速上升速度变缓，在接近仿真的结束时刻，即约 15.6s 后，转速上升到接近 4000r/min，励磁机的励磁电压由三相励磁改为两相励磁。

VFSG 的转子位置角一直处于持续上升状态，在仿真开始时刻，未出现负转速的调节过程。这一现象多出现在负载转矩较大，而 PMSM 的转矩输出还未达到额定的情况下发生。

图 5-52 是 q 轴和 d 轴 PI 调节器的输出以及解耦环节的输出仿真结果。在坐标轴 2 处，从上到下的 4 根仿真曲线分别是：

①q 轴电压解耦值 uqc（粗线）；

②q 轴 PI 调节器输出（细线）；

③d 轴电压解耦值 udc；

④d 轴 PI 调节器输出。

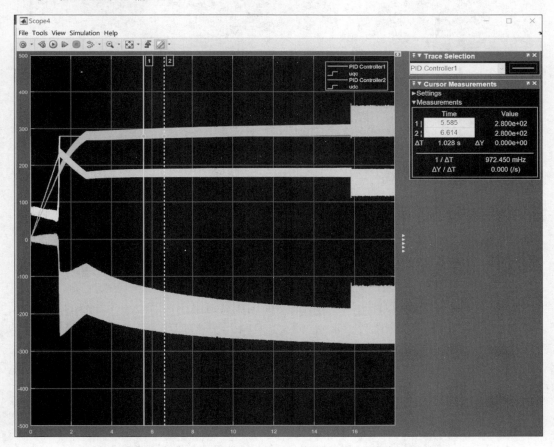

图 5-52　仿真结果：q 轴和 d 轴的 PI 调节器输出及解耦环节输出

与图 5-51 相对应，在 1.344s 时刻，q 轴和 d 轴的 PI 调节器输出有一个阶跃，分别达到 PI 调节的饱和值，即 280V 和 -280V。之后在 d 轴解耦环节的补偿下，d 轴 PI 调节器输出逐步退出饱和，直至 2300r/min 转折速率对应的时刻 2.72s。在这一点，d 轴开始去磁。如图 5-53 所示，可以看出，在对应 2.72s 的时刻，d 轴参考电流从 0 值开始逐步减小到负值。与此同时，q 轴参考电流也从最初的 233.2A 逐渐减小，在 15.6s 时刻，转速接近 4000r/min，之后，VFSG 的 d 轴理论上开始增磁。在图 5-53 的仿真结果中，15.6s 之后的 d 轴参考电流未设定为正值，而是与 q 轴参考电流一样开始振荡，这是在转速上升到接近 4000r/min 而还未达到 4000r/min 奇异点之前的不确定状态。

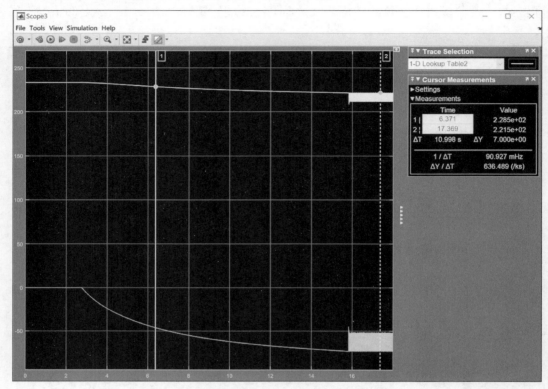

图 5-53　仿真结果：q 轴和 d 轴的参考电流

5.1.2.7　VFSG 发电机模式

在发电机模式下，VFSG 为 235VAC 主功率汇流条提供电力，发电机控制器（GCU）会控制 VFSG 的励磁电压。GCU 为励磁机的定子输出直流电压，产生一个静态的磁场，当转子转动时，该磁场与励磁机转子有相对运动，在转子中感应出 AC 电流。励磁机内部的旋转整流器部件将感应的 AC 电流转换成 DC 电流，为 VFSG 的主转子供电，从而产生主转子的励磁磁场。由于这个磁场是旋转的，它就会在 VFSG 的每个主定子绕组感应 AC 电压。

GCU 会监控 VFSG 的输出电压，并通过调节励磁机定子的输入电压来维持输出电压 235VAC 恒定。

在 VFSG 的外部，有对应的三相 AC 功率输出和 GCU 的励磁调节输入接口。

图 5-54 中的 GEC3 是励磁机灭磁开关，当发生过压、欠压等故障时，GCU 会断开 GEC3，并禁能励磁调节功能。

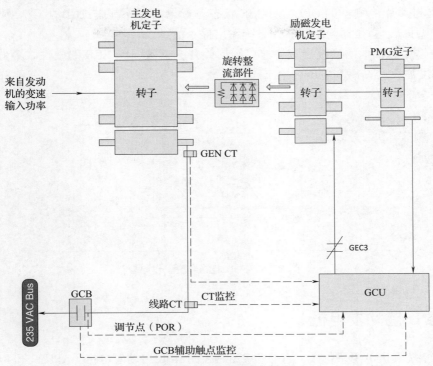

图 5-54　VFSG 的发电机运行模式

5.1.3　VFSG 的输入保护

如果 VFSG 出现过热脱机，会在驾驶舱用指示灯提示。在 VFSG 冷却油的温度超过 199℃时（正常工作温度范围为 40 ~ 129℃），发电机脱扣装置会动作，将发电机与发动机齿轮箱分开。这时发电机应从飞机拆除，送往维修站。VFSG 在齿轮箱的输入轴接口处也有保护措施，在输入转矩大于保护阈值时，可以对齿轮箱起到保护作用。

飞机线路或用电设备有故障时，可能导致发电机输出过载甚至短路，此时要求发动机向发电机提供很大的功率输入，从而导致齿轮装置传输过大的力矩，通常在发电机的输入轴上设有"剪切颈"，一旦发电机过载或卡死，则切断"剪切颈"使发电机与发动机脱离，以实现故障隔离。

5.1.4　电子碎片检测器部件

VFSG 内置了电子碎片检测器（ECD），用于检测轴承磨损和潜在的 VFSG 故障。ECD 是一个"OPEN/CLOSE"系统，具体状态取决于 VFSG 内部磁性收集器中铁磁材料积累的程度。如果 ECD 检测到故障，则输出 0 电压（CLOSE），否则输出高电压（OPEN）。

ECD 部件有一个防止滑油泄漏的检测阀，在 ECD 传感器从 VFSG 拆除检修时，如果 ECD 移除后有滑油泄漏，则应根据 AMM 手册对检测阀进行更换。

如图 5-55 所示，如果检测到碎片，则 ECD 碎片检测开关闭合，充满电的"驱逐"电容（220mF）会放电，如果可能的话，会将碎片"驱逐"（"驱逐"电容也因此而得名）。

GCU 会监测碎片检测器的 OPEN/CLOSE 状态。如果碎片不能被 ECD 驱逐，则 ECD 输出短路（0 电压），会在驾驶舱的显控系统输出提示信息。

这些碎片由轴承的磨损导致，这些金属碎片会被吸引到 ECD 的磁性收集器，当积累到一定程度后就会输出 0 电压，给出碎片报警。

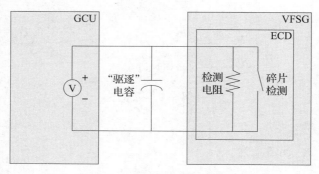

图 5-55　ECD 监测电路工作原理

5.2　APU 启动发电机

波音 787 飞机电源系统中，有 2 台 225kVA 的 APU 启动发电机（APU Starter Generator，ASG），这两台发电机装在 APU 上，由 APU 驱动。ASG 可以在飞行或地面状态为飞机提供电源。ASG 可以作为 APU 的启动电机，也可以为 235VAC Bus 提供电力。

ASG 是 4 极、油冷，铝壳封装的启动发电机，它由 APU 发动机齿轮箱直接驱动，其供油系统与 APU 复用。ASG 在调节点 POR 处的额定输出容量为 225kVA，输出电压为 3 相 4 线制 235VAC（线电压 400VAC），功率因数范围为 0.85 ～ 1 滞后，频率范围为 360 ～ 440Hz。

在 P150 配电盘箱中为每台 ASG 配备了一台 GCU，用于控制 APU 启动发电机及其电压和电流调节。

ASG 的输出频率范围（360 ～ 440Hz）比 VSFG 窄（360 ～ 800Hz），因为 APU 的转动速度没有发动机变化范围大。

5.2.1　ASG 启动模式

ASG 可以作为启动机或发电机来工作，在启动模式下，由启动功率单元（SPU）为 ASG 的励磁机定子提供 AC 电流，在励磁机的转子上感应出 AC 电流，ASG 内部的旋转整流器部件将励磁机转子 AC 电流转换成 DC 电流，为 ASG 主转子励磁绕组提供 DC 电流，使主转子产生一个静态的磁场。与此同时，CMSC 为 ASG 的主定子绕组提供电流，通过改变每相定子绕组的电流来产生旋转磁场，主转子的静止磁场会跟随定子的旋转磁场，引起转子的旋转，从而借助 APU 的齿轮箱为 APU 提供启动转矩，其原理与 VFSG 的启动过程一样。

在 APU 发动机启动到怠速以后，ASG 切换成发电机模式。

ASG 在启动模式下的工作原理，如图 5-56 所示。

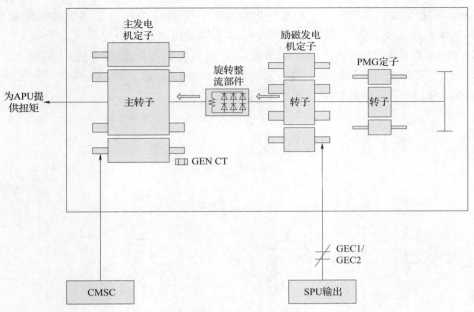

图 5-56　ASG 的启动模式

5.2.2　APU 发动机启动循环限制

　　如图 5-57 所示，在地面状态下，APU 最多可以有 3 次 52s 启动企图，每次启动企图之间的冷却时间为 60s。在 3 次启动企图后，要经历 30min 的冷却周期，再进行新的启动尝试。

　　在空中飞行时，APU 的启动时间间隔不受图 5-57 的限制。

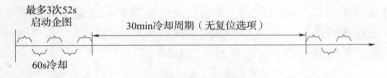

图 5-57　APU 的启动循环

5.2.3　ASG 发电机模式

　　在发电机模式下，ASG 为飞机的主 235VAC 汇流条提供辅助电力，在 APU 发动机启动以后，ASG 的 GCU 会获得 ASG 的控制权。GCU 为励磁机定子提供脉宽调制（PWM）控制的直流电压，该直流电压建立的静止磁场会在旋转的励磁机转子上感应出 AC 电流，励磁机转子上的旋转整流部件会将 AC 电流转换成 DC 电流，为 ASG 主转子励磁绕组提供 DC 电流，从而产生一个磁场。在转子旋转时，它会在主定子绕组中感应出 AC 电流，从而实现发电机功能。

　　GCU 会监控 ASG 的输出电压，并通过不断调节励磁机定子的输入电压来维持 235VAC 输出电压的恒定。

　　在发电机模式下，PMG 为 GCU 提供三相 AC 工作电源，GCU 将 PMG 的三相 AC 电压整流成直流，作为励磁机电压调节的功率源。

GCU 会接收调节点（POR）的反馈电压信号，并相应地调节励磁机的励磁输入电压，进而调节主发电机的励磁，以维持主发电机定子的输出电压的恒定。

与 VFSG 不同的是，ASG 没有旋转变压器来采集转子的位置（见图 5-58），在 ASG 启动期间，采用的是开环运行；当转子转速达到 500r/min 后，共用马达驱动器 CMSC 可以通过采集 ASG 定子反电动势来获取转子的位置。

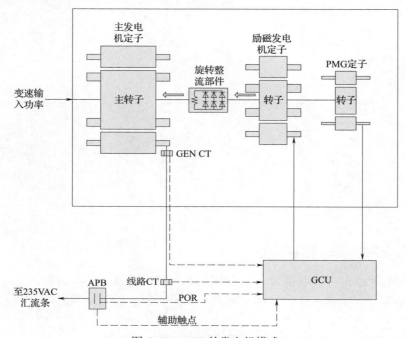

图 5-58 ASG 的发电机模式

在主发电机转子施加直流励磁后，随着转子转速的提高，定子切割转子磁力线所产生的反电动势也会逐渐提高，当反电动势幅值提高到可观测范围时，就可以从测得的定子侧监测转子的位置。无位置传感的详细介绍见 5.1.2.5 节。

5.3 270VDC 直流启动发电

270VDC 直流启动发电的工作原理和波音 787 的 VFSG 类似，二者的电机部分是相同的，所不同的是 270VDC 直流启动发电增加了功率双向流动的 AC/DC 变换部分，之后再接入 +/-270VDC 汇流条，如图 5-59 所示。

在发电模式下，VFSG 在发动机带动下将机械能转化为电能，通过 AC 到 DC 的变换将 235VAC 转化为 +/-270VDC，接到输出汇流条。此时，AC/DC 电能转化模块中的功率半导体（IGBT，SiC 等）的驱动都禁能。功率从 IGBT/SiC 的寄生体二极管流向 +/-270VDC 汇流条，此时，相当于对 235VAC 进行三相不可控全波整流。

在发电模式下，GCU 给 VFSG 的励磁机提供直流励磁，励磁的功率源来自 VFSG 的 PMG，在 GCU 内部通过 Buck 电路调节后给 VFSG 的励磁机提供输入电压。发电模式下的励磁为直流励磁。270VDC 发电系统工作在发电模式如图 5-60 所示。

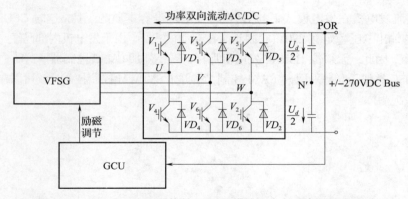

图 5-59　270VDC 发电系统的 AC/DC 模块要实现功率的双向流动

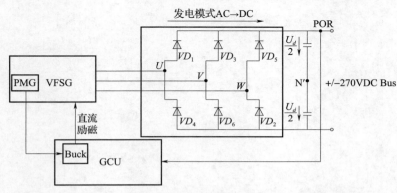

图 5-60　270VDC 发电系统工作在发电模式

　　在启动模式下，功率从 +/−270VDC 向 VFSG 流动，这时 GCU 用 SVPWM 技术控制逆变器桥臂上的 6 个 IGBT/SiC 功率半导体，在 VFSG 定子产生旋转磁场，带动转子旋转，用于启动发动机。与 VFSG 的启动模式类似，由于刚启动时转子静止，需要为 VFSG 励磁机提供交流励磁，方能将能量传递到主发电机的转子。为此，GCU 内部要自带一个小功率的逆变器，将外部的 +/−270VDC 逆变成 230VAC/400Hz，给励磁机定子提供交流励磁。这里的逆变器采用的不是 SVPWM 技术，而是本书 2.3.5.3 节介绍的 SPWM 逆变器，它用于产生 400Hz 恒频的正弦波，为励磁机提供恒定的三相交流励磁，如图 5-61 所示。

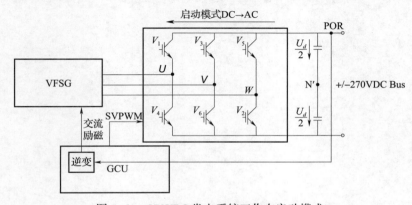

图 5-61　270VDC 发电系统工作在启动模式

　　270V 直流发电机在发电模式下与 115VAC 发电机没有本质的区别，这时 GCU 要负责调节励磁，以维持输出电压稳定在 270VDC 附近。在启动模式下，由于发电机内部已经内置了双向的整流逆变装置，因此，无须像 115VAC 发电机那样，需要外加 CMSC 控制器。这时，逆变器的控制方式与 CMSC 类似，也是采用 SVPWM 控制。掌握了 SVPWM 控制技术，就可以在不同的发电机构型下灵活应用。

附录 A　缩　略　语

AC	Alternating Current	交流电
ADC	Analog Digital Converter	模数转换
ADI	Analog Discrete Input	模拟离散输入
AF	Audio Frequency	声频
AFDX	Avionics Full Duplex Switched Ethernet	航电全双工交换式以太网络
AGC	APU Generator Contactor	辅助动力装置发电机接触器
AGCU	APU Generator Control Unit	APU 发电机控制单元
AMM	Aircraft Maintanance Manual	飞机维护手册
APB	APU Breaker	辅助动力断路器
APU	Auxiliary Power Unit	辅助动力单元
APUC	APU Controller	APU 控制器
ARINC	Aeronautical Radio，Incorporated	航空无线电有限公司
ASC	APU Start Contactor	APU 启动接触器
ASIC	Application Specific Integrated Circuit	专用集成电路
ASG	APU Starter Generator	APU 启动发电机
ATC	AC Tie Contactor	交流连接接触器
ATE	Automatic Test Equipment	自动测试设备
ATR	Auto Transformer Rectifier	自耦变压整流器
ATRU	Auto Transformer Rectifier Unit	自耦变压整流单元
ATRUC	Auto Transformer Rectifier Unit Contactor	自耦变压整流单元接触器
ATU	Autotransformer Unit	自耦变压器单元
ATUC	Auto Transformer Unit Contactor	自耦变压器单元接触器
BB	Backup Bus	备用总线，即 ESS 235VAC Bus
BIT	Built-In Test	自检测
BITE	Built-in Test Equipment	自检测设备
BME	Battery Memory Effect	电池记忆效应
BMS	Battery Management System	电池管理系统
BPCU	Bus Power Control Unit	汇流条功率控制器
BTB	Bus Tie Breaker	汇流条连接断路器
BTC	Bus Tie Contactor	汇流条连接接触器
BUG	Backup Generator	备份发电机
CAN	Controller Area Network	控制器局域网络

CB	Circuit Breaker	断路器
CBIT	Continuous Built In Test	连续自检测
CCR	Common Computing Resource	公共计算资源
CCS	Common Core System	公共核心系统
CDN	Common Data Network	公共数据网络
CF	Constant Frequency	恒频
CMD	Command	控制指令
CMSC	Common Motor Start Controller	共用马达启动控制器
CONV	Converter	频率变换器
CPU	Central Processor Unit	中央处理单元
CSCF	Constant Speed Constant Frequency	恒速恒频
CSD	Constant Speed Device	恒速装置
CT	Current Transformer	电流互感器
DAC	Digital to Analog Converter	数模转换器
DC	Direct Current	直流
DCC	DC Content	直流分量
DISC	Disconnect	脱机
DP	Differential Protection	差动保护
DPCT	Differential Protection Current Transformer	差动保护电流互感器
DSP	Digital Signal Processor	数字信号处理器
DTC	DC Tie Contactor	直流连接接触器
ECB	Electronic Circuit Breaker	电子断路器
ECD	Electronic Chip Detector	电子芯片检测仪
EE	Electronic Equipment	电子设备
ELCC	Electrical Load Control Contactor	电气负载控制接触器
ELCF	Electrical Load Control Function	电气负载控制功能
EMI	Electro Magnetic Interference	电磁干扰
EP	External Power	地面电源
EPC	External Power Contactor	地面电源接触器
EPS	Electric Power Systems	电源系统
ETC	Essential Tie Contactor	重要连接接触器
ETRU	Essential Transformer Rectifier Unit	重要变压整流单元
ETRUC	Essential Transformer Rectifier Unit Contactor	重要变压整流单元接触器
ESS	Essential	重要
FBLC	Flight Control Battery Line Contactor	飞控蓄电池出口接触器
FC	Flight Controls	飞行控制
FOC	Field Oriented Control	磁场导向控制
FPGA	Field Programmable Gate Array	现场可编程门阵列
GCB	Generator Control Breaker	发电机控制断路器

GCS	Generator Control Switch	发电机控制开关
GCU	Generator Control Unit	发电机控制单元
GEC	Generator Excitor Contactor	发电机励磁接触器
GFI	Ground Fault Interrupt	接地故障分断
GH	Ground Handling	地面处理
GND	Ground	地面
GNR	Generator Neutral Relay	发电机中性点继电器
GO	Ground Operation	地面操作
GPM	General Processing Module	通用处理模块
GPU	Ground Power Unit	地面电源
GSC	Ground Service Contactor	地面服务接触器
GSTC	Ground Service Tie Contactor	地面服务连接接触器
GUI	Graphical User Interface	图形用户接口
HES	Hall Effect Sensor	霍尔效应传感器
HIRF	High Intensity Radiated Fields	高强辐射场
HVDC	High Voltage Direct Current	高压直流
Hz	Hertz	赫兹
IDG	Integrated Drive Generator	整体驱动发电机
IGBT	Insulated Gate Bipolar Transistor	绝缘栅双极晶体管
IO	Input / Output	输入 / 输出
kg	Kilogram	千克
kPa	Kilopascal	千帕
kVA	kilo Volt-Amp	千伏安
LACETR	Left AC ESS Tie Relay	左交流重要连接继电器
LACTR	Left AC Tie Relay	左交流连接继电器
L AEPC	Left Aft External Power Contactor	左后地面电源接触器
L AFT	Left After	右后
LBLC	Left Battery Line Contactor	左蓄电池出口接触器
LDTC	Left DC Tie Contactor	左直流连接接触器
LED	Light Emitting Diode	发光二极管
LETR	Left ESS Tie Relay	左重要连接继电器
LEPR	Left External Power Relay	左外部电源继电器
L FWD	Left Forward	左前
LGC	Left Generator Contactor	左发电机接触器
LOP	Low Oil Pressure	低油压
LRM	Line Replaceable Module	现场可更换模块
LRU	Line Replaceable Unit	现场可更换单元
LTB	Left Tie Bus	左连接汇流条
LTRU	Left Transformer Rectifier Unit	左变压整流单元

LTRUC	Left Transformer Rectifier Unit Contactor	左变压整流单元接触器
LVFG	Left Variable Frequency Generator	左变频发电机
MAN	Manual	手动
Max	Maximum	最大
MBR	Main Battery Relay	主蓄电池继电器
MC	Motor Controller	电机控制器
MCD	Maintenance Control Display	维护控制显示器
MCDF	Maintenance Control Display Function	维护控制显示功能
ME	Main Exciter	主励磁机
MEA	More Electric Aircraft	多电飞机
MES	Main Engine Start	主发动机起动
MG	Main Generator	主发电机
MHz	Mega Hertz	兆赫兹
Min	Minimum	最小
MOSFET	Metal Oxide Semiconductor Field Effect Transistor	金属氧化物半导体场效应晶体管
MTBF	Mean Time Between Failure	平均故障间隔时间
MTBUR	Mean Time Between Unscheduled Removal	平均非计划拆卸间隔时间
NBPT	No Break Power Transfer	不间断功率传输
NC	Not Connected	悬空
NF	Narrow Frequency	窄频
NVM	Non−Volatile Memory	非易失性存储器
OC	Overcurrent	过载
OF	Over Frequency	过频
OP	Open Phase	缺相
OPU	Overvoltage Protection Unit	过压保护单元
OV	Over Voltage	过压
OVTPU	Over Voltage Transient Protection Unit	瞬态过压保护单元
PBIT	Power up Built In Test	上电自检测
PCB	Print Circuit Board	印制电路板
PD	Propotion，Differentiation	比例、微分调节器
PF	Parallel Feeder	并联馈线
PFO	Parallel Feeder Open	并联馈线开路
PI	Propotion，Integration	比例、积分调节器
PID	Propotion，Integration，Differentiation	比例、积分、微分调节器
PLD	Programmable Logic Device	可编程逻辑器件
PMG	Permanent Magnet Generator	永磁发电机
POR	Point of Regulation	调节点
PPDN	Primary Power Distribution Network	一次配电网络

PPDS	Primary Power Distribution System	一次配电系统
PS	Phase Sequence	相序
PWM	Pulse Width Modulated	脉宽调制
RACETR	Right AC ESS Tie Relay	右交流重要连接继电器
RACTR	Right AC Tie Relay	右交流连接继电器
RAEPC	Right Aft External Power Contactor	右后地面电源接触器
RAM	Random-Access Memory	随机访问存储器
RAT	Ram-Air Turbine	冲压空气涡轮
RBLC	Right Battery Line Contactor	右蓄电池出口接触器
RCB	RAT Control Breaker RAT	控制断路器
RCCB	Remote Controlled Circuit Breaker	遥控断路器
RDC	Remote Data Concentrator	远程数据集中器
RDTC	Right DC Tie Contactor	右 DC 连接接触器
RDS	Remote Power Distribution Network	远程配电网络
RDU	Remote Data Unit	远程数据单元
RETR	Right ESS Tie Relay	右重要连接继电器
R FWD	Right Forward	右前
RFC	Ram Fan Contactor	冲压风扇接触器
RGLC	RAT Generator Line Contactor	冲压空气涡轮发电机出口接触器
ROM	Read-only Memory	只读存储器
RPDN	Remote Power Distribution Network	远程配电网络
RPDS	Remote Power Distribution System	远程配电系统
RPDU	Remote Power Distribution Units	远程配电单元
RTB	Right Tie Bus	右连接汇流条
RTCA	Radio Technical Commission of America	美国无线电技术委员会
RTL	Ready to Load	带载就绪
RTP	Reverse Time Protection	反时限保护
RTRU	Right Transformer Rectifier Unit	右变压整流单元
RTRUC	Right Transformer Rectifier Unit Contactor	右变压整流单元接触器
SAP	Service Access Point	服务访问点
SC	Start Contactor	启动接触器
SCR	Silicon Controlled Rectifier	可控硅整流器
SISO	Single Input Single Output	单输入单输出
SMO	Slide Mode Observer	滑膜观测器
SOC	State of Charge	充电状态
SPDU	Secondary Power Distribution Unit	二次配电单元
SPS	Sustained Parallel Source	持续并联功率源
SPWM	Sinosodial Pulse Width Modulation	正弦脉宽调制
SPU	Start Power Unit	启动功率单元

SPUB	Start Power Unit Breaker	启动功率单元断路器
SPUC	Start Power Unit Contactor	启动功率单元接触器
SRD	Shorted Rotated Diode	旋转整流器短路
SSPC	Solid State Power Controller	固态功率控制器
SSR	Solid State Relay	固态继电器
SUS	Sustained Unlike Source	持续未钦定功率源
SUSP	Sustained Unlike Source in Parallel	持续非钦定功率源并联
SVPWM	Space Vector Pulse Width Modulation	空间矢量脉宽调制
TBDP	Tie Bus Differential Protection	连接汇流条差动保护
TCB	Thermal Circuit Breaker	热断路器
THD	Total Harmonic Distortion	总谐波畸变
TRU	Transformer Rectifier Unit	变压整流单元
TRUC	Transformer Rectifier Unit Contactor	变压整流单元接触器
TTP/C	Time-Triggered Protocol / Class C	时间触发协议 / 类别 C
UF	Under Frequency	欠频
uP	micro processor	微处理器
US	Under Speed	欠速
UV	Under Voltage	欠压
V	Volts	伏
VAC	Volts Alternating Current	交流电
VDC	Volts Direct Current	直流电
VF	Variable Frequency（AC）Power	变频
VFAC	Variable Frequency Alternating Current	变频交流电
VFG	Variable Frequency Generator	变频发电机
VFSG	Variable Frequency Starter Generator	变频启动发电机
VL	Virtual Link	虚拟链路
VR	Voltage Regulation	电压调节
VRLA	Valve Regulated Lead Acid	阀控式铅酸电池
Vrms	Voltage root mean square	电压均方根
VSI	Voltage Source Inverter	电压源逆变器
WF	Wide Frequency	宽频

附录 B SVPWM 各扇区合成矢量分量的作用时间和各桥臂上管导通的切换时间

扇区	N	t_x	t_y	S_a	S_b	S_c
I	3	$\dfrac{\sqrt{3}\,T_0}{U_d}\left(\dfrac{\sqrt{3}}{2}U_\alpha - \dfrac{1}{2}U_\beta\right)$	$\dfrac{\sqrt{3}\,T_0}{U_d}U_\beta$	$\dfrac{T_0 - t_x - t_y}{4}$	$\dfrac{T_0 + t_x - t_y}{4}$	$\dfrac{T_0 + t_x + t_y}{4}$
II	1	$\dfrac{\sqrt{3}\,T_0}{U_d}\left(-\dfrac{\sqrt{3}}{2}U_\alpha + \dfrac{1}{2}U_\beta\right)$	$\dfrac{\sqrt{3}\,T_0}{U_d}\left(\dfrac{\sqrt{3}}{2}U_\alpha + \dfrac{1}{2}U_\beta\right)$	$\dfrac{T_0 + t_x - t_y}{4}$	$\dfrac{T_0 - t_x - t_y}{4}$	$\dfrac{T_0 + t_x + t_y}{4}$
III	5	$\dfrac{\sqrt{3}\,T_0}{U_d}U_\beta$	$-\dfrac{\sqrt{3}\,T_0}{U_d}\left(\dfrac{\sqrt{3}}{2}U_\alpha + \dfrac{1}{2}U_\beta\right)$	$\dfrac{T_0 + t_x + t_y}{4}$	$\dfrac{T_0 - t_x - t_y}{4}$	$\dfrac{T_0 + t_x - t_y}{4}$
IV	4	$-\dfrac{\sqrt{3}\,T_0}{U_d}U_\beta$	$\dfrac{\sqrt{3}\,T_0}{U_d}\left(-\dfrac{\sqrt{3}}{2}U_\alpha + \dfrac{1}{2}U_\beta\right)$	$\dfrac{T_0 + t_x + t_y}{4}$	$\dfrac{T_0 + t_x - t_y}{4}$	$\dfrac{T_0 - t_x - t_y}{4}$
V	6	$-\dfrac{\sqrt{3}\,T_0}{U_d}\left(\dfrac{\sqrt{3}}{2}U_\alpha + \dfrac{1}{2}U_\beta\right)$	$-\dfrac{\sqrt{3}\,T_0}{U_d}\left(-\dfrac{\sqrt{3}}{2}U_\alpha + \dfrac{1}{2}U_\beta\right)$	$\dfrac{T_0 + t_x - t_y}{4}$	$\dfrac{T_0 + t_x + t_y}{4}$	$\dfrac{T_0 - t_x - t_y}{4}$
VI	2	$\dfrac{\sqrt{3}\,T_0}{U_d}\left(\dfrac{\sqrt{3}}{2}U_\alpha + \dfrac{1}{2}U_\beta\right)$	$-\dfrac{\sqrt{3}\,T_0}{U_d}U_\beta$	$\dfrac{T_0 - t_x - t_y}{4}$	$\dfrac{T_0 + t_x + t_y}{4}$	$\dfrac{T_0 + t_x - t_y}{4}$

上表中，N 表示的是计算电压矢量所在扇区时对应的数值，t_x、t_y 表示的是每个扇区相邻两个合成矢量分量的作用时间，比如，对于第 I 扇区，t_x 表示的是合成矢量分量 u_4 的作用时间，t_y 表示的是合成矢量分量 u_6 的作用时间。在第 II 扇区，t_x 表示的是合成矢量分量 u_2 的作用时间，t_y 表示的是合成矢量分量 u_6 的作用时间，依此类推。

S_a、S_b 和 S_c 分别对应 A、B、C 三相桥臂的上管从断开切换到导通的时间点，即从 0 切换到 1 的时间点。

附录 C   Matlab/Simulink 仿真常见问题

问题 1：仿真时报错"The diagram must contain a powergui block. The block must be named <powergui>matlab simulink"，如何解决？

答：这里只要搜索 powergui 这个原件，然后放置在仿真图里面就可以了。

问题 2：在设置 PMSM 电机参数时，Advanced 选项卡中转子磁通位置如何选择？

答：选项卡里有两个选项"Aligned with phase A axis（original Park）"和"90 degrees behind phase A axis（modified Park）"，这两者之间的区别是 Park 变换的公式不同。若采用本书第 2.5.3 节的 Park 变换公式，则应选择"Aligned with phase A axis（original Park）"。

问题 3：请问 Simulink 仿真出来的三角波为什么都是乱的？用 simulink 的 repeating sequence 生成频率为 10kHz 的三角波，仿真时间为 0.2s，但是出来的波形非常不标准，请问这种情况怎样才能输出标准的三角波？

答：这是 Matlab 仿真算法的问题。可以固定步长。

具体设置地方为 Simulation-configuration parameters-solver

type：Fixed-step

solver：ode4（也可以选择其他）

Fixed-step size：1e-6

问题 4：在引用 PMSM 输出角度时，为何要乘以极对数？

答：电机模型输出的是电机机械角度 θ_m，乘以极对数 P，可以得到电角度 θ_e。

转子电角度 = 转子机械角度 × 极对数。

问题 5：对一个控制系统进行 simulink 仿真时出现错误、错误显示为"Derivative of state '1' in block 'Simulink/Controller Subsystem/Integrator' at time 0.0 is not finite. The simulation will be stopped. There may be a singularity in the solution. If not，try reducing the step size（either by reducing the fixed step size or by tightening the error tolerances）"，如何解决？

答：解决方法为，针对类似仿真系统中的积分环节出现上述错误，我们采用在仿真界面按下快捷键 ctrl+E 调出"Configuration Parameters"界面，然后设置"Start time"大于 0，比如 0.001，即可解决报错问题。

参 考 文 献

［1］刘迪吉. 航空电机学［M］. 北京：航空工业出版社，1992.

［2］谢松，巩译泽，李明浩. 锂离子电池在民用航空领域中应用的进展［J］. 电池，2020，50（4）：388-392.

［3］肖岚，严仰光. 航空二次电源的研究现状和发展趋势［R］. 中国航空学会航空电器工程第六届学术年会，2005.

［4］任志新，多脉冲自耦变压整流器（ATRU）的研究［D］. 南京：南京航空航天大学，2008.

［5］陈思. C919试飞设备供电及应急切换系统［D］. 南京：南京航空航天大学，2016.

［6］许克路，谢宁，王承民，等. 多电飞机变速变频电力系统建模与仿真［J］. 电光与控制，2014，23（11）：1-8.

［7］刘建英，任仁良. 飞机电源系统［M］. 北京：中国民航出版社，2012.

［8］严仰光. 多电飞机与电力电子［J］. 南京航空航天大学学报，2014，46（1）.

［9］黄茜汀. 飞机电源系统的建模与仿真研究［D］. 西北工业大学，2007.

［10］王薛洲，张晓斌，潘获. 飞机三级发电机的建模与仿真［J］. 计算机仿真，2013，30（4）：59-62.

［11］薛梦娇，李玉忍，梁波. 飞机交流励磁变速恒频发电系统的建模与仿真［J］. 计算机仿真，2013，30（7）：49-54.

［12］唐虹，黄茜汀，唐万忠，等. 基于Simulink的飞机电源系统建模与仿真［J］. 电网技术，2007，31（19）：87-90.

［13］陈坚. 电力电子学：电力电子变换和控制技术［M］. 北京：高等教育出版社，2004.

［14］徐德鸿，等. 主编，电力电子技术［M］. 北京：科学出版社，2007.

［15］秦海鸥，严仰光. 多电飞机的电气系统［M］. 北京：北京航空航天大学出版社，2015.

［16］谢小威. 飞机变压整流器的研究［D］. 南京航空航天大学，2012.

［17］闫晓娟. A320飞机GCU BIT功能的研究［D］. 西北工业大学，2006.

［18］刘广荣. 数字式汇流条功率控制器的研究与设计［D］. 西北工业大学，2000.

［19］郭宝钥. 新型同步发电机PWM励磁调节器的研究［D］. 天津大学，2004.

［20］杨冠城. 电力系统自动装置原理［M］. 4版. 北京：中国电力出版社，2007.

［21］王日俊. 交流同步发电机数字式调节装置的研究［D］. 西南大学，2008.

［22］张卫平. 开关变换器的建模与控制［M］. 北京：中国电力出版社，2005.

［23］张卓然，等. 交流发电机电压调节器负载电流限值电路的研究［J］. 南京航空航天大学学报，2003，35（2）.

［24］陈珩. 电力系统稳态分析［M］. 北京：中国电力出版社，2007.

［25］李光琦. 电力系统暂态分析［M］. 北京：中国电力出版社，2012.

［26］尤尔甘诺夫. 同步发电机的励磁调节［M］. 北京：中国电力出版社，2019.

［27］王兆安. 电力电子技术［M］. 北京：机械工业出版社，2017.

［28］徐琼. 改善永磁同步电机驱动系统弱磁控制性能的方法研究［D］. 湖南大学，2013.

［29］刘军. 基于滑膜观测器的 PMSM 无位置传感器矢量控制的研究［D］. 浙江大学，2014.

［30］刘颖. 永磁同步电机脉振高频信号注入无位置传感器技术研究［D］. 南京航空航天大学，2012.

［31］魏然. 开关磁阻发电机发电系统设计研究［D］. 哈尔滨工程大学，2012.

［32］刘闯. 开关磁阻电机起动 / 发电系统理论研究与工程实践［D］. 南京航空航天大学，2000.

［33］Derek Paice, Power Electronic Converter Harmonics：Multipulse Methods for Clean Power［M］. New Jersey：IEEE Press，1996.

［34］Paul C. Krause. Analysis of Electric Machinery and Drive Systems［M］. New Jersey：IEEE Press，2002.

［35］Han L，Wang J，Howe D. State-space average modelling of 6- and 12-pulse diode rectifiers［C］. European Conference on Power Electronics and Applications. 2007：1-10.

［36］Da Deng. Li-ion batteries：basic，progress，and challenges，Energy Science and Engineering［J］. 2015；3（5）：385-418.

［37］Griffo A，Wang J. Modeling and stability analysis of hybrid power systems for the more electric aircraft［J］. Electric Power Systems Research，2012，82（1）：59-67.

［38］Xia X. Dynamic power distribution management for all electric aircraft［J］. Cranfield University，2011.

［39］Ningfei Jiao，et al. Detailed Excitation Control Methods for Two-Phase Brushless Exciter of the Wound-Rotor Synchronous Starter/Generator in the Starting Mode，IEEE Transactions on Industry Applications［J］. 2017，53（1）：115-123.

［40］Jeffrey D. Myroth. Method of Detecting a Sustained Parallel Source Condition，United States Patent，US 8120206 B2［P］. 2012-02-21.

［41］William W. Billings，Wendell Calfee. Over- and Under excitation Protection Circuit for Alternating Current Power Systems，United States Patent，US 3683199［P］. 1972-08-08.

［42］Valin-Saunal，Pierre，et al. Voltage-controlled DC link for variable frequency generator excitation，European Patent Applicant，EP 2 808 996 A1［P］. 2017-04-19.

［43］Stephen R.Jones，et al. Generator excitation during load fault conditions，US patent，US 2012/0098329 A1［P］. 2011-12-18.

［44］Ming Xu，et al. Novel starter-generator with improved excitation，US patent 2010/0231181 A1［P］. 2009-03-10.

［45］Hao Huang. Aircraft engine starter/generator and controller，US patent，US07821145B2［P］. 2009-03-16.

［46］Tatsuhiko Gol，et al. Aircraft electric generation system，US patent，US 8449431 B2

［P］. 2010-02-03.

［47］ Ming Xu, et al. Starter-generator with improved excitation, US patent, US 8198872 B2 ［P］. 2009-03-10.

［48］ James William Bray, et al. Cryogenic exciter, US patent, US 8134345 B2 ［P］. 2005-11-29.

［49］ Jeffrey D. Myroth, et al., Method of detecting a sustained parallel source condition, US patent, US 8120206 B2 ［P］. 2008-09-10.

［50］ Mingzhou Xu, et al. Generator with quadrature AC excitation, US patent, US 7863868 B2 ［P］. 2007-06-05.

［51］ Mingzhou Xu, et al. Aircraft engine starter/generator, US patent, US 7592786 B2 ［P］. 2007-08-13.

［52］ Steve John Kempinski, et al. Partitioned exciter system, US patent, US 7130180 B2 ［P］. 2003-07-09.

［53］ Bernard A. Raad, et al. AC exciter for VSCF starter/generator, US patent, US 5097195 ［P］. 1989-11-27.

［54］ Theodore D. Fluegel, et al. Generator system with integral permanent magnet generator exciter, US patent, US 4755736 ［P］. 1986-12-30.

［55］ David A. Fox, et al. Voltage regulator for aircraft generators, US patent, US 4446417 ［P］. 1982-02-12.

［56］ William W. Billings, et al. Over- and under excitation protection circuit for alternating current power systems, US patent, US 3683199 ［P］. 1970-09-14.

［57］ RTCA DO-160G. Environmental Conditions and Test Procedures for Airborne Equipment ［S］. RTCA incorporated, 2010-12-08;

［58］ Alfonso Damiano et. al. Batteries for Aerospace: a Brief Review ［C］. 2018 AEIT International Annual Conference, Bari, Italy, DOI: 10.23919/AEIT.2018.8577355.

［59］ Wu T, Bozhko S V, Asher G M, et al. A fast dynamic phasor model of autotransformer rectifier unit for more electric aircraft ［C］. Industrial Electronics, 2009. IECON' 09. 35th Annual Conference of IEEE. IEEE, 2009: 2531-2536.

［60］ Fei Gao, et al. Stability Assessment of a High Speed Permanent Magnet Machine Based Aircraft Electrical Power System ［C］. European Conference on Power Electronics & Applications, 2016, DOI: 10.1109/EPE.2016.7695588.

［61］ MA Zharkov. Experiment results of the laboratory tests of electrical starting system powered by an AC source ［C］. International Conference of Young Specialists on Micro/nanotechnologies & Electron Devices, 2016: 448-451.

［62］ Jianying Liu, et al. Design and Application for Fault Monitoring Circuit of Rotating Rectifier in Aviation Brushless AC Generator ［C］. Proceedings of 2014 IEEE Chinese Guidance, Navigation and Control Conference, DOI: 10.1109/CGNCC.2014.7007379.

［63］Magedi Saad, Sofian Mohd, Mohd Fadhli. A survey on the use of ram air turbine in aircraft ［C］. conference paper in AIP conference proceedings, 2017, DOI: 10.1063/1.4981189.

［64］Weipeng Yang et al. A Novel Split Two-phase Excitation Scheme of Synchronous Starter Generator for Aircraft［C］. Control and Decision Conference（CCDC），2015 27th China，DOI：10.1109/CCDC.2015.7162519.

［65］Pat Wheeler，Technology for the More and All Electric Aircraft of the Future［C］. IEEE International Conference on Automatica，2016，DOI：10.1109/ICA-ACCA.2016.7778519.

［66］Mihai Cheles，Microchip Application Note，AN1162，Sensorless Field Oriented Control（FOC）of an AC Induction Motor（ACIM）［R］. Microchip Inc，2008.